DROEMER

Reidar Müller

WOLFSSPUR

Eine Entdeckungsreise in die Tiefen
unserer Wälder

Aus dem Norwegischen von
Ulrike Strerath-Bolz

DROEMER

Die norwegische Originalausgabe erschien 2018 unter dem Titel
Skogens Historie. Og den besværlige trangen til å spore ulv
bei Aschehoug, Oslo (www.aschehoug.no).

NORLA
NORWEGIAN LITERATURE ABROAD

Die Übersetzung dieses Titels wurde finanziell gefördert von NORLA, Norwegian Literature Abroad.

Besuchen Sie uns im Internet:
www.droemer.de

FSC
www.fsc.org
MIX
Papier aus verantwortungsvollen Quellen
FSC® C014496

Redaktion: Sabine Wünsch
Covergestaltung: Rothfos & Gabler
Coverabbildung: plainpicture/Minden Pictures/Jasper Doest
Satz: Adobe InDesign im Verlag
Druck und Bindung: GGP Media GmbH, Pößneck
ISBN 978-3-426-27796-6

2 4 5 3 1

Inhalt

Es werde Wald	7
Wolfswinter	27
Ein Ort zum Fürchten	41
Der Klang des Waldes	60
Der Wolfsmann	82
Ein Wolf namens Fenris	99
Wolfsmenschen	114
Droge Wald	139
Unberührt	158
Shinrin-yoku	176
Entzugserscheinungen	197
Nur nicht aufgeben	212
Das Fest	223
Hibaku jumoku	245
Wo ist der Wolf?	256
Der Schuss	267
Dank	281
Quellen und Literaturempfehlungen	283
Anmerkungen	291
Bildnachweis	314

Es werde Wald

Diese Tour wird anders verlaufen, denke ich an diesem eiskalten Wintertag, während Oslo hinter mir verschwindet, mit seinen Wohnblocks, seinem Asphalt und seinen Abgasen. Und schon nach zehn Minuten Fahrt kommt er auf mich zu: der Wald. Nicht wie bei einer Autoreise durch Europa, so hell und bruchstückhaft, grüne Flecken zwischen Wiesen und Äckern, sondern dunkel und massiv.

Wenn das mein Plan gewesen wäre, hätte ich jetzt sechstausend Kilometer nach Osten immer nur durch Wald fahren können. Denn wenn wir uns das Satellitenbild ansehen, finden wir darauf einen ungeheuer langen grünen Gürtel von Nadelwald: die Taiga, die sich von Norwegen im Westen bis zum Pazifik im Osten erstreckt. Eine grüne Schärpe, die sich um die Erde legt.

Es gibt heute auf unserem Planeten, zumindest auf der Landfläche, kein größeres zusammenhängendes Ökosystem oder Biom. Viele halten den Wald für eine Selbstverständlichkeit, aber das Leben auf der Erde wäre nicht dasselbe ohne ihn. Er ist nicht nur Lebensraum für Millionen von Arten, er dient auch als riesiger Regulator der Temperatur. Er kühlt die Erde, bringt Feuchtigkeit und verhindert Dürre, und er bindet klimaschädliche Gase. Er fängt Überschwemmungen ab und hält das Erdreich fest. Eine Erde ohne Wald wäre eine fremde Erde, ein Planet, den wir nicht wiedererkennen würden, ein Planet, der nur aus Wüsten, Savannen, Prärien, Äckern und Tundra bestünde.

Die Autobahn zieht sich wie eine breite Schneise durch den Wald. Während ich mich Ski nähere, wird der Wald brüchig, verdrängt von Ackerflächen, Wohngebieten, Industrieanlagen und Bauernhöfen. Nur noch kleine Waldstücke mit Nadelbäumen und Birken liegen wie Flecken in der Landschaft zwischen schneebedeckten Feldern und Wiesen an der E18. Eine große, offene Hochebene mit Baumstümpfen und Haufen von Ästen grinst mich an und erinnert mich daran, dass das Holz der Wälder uns Baumaterial für unsere Behausungen und Brennmaterial zum Heizen geliefert hat, außerdem Material für Fahrzeuge, Werkzeug und Papier. Holz war eine Voraussetzung für unsere Zivilisation, wie der römische Philosoph Lukrez bereits vor zweitausend Jahren betonte. Das griechische und das römische Wort für Holz, *hulae* beziehungsweise *materia*, sind beides Wörter mit der Bedeutung »Element«, »Grundstoff«.[1] Nach vielen Tausend Jahren der Zivilisation haben wir Menschen es immer noch nicht geschafft, ein Baumaterial zu produzieren, das ähnlich stark, flexibel und beständig ist wie Holz.

Weiter östlich fahre ich an Hobøl und Askim vorbei. Die Nadelwälder liegen wie große, lang gestreckte grüne Schiffe in einem Meer aus weiß verhüllter Erde und Weideland. In tieferen Schluchten klammern sich Laubwald und vereinzelte Nadelbäume fest, außerhalb der Reichweite der Rodungsmaschinen. Gleich hinter Mysen fahre ich von der Autobahn ab und bewege mich auf das Ziel meiner Reise zu, den Svarverudskogen, wo der Hof von Mats liegt. Mats ist mein Freund seit Teenagertagen. Nachdem ich ein Stück einen holprigen Feldweg entlanggefahren bin, vorbei an einem schmalen Keil Weideland, Moor und Wasser, taucht endlich das weiße Wohnhaus von Svarverud auf. Dahinter erstreckt sich ein scheinbar endloser Wald von Ost nach West, so weit das Auge reicht.

Jeder Mensch hat, bewusst oder unbewusst, eine Beziehung zum Wald. Aber was bedeutet er uns eigentlich? Etwas, was eben da ist, fast wie ein Dekostück? Eine Ansammlung von Bäumen, an denen wir auf unseren Wanderungen vorbeikommen? Einen Ort, an dem wir Stille und Ruhe finden, wo wir den unverkennbaren Duft einsaugen und zusehen, wie das Sonnenlicht sich seinen Weg durch die Wipfel sucht? Oder ist der Wald für uns ein Ort für Jagd, Fischerei und Beerenernte? Die meisten von uns würden bei der einen oder anderen dieser Möglichkeiten wohl nicken. Aber ich frage weiter: Wie gut kennen wir eigentlich den Wald und seinen verschlungenen Entwicklungsweg bis heute, da er ein lebenswichtiges Ökosystem geworden ist, in dem Vögel, Kriechtiere, Säugetiere, Insekten und Amphibien ein Zuhause finden? Wissen wir, wie der Wald von uns Menschen geformt und interpretiert wurde und wird?

Diese und andere Fragen hatte ich mir gestellt. Obwohl ich ganz in der Nähe des Krokskogen in Bærum aufgewachsen bin, lief ich jahrelang durch den Wald, ohne zu wissen, warum er sich im Herbst verfärbt. Wenn ich eine Spur im Schnee sah, hatte ich keine Ahnung, von welchem Tier sie stammte. Kaum dass ich die verschiedenen Baumarten voneinander unterscheiden konnte. Obwohl ich Geologe bin, war mir die tiefere Geschichte des Waldes dunkel und fern. Hat der Wald an der Schnellstraße in Østfold immer schon so ausgesehen wie heute? Und wenn nein, wie hat er sich verändert? Für mich als Norweger fühlte es sich ein bisschen so an, als hätte ich keine Ahnung von Harald Schönhaar, 1814 und dem 9. April.[2]

Der Wald war wie eine Kulisse, die ich nicht richtig verstand, ein Mysterium aus Zellulose und Lignin, das auf mich wartete, damit ich es erforschte.

Der Drang, in den Wald zu gehen und ihn kennenzulernen – dieser Drang, der mich dazu veranlasst hat, mir an diesem Wintertag freizunehmen –, kam nicht von heute auf morgen, sondern entstand ganz allmählich. Schon als ich mein erstes Buch schrieb, hatte ich mich in Moore versenkt, Pollendiagramme studiert und mich mit der jüngeren Geschichte des Waldes nach der Eiszeit beschäftigt. Und im Sommer 2018 habe ich mit meiner Tochter an einem Baumprojekt gearbeitet. Sie hatte keine große Lust dazu, aber mit einem Vater, der sich immer mehr mit dem Thema Wald beschäftigte, blieb ihr keine andere Wahl. Wir haben Blätter gesammelt und in Büchern gepresst, sodass wir ein kleines Herbarium anlegen konnten. Das Ziel war, so viele Baumarten wie möglich zu finden. Endlich lernte ich, wie eine Weide aussieht, und konnte eine Ulme von einer Esche unterscheiden. Und als mir klar wurde, dass der seltsame Baum bei unserer Hütte eine Linde war, konnte ich meine Tochter mit dem frisch erworbenen Wissen beeindrucken, dass der Botaniker Linné (und Linnea) wie auch die Berliner Prachtstraße Unter den Linden ihre Namen diesem Baum verdanken. Später im gleichen Sommer unternahm ich noch eine Forschungsreise ins kahle Svalbard (Spitzbergen), hackte Blattfossilien, versteinerte Holz- und Kohlestücke aus dem Boden, spürte längst verschwundene Wälder auf – und betrachtete sie voller Ehrfurcht und Neugier. Einer meiner Funde, ein 150 Millionen Jahre altes versteinertes Holzstück, sah fast so aus, als stammte es aus dem Holzregal bei mir zu Hause. Als ich es hochhielt und betrachtete, ockergelb und mit deutlich sichtbaren Jahresringen, kam es mir so vor, als wäre die Zeit zwischen uns weggewischt. Aber was für eine Geschichte dieser Fund erzählen konnte, war mir überhaupt nicht klar.

Obwohl ich schon seit längerer Zeit vom Wald fasziniert war, hatte ich erst vor ein paar Wochen beschlossen, mich systematischer und nicht nur mit halbem Herzen seiner Erforschung zu widmen. Angesichts meiner unverzeihlich großen Wissenslücken in Botanik und Zoologie fing ich an, mich in das Thema Wald einzulesen. Und als mir klar wurde, auf was für ein unglaublich umfassendes Gebiet ich mich da eingelassen hatte – ein Gebiet, von dem ich spürte, dass ich mich ihm nur oberflächlich und bruchstückhaft nähern konnte –, rief ich Mats an. Er wohnt im Wald, ist Biologe, Waldbesitzer und Wissenschaftler, und er weiß mehr über den Wald und sein Leben als irgendjemand sonst, den ich kenne. Ich schlug Mats vor, zusammen eine Mini-Expedition in seine Wildnis zu unternehmen. So oft war ich auf Svarverud gewesen, wir hatten zusammen gefeiert, Pilze und Beeren gesammelt, den Kindern die Tiere auf dem Hof gezeigt oder waren einfach nur draußen unterwegs gewesen. Doch wenn Mats uns dabei vom Wald erzählt hatte – von seiner Nutzung, vom Holzmachen, der Jagd und dem Elchbestand –, war ich immer nur mit halbem Ohr dabei gewesen. So richtig zugehört hatte ich nicht. Diese Tour wird anders verlaufen. Diesmal wollen wir den Wald zusammen erforschen.

Als ich auf den Hof fahre und das Auto abstelle, kommt Mats schon heraus. Er trägt einen blauen Goretex-Anorak, grüne Trekkinghosen und kräftige, hohe Jägerstiefel aus Leder. Seit wir uns das letzte Mal gesehen haben, hat er seinen Bart wachsen lassen. Die Haare trägt er kurz geschnitten – die wild gelockte Mähne von früher ist verschwunden. Die Hauswiese wird von dem stattlichen weißen Jugendstilwohnhaus, einem etwas windschiefen gelben Hühnerhaus und einer roten Scheune in Blockbauweise eingerahmt. Nach Westen hin wird sie von einer dichten Fichtenhecke abgeschirmt. Normalerweise wimmelt es hier geradezu von Tieren – Gänse, Katzen, Hunde, Hühner, Schweine und Ziegen. Aber heute ist es so kalt, dass nicht mal die Tiere hinauswollen.

Seit sechs Generationen gehört dieses Haus Mats' Familie. Sein Ururgroßvater Christian Andersen Haneborg, den man auch den »Wachtmeister« nannte, hat das Anwesen im Jahr 1858 gekauft. »Ein großes Glück für den Hof und den Besitz, dass sie dieser vermögenden, angesehenen Familie zufielen«, steht in einem kleinen Buch über den Hof zu lesen. Damals hatte es eine ganz andere Bedeutung, Waldbesitzer zu sein. Immerhin lieferte der Wald fast die Hälfte der Exporteinnahmen unseres Landes. Auf Svarverud war eine ganze kleine Gemeinde mit dem Wald verbunden. Heute reicht die Nutzung des Waldes kaum aus, um die Kreditraten zu bezahlen. Mats muss auf sein Einkommen aus Berufstätigkeit zurückgreifen, obwohl er einer der größten Waldbesitzer in der Provinz Inre Østfold ist.

Unsere Verabredung zu einer Wanderung war ein paar Mal in Gefahr. Erst erreichte ich ihn gar nicht, und nach einigen unbeantworteten Anrufen schickte ich ihm eine SMS: »Schaffst du es, mich mal anzurufen?«

»Bin beim Hufebeschneiden, rufe dich an, wenn fertig«, lautete die knappe Antwort.

Als wir am nächsten Tag telefonierten, redeten wir über alles Mögliche, auch über den Wald. In diesem Zusammenhang lud ich mich dann bei ihm ein. Aber am Abend bevor ich losfahren wollte, erschien eine SMS auf meinem Handy: »Eine unserer Ziegen hat geworfen. Draußen sind zwanzig Grad minus. Weiß nicht, wie es morgen wird«, schrieb er. Und weiter: »Sie könnten erfrieren, und einen Stall haben wir ja nicht.«

»Du lieber Himmel«, schrieb ich zurück.

»Wir telefonieren um acht«, kam postwendend seine wie gewöhnlich kurze Antwort. Zum Glück ließ sich die Sache dann regeln. Mats brachte die Ziege und ihre Kitze einfach in der Diele des geräumigen Wohnhauses unter.

Wie auch immer, jetzt kann er es kaum erwarten, mit mir loszuziehen. Zusammen wandern wir durch den Garten und zum Nøavann, der südlich an den Hof angrenzt. Die Bäume schicken lang gestreckte Schatten über den zugefrorenen See. Leichte Schleierwolken ziehen über den Himmel, und der Schnee, der auf dem Eis liegt, glitzert in der Sonne.

Solange Mats zurückdenken kann, beschäftigt ihn der Wald. Als Kind ist er oft morgens um fünf aufgestanden und durch den Wald gelaufen, am Fluss Eineåsen entlang. Ganz leise schlich er weiter, um den Tieren möglichst nahe zu kommen. Ab und zu hatte er Glück und begegnete einem Elch oder Auerhahn. Als er älter wurde, fing er an, auf die Jagd zu gehen, und schon mit sechzehn erlegte er den ersten Elch. Etwa zu dieser Zeit lernten wir uns kennen. Wir gingen auf dieselbe Oberschule, und ich erinnere mich noch genau an meine ersten Besuche auf Svarverud. Mats' Großmutter wohnte den größten Teil des Jahres dort; für uns war es ein Ort der großen Freiheit. Der nächste Nachbar war ein paar Kilometer entfernt, wir tranken, feierten, diskutierten nächtelang. In den Wald gingen wir fast nie. Als wir anfingen zu studieren, fiel uns die Wahl leicht: Mats wurde Biologe. Als Spezialgebiet suchte er sich die Großvögel aus und schrieb seine Abschlussarbeit über die Plätze, die sie im Frühjahr tagsüber aufsuchen. Er fing Auerhähne und Rebhühner mit Netzen ein und verbrachte unzählige Wochen mit Feldstudien in der kahlen Wildnis der Wälder hoch oben in der Finnmark. Ein paar Jahre wohnten wir zusammen in einer Wohngemeinschaft in Oslo. Aber wenn wir anderen am Wochenende in der Stadt blieben, zusammen irgendwo abhingen, feierten oder im Park Fußball spielten, ging Mats normalerweise in den Wald. Sei es, dass er im Wald von Svarverud eine seiner endlosen Touren zur Vogelbeobachtung unternahm, zusammen mit dem Vogelkenner Fauvle-Per, sei es, dass er mit Kollegen von der Landwirtschaftshochschule in Ås die

Wildnis von Hedmark durchstreifte. Der Wald und die darin lebenden Tiere waren sein Revier.

Als er vor zwanzig Jahren den Waldbesitz der Familie übernahm und ganz dorthin zog, wurde es ernst. Von diesem Moment an musste er sich zusammen mit seiner Frau Hanne Margrete um den Hof, ein paar Hütten und fast zweitausend Quadratkilometer Wald kümmern.

Als wir ein Stück auf den Nøavann hinausgegangen sind, bemerken wir die kleinen Trittsiegel eines Fuchses, der in der Nacht übers Eis geschlichen ist. Zum Spaß folgen wir der Fährte, die ein paar Mal ganz nah am Hof vorbeiführt. Währenddessen erzählt Mats von seiner Arbeit bei der Staatlichen Naturschutzbehörde SNO (Statens Naturoppsyn), wo er als Kontaktmann zum Thema Raubtiere tätig ist.[3] Jetzt, im Winter, werden viele Spuren verfolgt, zwar keine von Füchsen, aber die von Wölfen und ab und zu von Luchsen. Mats ist sozusagen Auge und Ohr der Naturschutzbehörde im Landesinneren der Provinz Østfold.

»Im Moment ist tatsächlich viel los mit den Wölfen«, setzt Mats seinen Bericht fort. »Wir finden Spuren und Kadaver, hören von Hunden, die gefressen wurden. Außerdem ist vor Kurzem hier im Wald von Svarverud etwas ganz Seltsames passiert«, erzählt er und zeigt mir auf dem Smartphone eine Fotoserie von zwei schlanken, hundeähnlichen Körpern, die von einer Wildkamera aufgenommen worden sind. Die Augen leuchten im Dunkeln, angestrahlt vom Blitzlicht der Kamera. Die Tiere haben einen massigen Kopf, einem Schäferhund nicht unähnlich, einen schmalen, hochbeinigen Körper und buschige, hängende Ruten. Tatsächlich – zwei Wölfe! Ein seltenes Bild. Und damit nicht genug: Mats zeigt mir Bilder von einem Luchs, der im gestreckten Galopp einen Abhang hinunterläuft. Auch den Luchs bekommt man nur ganz selten zu sehen, kaum häufiger als Wölfe.[4] Luchs und Wolf, zwei Raubtiere, die viele am liebsten ganz aus der norwegischen

Natur verbannen würden. Und beide sind erst kürzlich hier im Svarverudskogen herumgestrichen.

Später am Tag will Mats nach Wolfsspuren suchen. Er möchte wissen, ob sich die Wölfe dauerhaft in seinem Wald angesiedelt haben, und lädt mich ein mitzugehen. Eigentlich habe ich keinen besonderen Draht zu Tieren. Wenn Mats von Großvögeln, Elchen, Rehen, Luchsen und Hühnerhabichten erzählte, habe ich meistens nur genickt und so getan, als würde es mich interessieren. Und wenn er mich eingeladen hat, mit ihm auf die Pirsch zu gehen, habe ich immer dankend abgelehnt. Früh am Morgen aufzustehen und dann stundenlang still im Versteck zu sitzen, um schließlich ein paar Vögel zu beobachten, die sich aufplustern und gegenseitig anzischen, hat für mich absolut keinen Reiz. Irgendwann hat er gar nicht mehr gefragt. Aber Wölfe – das klingt ja doch ziemlich exotisch. Die meisten Menschen hierzulande haben schon mal einen Elch, einen Fuchs oder Hirsch beobachtet. Aber Wölfe haben die wenigsten gesehen oder gehört. Wölfe polarisieren, sie sorgen für Streit und kommen ansonsten nur in Legenden, Sagen und Märchen vor. Na gut, denke ich, auch wenn ich mich bisher absolut nicht für Wölfe interessiert habe, zum Teufel, da muss ich mit. Also nehme ich Mats' Einladung dankend an.

Während vor meinem inneren Auge ein ganzes Wolfsrudel aufsteigt, rutscht mir die Bemerkung heraus, wie toll es wäre, einem dieser Tiere zu begegnen. Aber der nüchterne Mats versetzt meiner Begeisterung schnell eine kalte Dusche. Eine Begegnung mit einem Wolf – so viel Schwein kann man eigentlich gar nicht haben. »Mein Vorgänger als Raubtierkontaktmann hat in zehn Jahren keinen einzigen Wolf gesehen oder gehört«, erzählt er und setzt hinzu, eine geplante Suche nach Wölfen sei sowohl hier als auch in den stärker von Wölfen besiedelten Gebieten des Landes gleichbedeutend mit der berühmten Suche nach der Nadel im Heuhaufen. Zum einen ist die Dichte der Population in unserem großen Land eher gering, erklärt er, zum anderen sind Wölfe dem Menschen weit überlegen, was ihre Sinneswahrnehmungen angeht. Im Grunde genommen sind sie eine einzige riesengroße Nase – ihr Geruchssinn ist hundert Mal empfindlicher als unserer. Und auch ihr Gehör ist extrem fein: Ein Wolf kann unter günstigen Voraussetzungen das Heulen von Artgenossen noch in elf Kilometer Entfernung hören. Es gehört also viel dazu, per Zufall einem Wolf zu begegnen, ohne dass er einen zuerst entdeckt.

Hohe Kiefern neigen sich in Richtung Süden, so weit das Auge reicht. Der Wald von Svarverud gehört zu einem riesigen Waldgebiet, das sich bis nach Halden ganz im Süden erstreckt, und zwar in einem Streifen, der westlich vom längsten und breitesten Fluss unseres Landes, der Glomma, begrenzt wird und im Osten vom Flusssystem des Haldenvassdraget. Die vielen kahlen Bergkuppen und der magere Boden haben dem Gebiet im Volksmund den Namen »Fjella« – die Berge – eingebracht. Unmittelbar nach der letzten Eiszeit, als der Meeresspiegel noch 170 Meter höher war als jetzt, handelte es sich um eine Insel. Das Gebiet rundherum bestand aus Meer, Schlamm, Schlick und Sand. Heute ist es fruchtbares Ackerland.

Vom Nøavann ziehen Mats und ich tiefer in den Wald. Die Bäume schlafen noch, die rotbraunen und dunkelgrauen Knospen der Laubbäume warten auf den Frühling. An unserem Weg ist dichtes Unterholz aus Laubgehölzen gewachsen; dazwischen erhebt sich die eine oder andere Fichte oder Kiefer in den Winterhimmel. Wo manche Dichter den Wald in poetischen Wendungen preisen, beschäftigt sich Mats eher mit Einschlagklassen, Festmetern, Bodenqualität und dem Ausholzen und Neuanpflanzen. Hier sehen wir einen Wald ein paar Jahre nach dem letzten Einschlag, erklärt er. Klasse 1. Am anderen Ende der Skala befindet sich Klasse 5, das ist alter Wald, der einschlagreif ist. Am häufigsten steht hier Klasse 3, also jüngerer Wirtschaftswald, was Mats ein bisschen ärgert, wie er zugibt. Der Wald könnte älter sein, wenn seine Vorgänger nicht so viel Holz gemacht hätten. Als Waldbesitzer, sagt er, muss man immer hundert Jahre in die Zukunft denken.

Mats' Wald ist also nicht besonders alt, aber man findet darin trotzdem die majestätischen Nøafichten. Neben so einer Fichte, die sich fast dreißig Meter in den Himmel reckt, kommt man sich ganz klein vor. Die Stämme sind kräftig mit einem Umfang von fast drei Metern. Die Rinde ist braun und muschelartig geschichtet. Die Wurzeln graben sich wie kräftige Schnäbel in den Boden. Die Äste, von Blasen- und Bartflechten gefleckt, strecken sich aus und wirken fast wie eigene kleine Bäume, die am Stamm nach oben wachsen. Mats wüsste gern, wie alt diese Riesenfichten sind, deshalb habe ich einen hellblauen Zuwachsbohrer der Firma Mora mitgenommen. Ich habe ihn mir angeschafft, als ich ernsthaft anfing, mich mit dem Wald zu beschäftigen. Mithilfe eines solchen Bohrers kann man das Alter eines Baumes bestimmen, indem man einen kleinen Kern aus dem Holz herausbohrt. Meine erste Einschätzung ist, dass diese Nøafichte alt ist – richtig alt. Ich habe gelesen, dass es in der Trillemarka bei Buskerud eine Fichte gibt, die 537 Jahre alt ist. Sie soll die älteste Fichte in Norwegen sein. Und diese Nøafichte sieht ähnlich mächtig aus. Eine Umdrehung nach der anderen schrauben wir den Bohrer ins Holz. In der Mitte angekommen, drehen wir ihn mühsam wieder heraus und ziehen die »skjea« heraus: den Holzkern mit den Jahresringen.

Dann zählen wir die Jahresringe. Eins, zwei, drei … unser Riesenbaum ist mehr als hundertzwanzig Jahre alt. Jedes einzelne Jahr hat diese Fichte einen Ring von einem Zentimeter Breite zugelegt. Die Jahresringe können einiges über die Geschichte des Baumes erzählen. Sind sie breit so wie bei dieser

Fichte, dann ist der Baum schnell gewachsen. Er hatte guten Zugang zu Wasser, Nährstoffen und Licht, und wenn so eine Fichte erst einmal anfängt zu wachsen, dann geht es schnell. Jeder Jahresring besteht aus dem hellen Frühlingsholz und dem schmalen, dunklen Herbstholz. Die Jahresringe sind wie ein Schnitt durch die Transportkanäle des Baumes, das sogenannte Xylem oder Leitgewebe. Es transportiert Wasser von den Wurzeln bis in die Blätter. Ganz außen zwischen Holz und Rinde liegt das Phloem (auch Bast oder Siebteil genannt). Dort transportiert der Baum Glukose (Zucker), die durch Fotosynthese in der Krone des Baumes gebildet wird, in alle anderen Teile. Es gibt also ein Gewebe, das Wasser nach oben transportiert, und ein zweites, das Nährstoffe verteilt. Der wichtigste Teil jedoch ist das Kambium. Wenn man einen frischen Zweig von einem Baum nimmt und ihn einschneidet, sieht man das Kambium als grüne Haut unter der Rinde. Wird es beschädigt, dann steht es schlecht um den Baum. Denn diese Haut bildet die Jahresringe und sorgt dafür, dass der Baum wachsen kann.

Die Fichte vor uns ist also älter als jeder lebende Mensch auf der Erde. Sie stand schon 1905 da, als Norwegen endgültig ein eigenes Königreich wurde, hat den Ersten und den Zweiten Weltkrieg überlebt – und ist doch nach Baum-Maßstäben nicht besonders alt. 1963 nahm der Student Donald Rusk Currey eine ähnliche Probebohrung bei einer Bristlecone-Kiefer *(Pinus longaeva)* vor, einer sogenannten Methusalemkiefer oder »langlebigen Kiefer«, die er in den Bergen von Nevada in den USA gefunden hatte. Diese verdrehten und zähen Kiefern können extrem alt werden. Viele von ihnen sehen aus, als wären sie längst abgestorben und vertrocknet, aber es gibt immer ein paar Äste mit frischen Nadeln, die beweisen, dass noch Leben in diesen Bäumen ist.

Als Currey seinen Bohrer ansetzte, bekam er ihn nicht wieder raus. Wir haben ja gerade selbst erlebt, wie mühsam es sein kann, den Bohrer herauszudrehen. Das Ende vom Lied war, dass er die Erlaubnis bekam, die Kiefer zu fällen, um seine Studie zu Ende führen zu können. Dann wurden die Jahresringe mühsam gezählt, und zu seinem maßlosen Entsetzen musste Currey erkennen, dass er den ältesten Baum der Welt gefällt hatte: Die Kiefer war mindestens 4844 Jahre alt. Später gab man ihr den Namen Prometheus, nach dem Mann, der in der griechischen Mythologie den Göttern das Feuer stiehlt und an die Menschen weitergibt.

Currey wurde später ein angesehener Professor an der Universität von Utah. Aber wohin er auch kam, überall kannte man ihn frustrierenderweise als den Mann, der den ältesten Baum der Welt umgehauen hatte. Inzwischen wurden aber zum Glück noch ältere Bäume gefunden. Der älteste Baum der Erde ist um die fünftausend Jahre alt. Es handelt sich um die gleiche Art. Man muss sich das einmal vorstellen, dieser Baum war schon fünfhundert Jahre alt, als die Cheopspyramide fertig wurde. Sein Standort wird übrigens geheim gehalten.

In Norwegen gibt es keine so alten Bäume, aber durchaus welche, die schon standen, als unser Nationalheiliger, König Olaf Haraldsson, in der Schlacht von Stiklestad umkam (1030). Ich denke da beispielsweise an die Eiche von Mollestad in Agder, die etwa tausend Jahre alt ist. Solche Eichen sind aber oft innen hohl, sodass man ihr Alter schlecht bestimmen kann. Bei Trysil wurde ein Wacholder gefällt, dessen Alter später auf 1008 Jahre bestimmt wurde. Es handelt sich um den bisher ältesten dokumentierten Baum in Norwegen. Die Jahresringe standen so dicht, dass man sie nur mit dem Mikroskop voneinander unterscheiden konnte.

»Lauter Sieger um uns herum«, philosophiert Mats, während wir unter der riesigen Fichte stehen. »Sie haben es geschafft, ihre Gene weiterzuverbreiten. Denk nur mal, was für einen langen, verschlungenen Weg jeder einzelne Baum und jede Tierart hinter sich hat. Manche Arten sind dabei untergegangen, andere haben sich angepasst und überlebt.«

Da wir beide, Mats und ich, Naturwissenschaftler sind, geht es bei einer Wanderung durch den Wald nicht nur darum, die Natur zu genießen, das Farbenspiel in der eingefrorenen Baumrinde zu betrachten oder die Schönheit einer verkrümmten alten Kiefer. Es geht uns immer auch darum, die Natur zu begreifen und zu analysieren. Mats versteht viel von Tierspuren, Bäumen und der Evolution. Ich dagegen, der ich Geologe bin, kann über die Vorgeschichte des Lebens dozieren.

Bevor ich nach Svarverud kam, habe ich mich in die Evolutionsgeschichte der Pflanzen eingelesen, und jetzt fasse ich für Mats eines der wichtigsten Ereignisse in der Geschichte des Lebens auf unserem Planeten zusammen. Hätten wir uns vor fünfhundert Millionen Jahren an Land bewegen können, dann wären wir erstaunt gewesen, wie öde und kahl es aussah. Hohe Gebirge mit grauen Bergen, endlose, leblose Hänge, auf denen der Wind Sand und Staub aufwirbelte, und Flüsse, die sich in Richtung Meer verzweigten. An Land regierten die Bakterien, wie sie es schon seit drei Milliarden Jahren taten. Leben hätte man nur mit dem Mikroskop entdecken können. Und dann, im Laufe von Millionen Jahren, ging es mit kleinen Schritten voran. Die Pflanzen streckten sich nach Luft aus, ein grünlicher Algenschleim legte sich auf Strände und Felsen an der Küste. Die Eroberung des Landes hatte begonnen, die Voraussetzung für das Leben des Menschen und aller anderen Lebewesen, die heute auf dem Land existieren. Eine Revolution in der Geschichte des Lebens. Nichts, was wir um uns herum im Svarverudskogen sehen, wäre da, hätten diese mutigen Grünalgen nicht den Schritt an Land getan.

Unter der Nøafichte ist der Waldboden fast frei. Ein Dach aus Zweigen, die wie ein Kranz vom Stamm wegstehen, hält den Schnee ab. Vor uns sehen wir dunkelgrünes Moos, das sich auf dem Boden und am Stamm entlang verflochten hat. Das Leben, das wir hier draußen antreffen, hat eine lange Vorgeschichte, und gerade die Moose erinnern uns daran. Sie sind auf ihre Weise Zeugen des frühen Lebens an Land. Aus einem Teppich von Grünalgen haben sich die Moose vor 470 Millionen Jahren entwickelt.[5] Ausgestattet mit einer dünnen Wachsschicht, die das Austrocknen verhindert, haben die Pflanzen das Land erobert. Am Anfang sah es wohl ein bisschen so aus wie auf der Halbinsel Reykjanes auf Island, baumlos und kahl, aber von meterdickem Moos bedeckt. Alles hängt mit allem zusammen, und nachdem diese ersten Pflanzen das Land erobert hatten, setzten sie, so eine Theorie, eine Verschiebung des gesamten Klimasystems in Gang. Die Moose überzogen das bisher kahle Land, sodass der Fels schneller verwitterte. Und bei dieser chemischen Reaktion wurden riesige Mengen an CO_2 aus der Atmosphäre abgezogen. Mit weniger CO_2 in der Luft kühlte sich die Erde leicht ab, was nach einer Weile zu einer weiteren Eiszeit führte, vor 460 Millionen Jahren, um es genau zu sagen, am Ende des Ordoviziums.

Die meisten Leute denken ja, Moos ist Moos. Dabei gibt es auf der Erde mehr als 20 000 verschiedene Arten, in Norwegen allein schon elfhundert. Moose sind bei einigen Leuten richtig Kult, es gibt sogar einen Verein namens *Moseklubben*. Nachdem ich ein paar Arten kennengelernt hatte, bekam der grüne Teppich im Wald auf einmal verschiedene Namen: Es gibt Bärenmoos (das größte), Torfmoos (davon gibt es besonders viel), Sichelmoos (denn genau so sieht es aus), Sternmoos (ebenfalls wegen der Form), Kiefernmoos und Federmoos. Mein Favorit ist wahrscheinlich das Etagenmoos. Jedes Jahr kommt ein weiteres Stockwerk dazu, und wenn wir die Zahl der Stockwerke zählen, wissen wir, wie alt es an dieser Stelle ist. Das Etagenmoos wird auch Hausmoos genannt, weil man es früher als Dämmmaterial beim Hausbau verwendet hat.

Da Moose keine festen Stängel haben, brauchen sie ein feuchtes Milieu und werden deshalb auch Amphibienpflanzen genannt. Wenn sie vollständig austrocknen, treten sie in einen Ruhezustand ein, und sobald sie Wasser bekommen, werden sie wieder grün. Eine Moosart, die vierzig Jahre getrocknet wurde, lebte sofort wieder auf, als man sie durchnässte. Auf eine Weise sind Moose ein Zwischending zwischen Algen und Gefäßpflanzen. Gefäßpflanzen werden von ihrem eigenen Gewebe aufrecht gehalten. So etwas haben Moose nicht, und deshalb sind sie zu einem Leben am Boden des Waldes verdammt.

»Vielleicht ist das Einfachste ja oft das Beste. Warum soll man sich dann verändern?«, kommentiert Mats, was ich ihm erzähle. Tatsächlich haben sich die Moose in den letzten hundert Millionen Jahren kaum verändert. Wer mit dem Moos in seinem Rasen kämpft, sollte einmal daran denken: Die hartgesottenen Vorfahren unserer Moose haben als erste Pflanzen das feste Land erobert; da braucht es schon etwas mehr als ein bisschen Kalk oder Unkrautvernichter, um sie loszuwerden. Die Moose waren lediglich der Anfang. Wenn wir in größeren Zeiträumen denken, ist alles in Veränderung begriffen. Die Drift der Kontinentalplatten verändert das Antlitz der Erde, und neue Arten entwickeln sich.

Nachdem sich moosartige Gewächse entlang der Wasserwege ausgebreitet hatten, kam es ganz leise zu einer weiteren Revolution. Ohne sie würde die Erde heute ganz anders aussehen, sie wäre ohne Wälder, ja ohne Bäume. Vor 420 Millionen Jahren nämlich entwickelten die Pflanzen Stängel. Die bisher so kleinen, unansehnlichen Dinger streckten sich nach oben, unterstützt von einer weiteren großen Entwicklung der Evolution: einem stärkeren Gefäßsystem, unter anderem aus Zellulose und Lignin. Diese Stoffe waren das Armiereisen und der Zement der Pflanzen. Das Gefäßsystem verlieh den Pflanzen die nötige Kraft, um in die Höhe zu wachsen und das Wasser effektiver zu transportieren. Pflanzen, denen ein solches Gewebe fehlte, darunter die Moose, mussten auf dem feuchten Waldboden ausharren.

Einer der Pioniere und auf ihre Weise ein Vorläufer vieler Landpflanzen ist *Cooksonia,* eine inzwischen ausgestorbene Pflanzengattung. Diese Gewächse bestanden eigentlich nur aus einem sechs Zentimeter hohen Stängel und hatten weder Blätter noch Wurzeln. Und sie wuchsen in großen »Haufen«, sodass sie kleine Wälder bildeten, nicht höher als dieses Buch. Aber was sich da entfaltete, war trotzdem beeindruckend: Im Laufe vieler Millionen Jahre vollzog sich die sogenannte Devon-Explosion, in der sich aus diesen frühen Winzlingen eine große Vielfalt von Arten entwickelte. Sie bekamen Wurzeln, Blätter und sogar Stomata, die kleinen ovalen Öffnungen in den Blättern, durch die im Zuge der Fotosynthese Gas und Wasser ausgetauscht werden. In einer nach geologischen Maßstäben relativ kurzen Zeit entstand so ein Ökosystem, das für die weitere Entwicklung des Lebens auf dem Land von entscheidender Bedeutung sein sollte.[6]

»Baumstämme sind Monumente eines sinnlosen Wettstreits«, sage ich zu Mats und gebe damit die Worte des britischen Biologen Richard Dawkins wieder. Hier draußen im Svarverudskogen gelingt es mir nicht so ganz, die Evolutionsgeschichte beiseitezulassen. Bäume sind ein Beispiel dafür, wie wenig intelligent die Evolution sein kann. Ich bleibe bei den Aussagen des Briten: Warum entwickelt die Evolution eine »Wiese auf Stelzen«, um Sonnenlicht einzufangen, wenn die Pflanzen es doch auf dem Boden genauso gut einfangen könnten?

»Viele Nicht-Biologen glauben, die Natur sei perfekt angepasst, aber das stimmt überhaupt nicht«, erwidert Mats, während wir durch den Wald zurück zum Hof gehen. Biologen wissen, dass die Natur um uns herum, wie wir sie heute sehen, nur eine von vielen Möglichkeiten darstellt, erschaffen aus unendlich vielen Zufällen über Millionen Jahre Evolutionsgeschichte hinweg. »Deshalb gibt es verschiedene Möglichkeiten, an ausreichend Sonne, Wasser und Nährstoffe zu kommen«, erklärt Mats. Wie auch immer, trotzdem war es wohl der Wettstreit, höher zu wachsen, um mehr Sonnenlicht einzufangen, der die Fotosynthese in die Höhe trieb. Irgendwann bedeckten dann Wälder die Erde, und heute – um das extremste Beispiel zu nennen – wachsen in Kalifornien Sequoias und Redwood-Bäume, die mehr als hundert Meter hoch sind. Der höchste von allen ist ein Baum namens Hyperion, so benannt nach einem griechischen Titan. Er ist das höchste Lebewesen der Erde, 115 Meter hoch. Ein imponierendes Bauwerk aus CO_2, Wasser und Sonnenenergie, die dafür 150 Millionen Kilometer durchs Weltall gereist ist.

Die zarten Anfänge des Waldes können wir paradoxerweise im kahlen, baumlosen Gebirge von Spitzbergen sehen. Ganz hinten im Isfjord, in der Nähe der aufgegebenen Bergbaustadt Pyramiden, machten britische Forscher eine seltsame Entdeckung. Sie fanden fossile Wurzeln und Stämme von Krähenfußbäumen (Lycopsiden), einer heute ausgestorbenen Baumart. Dass sie überhaupt Kohlereste fanden, war nicht so überraschend; schließlich wird auf der Inselgruppe tonnenweise tropische Kohle gefördert. Aber die Forscher stellten fest, dass diese Fossilien einer anderen Altersgruppe angehörten: Sie stammten aus dem Devon. Die Briten behaupten – und das ist eine kleine Sensation –, dass der versteinerte tropische Wald in der Arktis einer der ältesten Waldreste auf unserer Erde ist, nur wenig jünger als die 385 Millionen Jahre alten Reste der sogenannten Gilboa-Bäume, die man im US-Bundesstaat New York fand. Die frühen Krähenfußbäume auf dem heutigen Spitzbergen waren keine fünf Meter hoch, aber immerhin.

Das einst so öde Land wurde allmählich von Wald bedeckt, vor allem von der prähistorischen Gattung *Archaeopteris,* die man auch »die ersten richtigen Bäume« nennt.[7] Sie wurden fast zehn Meter hoch und hatten einen dicken Stamm, ähnlich wie Weiden, mit Borke verkleidet. Das heißt, sie waren den heutigen Bäumen recht ähnlich. Der Wortteil »pteris« geht auf das lateinische Wort für Flügel zurück und deutet darauf hin, dass sie schwere, wie Flügel geformte Blätter besaßen. *Archaeopteris*-Fossilien wurden unter anderem auf dem Misery-Gebirge auf Bjørnøya (Spitzbergen) gefunden. Bevor die Wissenschaft herausfand, dass sich die Kontinentalplatten bewegen und dass auch die arktischen Inseln früher viel weiter südlich lagen, hatte man gedacht, die Baumfossilien gehörten zu einem polaren Ökosystem. Erst später begriff man, dass der *Archaeopteris*-Wald in der Arktis vor 360 Millionen Jahren in der Nähe des Äquators aufgeragt war.

Eine Wanderung in diesen allerersten Wäldern wäre wohl ein seltsames Erlebnis gewesen. Denn dort war es sehr still: keine summenden Bienen, kein Vogelgezwitscher. Aber auf dem Boden zwischen dem Laub und der Schicht kleiner Gewächse krabbelten immerhin schon erste Tiere. Das Leben in diesen ersten Wäldern hat klein angefangen, lange nachdem das Leben im Meer förmlich explodiert war. Das geschah gleichzeitig mit der Eroberung des Landes durch die Pflanzen. Denn wovon hätten die Tiere leben sollen, wenn es keine Pflanzen gab?

Dieser Meilenstein in der Erdgeschichte, der Übergang vom Leben im Wasser zum Leben an Land, liegt aber weitgehend im Dunkeln. Es gibt nur wenige Fossilienfunde, und so fühlt es sich an, als wären mehrere Kapitel aus dem Geschichtsbuch unserer Erde herausgerissen worden.[8] Derzeit sind die ältesten Fossilien von Landtieren kaum 420 Millionen Jahre alt: der Tausendfüßler *Pneumodesmus newman*, ein Sensationsfund eines Busfahrers und Amateurpaläontologen in Schottland aus dem Jahr 2004.[9] Dieser Tausendfüßler galt lange als ältestes Fossil eines »echten« Landtieres. Zusammen mit anderen Gliedertieren – Springschwänze, Spinnen und Skorpione – waren es diese Tiere, die das Land beherrschten, auch die Wälder.

Die größte Bedeutung für uns Menschen und unsere Verwandten aus der Familie der landlebenden Wirbeltiere hatte eine Entwicklung in den Sümpfen der Devonwälder vor 375 Millionen Jahren. Zu dieser Zeit entstanden nämlich die ersten Übergangsformen zwischen Fisch und Amphibien, darunter *Tiktaalik roseae* und der schwere, einem Salamander gleichende *Ichthyostega.*[10] Er hatte einen beweglichen Hals, kurze Beine mit Zehen und einen Kopf, der an den eines Krokodils erinnert. Dass die Wirbeltiere das Land zur gleichen Zeit eroberten wie die ersten Wälder, war wohl kein Zufall. Der Wald gab ihnen Schutz und Nahrung, damals wie heute, und machte es erst möglich, dass unsere fernen Vorfahren sich weiterentwickeln konnten. »Der direkteste Weg ins Universum verläuft durch einen Urwald«, hat der schottisch-amerikanische Autor und Aktivist John Muir geschrieben. Tief im Wald kann man die großen Linien ziehen, hinaus ins Universum genauso wie zurück in unsere ferne geologische Vorgeschichte aus der Zeit, als die ersten Wälder entstanden.

Mats und ich haben die Forststraße erreicht und gehen zurück zum Hof. Mats ist ungeduldig und geht drei Schritte vor mir, wie so oft, wenn er viel zu tun hat. Bevor wir wieder losziehen, um nach Wolfsspuren zu suchen, muss er nach den Ziegen schauen, sie füttern und überprüfen, ob die Kitze genug Milch bekommen.

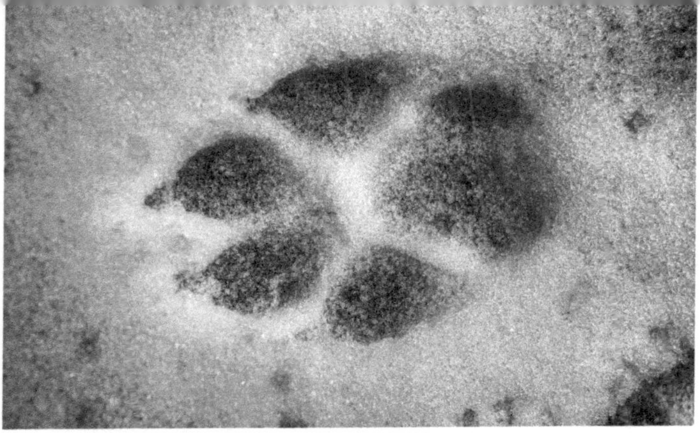

Wolfswinter

Der Svarverudskogen steht auf uraltem Felsgrund. Hier und da unterbrechen Seen den eintönigen Nadelwald; sie heißen Nøavann, Steinsvann oder Lauvann. Der federleichte Neuschnee hat einen weißen Schleier über den Boden gelegt: beste Voraussetzungen, um nach Wolfsspuren Ausschau zu halten. Mats und ich setzen uns in den alten Toyota Hiace und fahren in den Wald. An der Forststraße stehen die schlanken Kiefern in Reih und Glied. Es gibt angeblich mehr Kiefern bei uns im Land als Chinesen auf der Welt – 1,6 Milliarden sollen es sein.

Während wir weiterfahren, mache ich mir klar, wie viel Wald wir in Norwegen haben. Am Ende der letzten Eiszeit war er vollkommen ausgelöscht, und heute bedeckt er mehr als ein Drittel der Fläche. Nicht weniger als elf Milliarden Bäume stehen in den norwegischen Wäldern, zweitausend pro Einwohner. Während die Kiefern die unfruchtbaren Höhen bedecken, stehen die Fichten dicht an dicht in den Niederungen, auch hier um Svarverud. Das ist nicht besonders überraschend, es gibt ja schließlich 3,3 Milliarden Fichten hierzulande. Und dann wollen wir die Birken nicht vergessen. Selbst wenn hier im Svarverudskogen die Birken vom Nadelwald verdrängt wurden und nur noch gelegentlich zu sehen sind, eingeklemmt zwischen Kiefern und Fichten, gibt es insgesamt doch von keiner Baumart mehr im Land: Es sind fast fünf Milliarden.[1] Man glaubt es sofort, wenn man sieht, wie die Birken an den Hängen hinaufklettern bis zur Schneegrenze. Nur wenige Baumarten ertragen Kälte so gut wie die Birke; sie trägt sogar dann Früchte, wenn die Sommertemperaturen unter acht Grad bleiben.[2] Aus diesen wenigen Baumarten besteht der Wald hier im Norden; alle anderen Bäume – Erlen, Eberesche, Salweide, Eiche, Esche, Linde, Ulme und so weiter – sind Minderheiten in der norwegischen Wildnis.

Eigentlich dachte ich, wir würden zu Fuß gehen, die Ruhe des Waldes spüren, über die Bäume und ihre Geschichte sprechen und jede einzelne Tierspur im Schnee betrachten. Aber Mats hat keine Zeit zum Wandern. Seine Touren auf der Suche nach Fährten macht er in der Regel mit dem Auto, denn so kann er relativ große Gebiete überwachen. Während wir fahren, erzählt Mats von den Wölfen, die, so erklärt er, mit fast allen Voraussetzungen fertigwerden. Sie leben im Gebirge, in der Tundra, im Wald und in der Wüste. Sie kommen mit Gluthitze ebenso zurecht wie mit Eiseskälte. Auf der Jagd nach Nahrung oder auf der Suche nach einem Partner legen sie riesige Strecken zurück, im Wasser und auf dem Land. Fast hundert Kilometer können sie am Tag schaffen, entweder in ruhigem Trab oder im Renntempo von bis zu sechzig Kilometern pro Stunde. Kürzlich sind hier im Wald zwei Wölfe fotografiert worden.

»Vor sieben Jahren ging es los«, erzählt Mats. Da hat er fünf halb aufgefressene Elchkadaver gefunden, der blutige Beweis dafür, dass zum ersten Mal seit 140 Jahren Wölfe durch den Svarverudskogen gestreift sind. Seither ist der Wolfsbestand in Norwegen kräftig gewachsen, sodass jetzt mehr als hundert

Tiere hier leben. Die Rückkehr der Wölfe, ergänzt er, ist kein rein skandinavisches Phänomen. Nachdem er in den europäischen Wäldern praktisch ausgerottet war, ist er jetzt wieder auf dem Vormarsch. In Europa leben heute zwölftausend Wölfe, und da sind die wolfreichen Länder Russland, Ukraine und Weißrussland noch gar nicht mit dabei. Selbst in so kleinen Ländern wie Lettland und Litauen gibt es mehrere Hundert Tiere. Und auch in dicht besiedelten Ländern wie Dänemark, Deutschland, Belgien und den Niederlanden leben heute wieder Wölfe. Insgesamt gibt es weltweit etwa 300 000 Tiere – Raubtiere, die überall zurechtkommen.[3]

Ab und zu bremst Mats ab, öffnet die Wagentür und schaut sich Fährten an, die er kurz als Fuchs-, Reh- oder Elchspuren definiert. Davon gibt es viele. Und während ich wie immer den Wald vor lauter Bäumen nicht sehe, erkennt Mats alles Mögliche an diesen Spuren. Was für mich wie ein Chaos aus Abdrücken im Schnee aussieht, fast wie ein fremdes Schriftsystem, kann er interpretieren: Hier ist ein Auerhahn entlanggekommen und hat die Flügel schleifen lassen, hier ist ein Eichhörnchen eilig über den Weg gehüpft, um zum nächsten Baum zu kommen.

Dann hält Mats an. Wir steigen aus, und er rollt sein Maßband auf. Ein paar verdächtige Trittsiegel ziehen sich über den Weg und enden, wo der Belag aufhört. Wahrscheinlich ein Hund, erklärt der Biologe knapp, während der Dieselgeruch in der Kälte hängt. Die Schrittlänge ist zu kurz, und die Abdrücke sind zu klein, das war kein Wolf.[4] Es gibt noch ein paar weitere Unterscheidungsmerkmale, erfahre ich: Der Wolf geht eher geradeaus, während die Hundespur stärker ausschwingt. Außerdem hinterlässt Isegrim tiefere Abdrücke im Schnee. Ein großer Wolf kann ja durchaus so viel wiegen wie ein erwachsener Mann.[5]

Wir steigen wieder ins Auto, fahren weiter, und nach kurzer Zeit hält Mats wieder an. Raus aus dem Wagen. Wieder ein Hund. Und so geht es weiter. Rein ins Auto, anhalten, raus aus dem Auto. Fuchs. Rein ins Auto, fünf Minuten Fahrt. Raus aus dem Auto. Hund. Rein ins Auto. So verbringen Leute, die nach Wolfsfährten suchen, ihre Tage. Manchmal reicht es, die Tür ein Stück weit aufzumachen und langsam vorbeizufahren, um zu erkennen, dass es wieder keine Wolfsspur ist.

Aber dafür gibt es unglaublich viele andere Spuren hier im Wald. Am Ende eines Moores mit ein paar kleinen Kiefern hat ein Biber seine Burg gebaut und den Bach aufgestaut. Wir nehmen eine rote Goretex-Jacke mit, die Mats hier über einen Stock gehängt hat. Sie soll die Biber abschrecken – ob das funktioniert, darüber schweigt sich Mats aus. Dafür erzählt er mir, dass der europäische Biber, dessen Fleisch, Pelz und Bibergeil sehr gefragt waren, Ende des 19. Jahrhunderts in Westeuropa fast ausgerottet war. In Skandinavien gab es nur noch eine kleine Population in Agder. Aus dieser Gruppe hat man achtzig Tiere gefangen und an neunzehn Stellen in Schweden ausgesetzt – das war in der ersten Hälfte des 20. Jahrhunderts. Von diesen Tieren stammt die heutige schwedische Biberpopulation ab. Irgendwann sind einige Exemplare wieder Richtung Norwegen gewandert und haben sich im Osten des Landes, unter anderem auch im Svarverudskogen, angesiedelt. »Ein extremes Beispiel für den Flaschenhalseffekt«, erklärt Mats. »Außerdem wurde die genetische Vielfalt der Biber erheblich reduziert. Heute gibt es in Norwegen Zehntausende Biber in den Wäldern. Sie hinterlassen ihre Spuren in Form von abgenagten Baumstämmen, aufgestauten Bächen und Flüssen und abgestorbenen Bäumen.«[6]

Auf einer Hochebene kreuzen viele Spuren den Weg. Die Spitzen haben kleine, ordentliche Abdrücke hinterlassen, die unter gebeugten Birken und niedrigen Fichten verschwinden. Ich vermute, dass es Fuchsspuren sind. »Füchse haben doch keine Hufe«, erklärt Mats leicht genervt. »Das waren Rehe.«

Das Reh ist heute das häufigste Tier aus der Gruppe der

Hirsche, obwohl es erst Anfang des 20. Jahrhunderts hierher eingewandert ist, nachdem es fünftausend Jahre lang aus der norwegischen Natur verschwunden war.[7] Der letzte Winter war hart für die Rehe. Sie sind eigentlich an die schneereichen skandinavischen Winter schlecht angepasst, berichtet der Biologe.

Tief im Wald kommen wir durch ein Tal mit dichtem Fichtenbewuchs. Dort steht die Wildkamera. So leblos der Wald am Tag wirkt, so viele Tiere streifen im Schutz der Nacht dort umher. Mats zeigt mir ein paar Bilder, die mit der Kamera gemacht wurden. Auf einem sieht man ein Wildschwein, auch ein Neuankömmling in Norwegen, nachdem das Tier vor fünftausend Jahren von hier verschwunden war. Zu jener Zeit wurde das Wildschwein zusammen mit dem Reh durch das kühler werdende Klima und die Jagd verdrängt. Ganz allmählich sind sie nach Skandinavien zurückgekehrt, nachdem sie in den Siebzigerjahren aus einer Aufzuchtstation in Schweden ausgebrochen waren. Auf der norwegischen Seite der Grenze sind sie zum Abschuss freigegeben und eigentlich auch nicht gern gesehen, während sie in Schweden sogar durch einen Reichstagsbeschluss als Teil der schwedischen Fauna anerkannt sind.

Auf einem anderen Bild sieht man einen Luchs, der gerade einen Hang hinunterspringt. Man stelle sich eine rote Hauskatze vor, nehme sie mal zweieinhalb und lasse den Schwanz weg – so sieht ein Luchs aus. Als Verantwortlicher für Raubtiere im Süden von Norwegen sieht Mats ab und zu einen Luchs im Wald. Sie sind die einzigen Wildkatzen in Norwegen, erklärt er mir, und obwohl es viel mehr Luchse als Wölfe bei uns gibt, mehr als dreihundert, sieht man sie äußerst selten. Sie halten sich zumeist in unwegsamem Gelände auf. Und während Wolf und Bär bei den Menschen verhasst waren, galt der Luchs nie als Schädling. Er war eher ein Rohstofflieferant – ein Luchsfell war im 17. Jahrhundert zehn bis zwölf

Mal so viel wert wie ein Bärenfell. Kein Wunder, dass sich der König das Vorkaufsrecht auf alle Luchsfelle gesichert hatte.

Trotzdem war auch der Luchs, wie Wolf und Bär, Anfang des 20. Jahrhunderts in Norwegen praktisch ausgerottet. Erst als er 1973 unter Schutz gestellt wurde, erholten sich die Bestände. Jetzt fehlte nur noch, dass ein Bär durch diesen Wald streifen würde. Doch der letzte Bär, der hier lebte, wurde 1859 abgeschossen. In anderen Regionen von Skandinavien erholt sich der Bestand an Bären jedoch prächtig. Heute gibt es schon wieder dreitausend Exemplare, die meisten in Schweden.[8]

Dass die Raubtiere wieder da sind, ist Teil eines größeren Plans: Wir wollen zurück zur unberührten, ursprünglichen Natur, die Rede ist von »Rewilding«. Vielleicht ist das eine Illusion, denn es gibt ja nichts Unberührtes mehr. Selbst tief in den Urwäldern findet man Spuren der Feuer von Waldfinnen und Jägern, die den einen oder anderen Baum gefällt haben. Trotzdem ist die unberührte Natur zu einem Mantra der norwegischen Umweltbewegung geworden und steht in starkem Kontrast zu den zunehmenden Eingriffen in die Natur, sei es durch Hochspannungsleitungen, Forststraßen, Abholzung, Hüttensiedlungen, Fichtenplantagen oder vierspurige Autostraßen. Wenn man den Raubtieren wieder einen Platz in der Natur zugesteht, steht dahinter auch der Versuch, sich dem Ursprünglichen anzunähern – einem Wald, der so aussieht wie vor der Zeit, als der Mensch ihn zum Wirtschaftsgut machte.

Während wir langsam durch den Svarverudskogen fahren und nach Wolfsspuren Ausschau halten, sprechen wir über die Namen, die die Menschen dem Wolf gegeben haben: der Struppige, Graubein, Troll, Schatten, der Unaussprechliche. Früher nannte man ihn deshalb Graubein, weil man sich fürchtete, gefährliche Tiere bei ihrem richtigen Namen zu nennen. In heidnischer Zeit wurden Wolf, Räuber und Geächteter gleichgesetzt und als »Varg« bezeichnet. Ein Beispiel ist der Räuber Ole Andreassen, der Mitte des 19. Jahrhunderts lebte und den Beinamen »Steinulven« – Steinwolf – trug. Aus einem Versteck heraus, oft hinter einem Felsblock, überraschte er seine Opfer. Seine Beute verbarg er in einem Tal, das entsprechend heute als Tjuvgodsdalen – Diebesguttal – bezeichnet wird. Es bildet den südlichsten Teil des Svarverudskogen.

Nachdem wir einen großen Teil des Wegenetzes abgefahren haben, ohne etwas zu finden, kommen wir zu einem steilen Abhang, wo der Weg nicht geräumt ist. Ich plädiere sehr dafür, zu Fuß weiterzugehen, aber Mats gibt Gas und fährt hinunter. Eine Weile geht das gut, doch dann verlieren die Reifen den Halt und drehen durch. Mats flucht und wirkt ein bisschen panisch. Wir rutschen immer weiter zum Rand des Weges, während Mats hektisch kurbelt, um den Hiace wieder auf Kurs zu bringen. Genau in dem Moment, als wir vom Weg abkommen, bleibt der Wagen stehen. Wir sind weit weg von allen anderen Menschen, tief im Wald, es ist bitterkalt, und der Hiace steckt im Schnee fest. Da Mats den Spaten vergessen hat, schieben wir den Schnee mit den Füßen weg, später mit einem Paar Ski. Verschwitzt und erschöpft, haben wir irgendwann ein Stück des Weges fast schneefrei gemacht. Mats versucht, zurück auf den Weg zu fahren. Der Motor dröhnt, es stinkt nach verbranntem Gummi. Beim ersten Versuch tut sich gar nichts, auch nicht beim zweiten. Frustriert schieben wir noch mehr Schnee weg, und ich stelle mich ans Heck, um zu schieben. Vorsichtig lässt Mats die Kupplung kommen und gibt ganz sachte Gas. Und endlich, beim dritten Versuch, rutscht der Wagen wieder auf den Weg. Er schlingert, aber er bleibt in der Spur. Vor uns zieht sich der nicht geräumte Weg weiter in den Wald. Jetzt bleibt uns nichts anderes mehr übrig, als zu Fuß zu gehen. Mats stellt den Wagen ab, und wir marschieren los. Der Schnee reicht uns bis zu den Knien.

»Der Wald ist wirklich eintönig hier unten«, bemerke ich,

als wir losgehen. Überall dieselben Baumarten, wenige Aussichtspunkte, auch die Seen und Moore sehen sich zum Verwechseln ähnlich. »Für dich schon«, antwortet Mats kurz und erklärt dann, wie er den Wald mit seinen vielen Facetten erlebt. Er hört einen Vogel singen, sieht eine Stelle, wo ein Elch gegangen ist, studiert die Spuren eines Auerhahns, der Futter gesucht hat. »Und dann kommen ja noch die Erinnerungen dazu«, sagt er. »Da habe ich mal ein Birkhuhn gesehen, da habe ich einen Elch geschossen. Und ich denke natürlich auch an die Nutzung des Waldes. An dieser Stelle müsste man mal ausdünnen, an einer anderen Stelle wäre es sinnvoll, einen Weg anzulegen, und dieses Waldstück da ist reif zum Schlagen.« So geht er die ganze Zeit und bewertet die Dinge, sagt er. Dann unterbricht er sich.

»Eine Hasenspur!«

Die Hasen sind in den letzten Jahren mehr geworden, erzählt er. Einmal hat er einen angeschossen. Die Todesschreie des Tieres hallten durch den Wald, und da sie so klingen wie Babygeschrei, war das ein ganz furchtbares Erlebnis, berichtet Mats, der doch eigentlich ein erfahrener Jäger ist. »Erst als ich dem Hasen einen Schlag in den Nacken versetzt habe, wurde es still.« Mats wirkt schroff und gefühllos, wenn er solche Geschichten erzählt, aber er beeilt sich hinzuzufügen, dass er eigentlich nicht gern tötet. Manchmal verfolgen ihn solche Erlebnisse bis in die Träume hinein.

Auf seinem Handy erscheint eine SMS. »Ich bin diese Ziegen so leid«, schimpft er – mit gutem Grund. Nicht nur, dass sie jetzt eine der beiden Dielen seines Hauses belagern, im Sommer ist die ganze Bande einmal während eines Gewitters in den Wald abgehauen. Darüber haben sogar die Lokalzeitung und das Radio berichtet. Und außerdem hatten sie kürzlich die Moderhinke. Und jetzt hat noch eine Ziege in der Eiseskälte zwei Kitze zur Welt gebracht, erklärt er mir. Er muss so schnell wie möglich nach Hause. Wir eilen zum Auto zurück, und während der halsbrecherischen Fahrt zurück zum Hof kommt mir ein Gedanke: Wie stelle ich mir eigentlich einen echten Mann des Waldes vor? Ich dachte, er ist sanftmütig, nimmt sich Zeit und denkt viel nach. Mats ist genau das Gegenteil. Und wenn ich bei ihm bin, habe ich immer das Gefühl, Besuch ist ihm lästig. Eigentlich müsste er immer gerade etwas ganz anderes tun. Deshalb war es auch gar nicht leicht, einen Tag zu finden, um zusammen in den Wald zu fahren. Ständig muss er etwas erledigen: Entweder muss er Elchfleisch ausliefern oder einen Waldarbeiter treffen, einen Traktor reparieren oder die Kinder zur Kita fahren. Dann lammen die Schafe, er muss mit den Hunden raus, muss Hühner schlachten, Kraftfutter für die Schweine holen … diesmal sind es also die Ziegen. »Wenn ich eine Ziege wäre, würde ich dich öfter sehen«, sage ich halb im Scherz zu ihm. Mir ist übel von der Schaukelei und dem Dieselgestank.

Endlich sind wir da. Mats stellt den Wagen vor dem Hof ab. Dort vor uns, im Unterstand der Ziegen, ruhen zwei neugeborene Kitze. Ein tot geborenes liegt weiter weg im Schnee. Für mich ist das ein ungewohnter Anblick. Auf dem Land sind Leben und Tod den Menschen näher, sagt man – ein Klischee, aber es ist wirklich so. Mats ist zwar in der Stadt aufgewachsen und hatte zunächst wenig Erfahrung mit diesen Dingen, doch inzwischen gehört es ganz selbstverständlich zu seinem Leben, Ziegen, Schweine, Hühner zu töten. Wenn man Tiere auf dem Hof hat, erlebt man die Freude, neues Leben entstehen zu sehen, erklärt er mir leise, aber ab und zu muss man auch eines beenden. Er schließt den anderen Eingang zum Haus ab, holt Heu und Kraftfutter, und ich trage die beiden warmen neugeborenen Kitze unter den Armen. Die kleinen Herzen klopfen heftig. Mats zieht die Mutter, eine kräftige Ziege mit Hundehalsband, hinter sich her. Na, immerhin zwei Kitze. Aber kein Wolf.

Ein paar Tage nach der Svarverud-Tour hat sich über Oslo ein Hochdruckgebiet festgesetzt. Auf den Höhen rund um die Stadt, die vor dreihundert Millionen Jahren in riesigen Vulkanen entstanden sind, sehe ich den weiß überzuckerten Nadelwald. Ich müsste nur da hochfahren und wäre auch schon im Wald, aber statt die Ski zu nehmen und nördlich der Stadt loszuziehen, wie ich es sonst zu tun pflege, habe ich mir vorgenommen, Wolfsspuren zu suchen. Deshalb fahre ich nach Osten, wo sich ein Wolfsrudel aufhalten soll. Vom Byseter-Parkplatz aus wandere ich planlos, jedoch optimistisch kreuz und quer durch den Wald, abseits von Wegen und Loipen, den Blick auf den Boden gerichtet. Wie schon in Svarverud gibt es massenweise Hundespuren, aber keine Anzeichen von Wölfen. Bis jetzt jedenfalls. Ein Stück weiter im weiß verkleideten Wald haben ein Elch und ein Reh den Weg gekreuzt, und ich muss zugeben, dass die Spurensuche meine Wanderung wirklich bereichert. Die Fährten erzählen vom Leben im Wald – einem Leben, das sich im Wesentlichen vor unseren Blicken verborgen abspielt.

An einem Bach stolpere ich über eine wintergrüne Pflanze, gerade einmal zehn oder fünfzehn Zentimeter hoch. Sie ist fast im Schnee versunken, streckt sich aber tapfer nach dem Licht aus. Die Blätter sind gebogen, die Triebe steif. Lange Ausläufer breiten sich über den Waldboden aus, und aus jedem dieser Ausläufer sprießen neue Triebe. Eigentlich sieht diese Pflanze ein bisschen aus wie Moos. Ich habe sie schon oft auf meinen Wanderungen gesehen, sie jedoch nie so richtig beachtet. Jetzt sehe ich sie mit anderen Augen und suche im Internet nach dem Namen des merkwürdigen Gewächses. Nach ein paar Versuchen mit Moosarten stelle ich fest, dass es sich um Bärlapp handelt, eine Pflanze, aus der man früher Schrubber und Matten machte und die sich die Mädchen um den Bauch banden, um sich vor Zauberei und Schwangerschaft zu schützen. Der lateinische Name, *Lycopodium anno-*

tinum, bedeutet interessanterweise Wolfsfuß. In Dänemark heißt die Pflanze auch so. Sie ist nicht gerade selten, aber an diesem Tag hier draußen in Østmarka schaue ich sie geradezu andächtig an. Vor mehr als dreihundert Millionen Jahren, im Karbonzeitalter, beherrschten diese Gewächse die Erde. Zusammen mit ausgestorbenen Baumarten wie dem Riesen-Schachtelhalm bildeten sie große Wälder, die über dreißig Meter hoch werden konnten. Die Blätter waren lang und schmal und wuchsen in Büscheln aus den Wipfeln. Die Stämme bestanden weitgehend aus Borke, nicht aus Holzgewebe. Und diese Borke hatte ein Diamantmuster, was dazu führte, dass man die versteinerten Überreste zunächst fälschlich für die Haut von Krokodilen oder großen Schlangen hielt. Heute sind von diesen mächtigen Pflanzen nur noch die kleinen Gewächse am Waldboden geblieben. So streng ist die Evolution mit dieser Pflanzenfamilie umgegangen. Die großen Bäume sind dem trockeneren Klima des Permzeitalters zum Opfer gefallen, während die kleinen Bärlappen überlebten und sich den günstigeren Verhältnissen an Wasserläufen anpassten.[9]

Die Bedeutung dieser riesigen frühen Wälder kann kaum hoch genug eingeschätzt werden. Vor etwa vierhundert Millionen Jahren, weit in die Karbonzeit hinein, trugen sie dazu bei, dass der CO_2-Gehalt der Luft wieder deutlich sank, während der Sauerstoffgehalt von vier Prozent auf den höchsten Wert der Erdgeschichte anstieg: 35 Prozent. Ohne diese Wälder wäre die Erde für uns Menschen unbewohnbar gewesen. Aber auf welche Weise hat der Wald die Atmosphäre verändert?

Kurz gesagt: Wenn ein Baum umfällt und zerbricht, gleicht sich die Sauerstoff-und-Kohlendioxid-Rechnung praktisch aus. Verrottet der Baum aber nicht, sondern fällt zum Beispiel in einen sauerstoffarmen Sumpf oder ein Moor und wird letztlich Teil einer geologischen Schicht, dann verringert sich der Kohlendioxid-Gehalt in der Atmosphäre. Von den Wäldern der Karbonzeit wurden extrem viele Bäume mitsamt ihren Zweigen, Blättern und Ästen in dicken Schichten abgelagert, die später unter kilometerstarken Sedimentschichten begraben und zu Kohle gepresst wurden.[10] Diese Kohlelager bilden die heutigen großen Vorkommen in Nordamerika und Europa, einschließlich Spitzbergen. Und sie bahnten der industriellen Revolution den Weg.

Mit der Zeit entwickelten Bäume außerdem immer kräftigere Wurzeln, um fest zu stehen und Wasser sowie Nährstoffe aufnehmen zu können. Das führte zu einer stärkeren mechanischen und chemischen Verwitterung des Felsbodens, was, vereinfacht gesagt, weiter zur Verringerung des CO_2-Gehalts in der Atmosphäre beitrug.[11] Das hatte erhebliche Folgen für das Erdklima und war mit ein Grund für die Eiszeit am Ende des Karbonzeitalters.

Der hohe Sauerstoffspiegel vor etwa dreihundert Millionen Jahren hatte einige interessante Folgen. Auf dem Boden entwickelte sich der über zwei Meter lange Tausendfüßler *Arthropleura,* das größte wirbellose Landtier, das jemals existiert hat. Und zwischen den hohen Urbäumen flog die Riesenlibelle *Meganeura* mit einer Flügelspannweite von mehr als siebzig Zentimetern. Der höhere Sauerstoffgehalt führte auch zu einer größeren Dichte der Luft, sodass große Insekten mit Flügeln Auftrieb bekamen – so wie wir im dichteren Salzwasser mehr Auftrieb haben als im weniger dichten Süßwasser. Außerdem funktionierte die Atmung der Insekten in der sauerstoffreichen Luft besser, was ebenfalls dazu beitrug, dass sie größer wurden.

Tief in den Wäldern liefen auch schon die ersten Vierfüßer herum, beispielsweise der *Hylonomus,* eine ausgestorbene Echsenart. Er war das erste Kriechtier, von dem wir wissen, dass es ausschließlich an Land lebte. Besonders viele *Hylonomus*-Fossilien findet man in Joggins auf Nova Scotia, wo sie in hohlen versteinerten Baumstämmen bewahrt sind. Die großen Bärlappbäume waren innen hohl, und wenn sie in einen Sumpf fielen, füllten sie sich mit Wasser, sodass die Tiere darin ertranken.

Auf meiner Wanderung durch die Østmarka lande ich schließlich bei der Gaststätte Vangen. Dort erfahre ich, dass die Wölfe im Moment sehr aktiv sind und dass sie früher in diesem Winter bis ans Haus kamen. Aber die Østmarka ist groß, die Wölfe könnten überall sein, sagt man mir. Auf dem Heimweg durch den lockeren Wald mit Kiefern und einzelnen Birken, die vom Schnee bis zum Bersten niedergedrückt werden, denke ich an das Raubtier, das da draußen durch die Wälder streift und von dem die wenigsten schon einmal etwas gesehen oder gehört haben. Und doch ist dieses Tier so umstritten, dass ganze Regalmeter darüber geschrieben wurden. Wenn man ihn doch nur zu sehen bekäme! Es ist wie mit der Suche nach der Nadel im Heuhaufen, hat Mats gesagt. Aber gerade weil der Wolf so scheu und wachsam ist, dass man kaum je in seine Nähe kommt, setze ich mir – ehrgeizig und zielbewusst, wie ich bin – ein Ziel: Ich will versuchen, mich dem Wolf zu nähern. Erst einmal muss ich dazu Wolfsspuren finden, dann wäre es großartig, das Heulen draußen in der Wildnis zu hören. Mehr kann ich nicht erwarten.

Da sich dieses Vorhaben hinziehen kann, muss ich das Projekt noch etwas eingrenzen. Ich will schließlich nicht mein ganzes Leben der Erforschung einer einzelnen Tierart widmen, wie es Jane Goodall mit den Schimpansen getan hat. Außerdem hätte ich dann schon vor vielen Jahren beginnen müssen. Aber ein Jahr – ein Jahr lang will ich mich in der Kunst üben, den Wolf im dichten Wald zu suchen, zu allen vier Jahreszeiten. Ich hoffe, dieser Zeitraum reicht aus, wenn ich nur hartnäckig genug bin. Außerdem, überlege ich, verbindet sich dieses Vorhaben gut mit meiner Idee, mich in die Geschichte des Waldes und seine Bedeutung für das Leben auf unserer Erde zu vertiefen. Bei uns ist der Wald ja der Lebensraum des Wolfs. Und bisher haben mir noch ein Plan und ein Rahmen für meine Wanderungen gefehlt, ich bin eher willkürlich und planlos herumgelaufen. Wie der deutsche Entdecker und Naturforscher Alexander von Humboldt schrieb: Um die Welt zu verstehen, muss man in die Natur gehen, sie fühlen und erleben.

Kaum zurück aus der Østmarka, schreibe ich Mats eine SMS: »Willst du demnächst wieder auf Tour gehen?« Ich habe schon begriffen, dass es wenig bringt, auf eigene Faust umherzustreifen, ohne Plan und aufs Geratewohl. Von Mats kommt eine vage Antwort: »Wenn es mit den Ziegen geht.« Außerdem schreibt er mir, an der »Wolfsfront« sei gerade nicht besonders viel los. Die nächsten Wochen melde ich mich immer wieder bei ihm, ohne dass es zu einer Verabredung kommt. »Frag mal SNO in Hedmark, vielleicht können die dich mit rausnehmen«, schreibt er mir sehr knapp. Offenbar sind ihm meine ständigen Anfragen lästig. Soll ich mich wirklich an die Staatliche Naturschutzbehörde wenden? »Wenn du keine Zeit hast, werden die sich bestimmt nicht um mich kümmern«, schreibe ich beleidigt zurück. Ich will alle Tricks ausprobieren, ihn notfalls manipulieren, auf die Tränendrüse drücken und an unsere Freundschaft appellieren. Und es gelingt mir, denke ich, denn am nächsten Tag kommt eine SMS von ihm. Er will in Hobøl nach Wölfen suchen, zusammen mit einem Kollegen. Ich kann mich dranhängen, schreibt er, und ich denke, darauf kannst du wetten, dass ich das tue. Am nächsten Tag um neun stehe ich auf dem Hof Knapstad in Hobøl, nach einer knappen Stunde Fahrt von Oslo.

Ein Ort zum Fürchten

Es ist zwar erst Anfang März, aber irgendwie liegt schon Frühling in der Luft. Die Sonne wärmt, ab und zu hört man das dumpfe Geräusch von Schnee, der in großen Brocken von den Bäumen fällt. Die Fichten stehen dicht und dunkel. Ich sitze in einem weißen Kia mit Vierradantrieb, und wir sind auf dem Weg in den Wald von Hobøl, um nach Wolfsspuren zu suchen. Beim Blick nach draußen denke ich über unsere vertraute, wohlbekannte Fichte nach, die *Picea abies,* eine der großen Erfolgsgeschichten der Evolution. Sie repräsentiert einen wirklich standhaften Ast am Baum des Lebens – eine Gruppe von Organismen, die mehrere große Krisen der Erdgeschichte überlebt hat. Die Fichte gehört zu den nacktsamigen Pflanzen, kurz: Nacktsamer (Gymnospermen), die vor etwa dreihundert Millionen Jahren entstanden. Mit ihren Samen und einem effektiven System für den Wassertransport setzten sich diese Pflanzen in so ziemlich jeder Nische fest, die die Schachtelhalme und Bärlappbäume hinterließen, nachdem das Klima im Permzeitalter trockener geworden war.[1] Aus dieser Gruppe entwickelten sich unter anderem die heutigen Nadelbäume[2] mit ihren zahlreichen Arten. Als Wissenschaftler zum ersten Mal die gesamte DNA einer Art sequenziert hatten – und zwar ausgerechnet die unserer gewöhnlichen Fichte –, staunten sie darüber, wie wenig sich die Nacktsamer im Laufe der Jahrtausende verändert hatten.

Wenn über die Evolution gesprochen wird, heißt es oft, dass Arten sich anpassen oder verändern müssen, aber einzelne Arten, wie eben diese Nadelbäume, haben interessanterweise auf eine eher konservative Haltung gesetzt. Die Fichten und Kiefern, die uns im Wald von Hobøl umgeben, sind Überlebenskünstler. Seit der Zeit, als ihre Vorfahren vor ein paar Hundert Millionen Jahren anfingen, die Erde zu beherrschen, haben sie auch hier im Norden standhaft ausgehalten, trotz verheerender Eiszeiten und massenhaftem Aussterben. Sie waren schon da, als die riesigen pflanzenfressenden Saurier mit ihren gut entwickelten Zähnen Nadelbäume verspeisten, während unsere kleinen, mausähnlichen Säugetiervorfahren unten auf dem Boden herumwimmelten.[3]

Einzelne dieser Nacktsamer-Arten sind sogenannte lebende Fossilien, also Arten, die praktisch unverändert über Millionen Jahre existieren, darunter die Zypressenart *Metasequoia glyptostroboides,* auch Wassertanne genannt. Sie wurde zuerst als Fossil gefunden und galt als vor zwei Millionen Jahren ausgestorben. Als man eine Wassertanne im Sommer 1943 in China entdeckte, quicklebendig und fast identisch mit ihren mehr als siebzig Millionen Jahre alten fossilen Vorfahren, war das eine wissenschaftliche Sensation. Mit Recht wird sie auch Urweltmammutbaum genannt. Ein ehemaliger Kollege von mir hat einen Schössling dieses Baumes in seinen Garten außerhalb von Oslo gepflanzt, wobei es schon eine Leistung ist, den Samen überhaupt zum Keimen zu bringen. Dann aber wuchs der Baum und wuchs und wuchs, und die Nachbarn wurden wütender und wütender. Als wäre die Größe nicht schon schlimm genug, ließ das Urweltmonster auch noch jeden Herbst die Nadeln fallen, sodass die vornehmen, gepflegten Rasenflächen in Bærum voll davon waren. Die erbosten Nachbarn verlangten, dass der Baum gefällt würde. Für die Vorgeschichte hatten sie nur sehr wenig Verständnis, und am Ende bekamen sie ihren Willen. Der Baum, dessen Vorfahren so ziemlich alles überlebt hatten, was diese Erde zu bieten hat – darunter einen Meteoriteneinschlag vor 66 Millionen Jahren –, wurde von einer Motorsäge dahingemeuchelt.

In der Familie der Nadelbäume finden sich noch mehr solche lebenden Fossilien. Doch was der Waldwächter David Noble im Jahr 1994 erlebte, war der feuchte Traum jedes Naturforschers. Er kämpfte sich durch eine abgelegene Schlucht im Regenwald des Wollemi Nationalparks in New South Wales (Australien), gerade 150 Kilometer von Sydney entfernt, und geriet in eine Art vergessene Welt. Dort stolperte er über ein paar seltsame Bäume, die er nicht zuordnen konnte. Sie waren bis zu vierzig Meter hoch, die Stämme hatten einen Meter Durchmesser, die Rinde sah aus wie kochende Schokolade, die Blätter wie Farnwedel. Ungefähr hundert solche Bäume standen dicht gedrängt in der Schlucht, und allmählich wurde ihm klar, dass er da etwas ganz Besonderes gefunden hatte.

Wenig später kam er mit zwei Biologen wieder, die vollkommen hingerissen waren. Die Baumart, die zur Familie der Araukarien gehört, galt als ausgestorben, und die ältesten Fossilienfunde waren 200 Millionen Jahre alt. Sie bekam den Namen *Wollemia nobilis* nach der Fundstelle und dem Finder. Einer der Forscher sagte über diese bahnbrechende Entdeckung, es sei ein bisschen so gewesen, als hätte man einen lebenden Dinosaurier gefunden. Tatsächlich kann man die Wollemie mit gutem Grund als lebendes Fossil bezeichnen. Ebenso beispielsweise den Tempelbaum *Ginkgo biloba*, der in der Kreidezeit auf der gesamten nördlichen Halbkugel verbreitet war, selbst in Spitzbergen, und der seit dieser Zeit praktisch unverändert geblieben ist. Heute wächst er wild nur noch in China, aber er wird weltweit in der Umgebung von Tempeln, in Parks und Gärten angepflanzt.

Hier in Hobøl, dreihundert Millionen Jahre nach der Entstehung der Nadelbäume, sind jedoch auf einmal Spuren im Schnee zu sehen. Ein Tier ist im Zickzack zwischen den Fichten entlanggelaufen. Und dieses Tier war ein Wolf. Sachen gibt's, denke ich. Da streift also hier im Wald von Østfold ein Wolf umher, kaum eine Stunde vom Menschengewimmel der Großstadt Oslo entfernt. Mir ist klar, dass diese Entdeckung für die Leute, die in der Nähe von Wölfen wohnen, etwas ganz Alltägliches ist, mich fasziniert trotzdem der Gedanke, dass er gerade hier gelaufen ist. Mats steigt aus dem Kia und folgt der Fährte in den Wald hinein. Dann kommt Arnkjell, ein pensionierter Spengler aus Vestby mit geradem Rücken und festem Händedruck – auch er ein Mitarbeiter der Naturschutzbehörde. Mindestens einmal pro Woche, wenn die Schneeverhältnisse es erlauben, macht Arnkjell die Tour hier, um nach den Wölfen zu sehen. Das tut er jetzt seit fast zehn Jahren. Und auch wenn er das Raubtier nicht idealisiert, findet er die Sache mit den Wölfen doch »mächtig spannend«. Auf die Frage hin, ob er für oder gegen den Wolf ist, sagt er nur: »Ich verstehe die Leute gut, die den Wolf bewahren wollen, aber ich verstehe auch die Schafhalter verdammt gut.«

Wie üblich werden die Schrittlänge und die Abdruckgröße gemessen. Diesmal ist es klar, es handelt sich um einen Wolf, nicht um einen streunenden Hund. Mats schwitzt in seinem Pullover; den Großstadtdialekt hat er längst abgelegt, hier draußen im Wald redet er ganz anders als sonst. Und während wir auf Arnkjell warteten, hat er sich ein bisschen über meine neuen türkisen Salewa-Schuhe lustig gemacht und über den hellblauen Anorak mit Kapuze. Er meinte, damit könnte ich besser im Osloer In-Viertel Grünerløkka herumlaufen als hier im Wald. »Willst du echt so gehen?«, hat er spontan gefragt. Während ich immer noch mitten in Oslo wohne, lebt Mats auf einem Hof, der Kilometer vom nächsten Nachbarn entfernt ist. Dieses Leben im engen Kontakt mit der Natur und der ländlichen Kultur hat ihn verändert. Der Junge aus Bærum, der Biologe, ist immer noch da, aber er sieht jetzt vieles aus der Perspektive des Bauern und eher vom Rand her. Auch sein Stil hat sich geändert. Er trägt hohe Jagdstiefel, eine grüne Wanderhose und eine Stihl-Holzfällerjacke, schwarz und orange. Damit gewinnt er Vertrauen und vermeidet, dass die Leute im Wald ihn allzu skeptisch betrachten. Er gehört jetzt zu ihnen, nicht zu den WWF-Leuten mit ihren wirren Ideen, die alles nur aus der Stadtperspektive sehen und viel zu viel Liebe zum Wolf mit in den Wald bringen.

Auf der Forststraße vor uns, nicht weit von den Spuren entfernt, liegt eine schwarze Masse. Wie aus einem Munde sagen Mats und Arnkjell dasselbe Wort: Wolfsscheiße. Haare, Knochenreste, Fettstückchen und Haut kleben noch in dem Kot, typisch für den Wolf. Endlich ein Lebenszeichen, denke ich, nachdem auch dieser Tag nicht optimal angefangen hat. Mats und ich haben mehrere Stunden auf öden Landstraßen rund um Hobøl zugebracht, bevor wir hierhergekommen sind. Bei unseren unzähligen Stopps hatten wir wieder einmal nur Spuren von Hunden, Füchsen, Rehen und Elchen gefunden. Jetzt hockt sich Mats hin und stochert mit seinem Taschenmesser in dem Haufen. Dann nimmt er ein Skalpell und gibt ein kleines Stück in einen Behälter. Den Kot schicken sie zur DNA-Analyse ein,[4] um zu überprüfen, ob es einer der Hobøl-Wölfe oder ein neuer, zugewanderter Wolf ist. Durch das Sammeln von Spuren und DNA-Proben behält das SNO die Kontrolle über die Zahl der Wölfe im Land, erklärt Mats. Außerdem helfen die DNA-Proben den Wissenschaftlern, einen fast kompletten Stammbaum der skandinavischen Wölfe anzulegen, seitdem sich diese 1983 in Värmland niedergelassen haben.

Fast zweitausend verschiedene Wölfe sind bereits DNA-identifiziert. Eine DNA-Probe (Haare, Exkrement, Urin) kann nachweisen, ob der Wolf in Skandinavien geboren ist oder über Finnland aus Russland eingewandert ist. Der Stammbaum zeigt seine Eltern, Großeltern und andere nahe Verwandte. Später erfahre ich, dass es sich um eine Wölfin handelt, die aus dem Østmarka-Revier hierher gewandert ist. Außerdem höre ich noch etwas Interessantes: Der heutige skandinavische Wolfsbestand von etwa vierhundert Tieren lässt sich auf fünf Einwanderer aus Finnland und Russland zurückführen.[5] Obwohl das alles sehr gut dokumentiert ist, wird immer noch gelegentlich behauptet, die Wölfe seien von Menschen hier eingeführt worden. Bisher konnte man diese Behauptungen zurückweisen; trotzdem hat die Mehrheit im Parlament, ohne dass ein einziger Genetiker angehört wurde, beschlossen, die Studien über die Herkunft des Wolfsbestandes im Süden Skandinaviens einer Überprüfung zu unterziehen.

Aufgrund der DNA-Analysen weiß man auch, dass Wölfe in kurzer Zeit unglaubliche Entfernungen zurücklegen können. Im Jahr 2015 wurde ein Wolf in Trysil illegal abgeschossen. Seine DNA-Analyse zeigte, dass er vom Norden Finnlands gekommen war und eine Strecke von mindestens achthundert Kilometern zurückgelegt hatte. Eine Wölfin, die 2002 im Gråfjell-Revier in Hedmark geboren wurde, konnte mithilfe eines GPS-Halsbandes verfolgt werden, als sie im Alter von dreizehn Monaten das Revier verließ, und wurde später im Kreis Engerdal angepeilt. Der nächste Kontakt fand zwanzig Monate später statt, als sie von einem Rentierbesitzer im Nordosten Finnlands abgeschossen wurde. Sie hatte eine Entfernung von elfhundert Kilometern Luftlinie zurückgelegt, was zu dieser Zeit Weltrekord für registrierte Wölfe war. Eine vorsichtige Schätzung aufgrund der Meldungen des Senders ergibt eine Strecke von mindestens zehntausend Kilometern kreuz und quer durch Norwegen, Schweden und Finnland auf ihrem Weg nach Norden. Wölfe mit ihren langen Beinen und ihrem großen Durchhaltevermögen können riesige Strecken wandern, um neue Gebiete zu erobern – ganz ohne die Hilfe des Menschen.

Inzwischen habe ich festgestellt, dass sich die Leute in der Abteilung Raubtiere unglaublich für Kot interessieren, auch für den von Bären und Vielfraßen. Es ist schon witzig, wenn man unter den aktuellen Nachrichten der Website liest, man solle bitte Bärendreck einschicken oder Vielfraß-Kot sammeln. Die meisten Klicks bekam die Nachricht: »Kannst du erkennen, dass das hier Bärenscheiße ist?« Bei Skandobs, einer eigenen Internetpräsenz für Sichtungen von Raubtieren, ist es keinen Deut besser. Da trifft eine nichts ahnende Seele wie ich auf eine ziemlich bizarre Menge von Fotos, die nichts anderes zeigen als Kot, sei es ein Wolfshaufen aus Slettås oder ein Bärenhaufen aus Pasvik. In der Regel werden diese Fotos von Männern in mittlerem Alter eingeschickt.

Zur Ehrenrettung all dieser Kot-Fetischisten muss aber gesagt werden, dass die DNA-Analysen von Kot zusammen mit den Gewebeproben getöteter Tiere uns wirklich wichtige Informationen geben. Beispielsweise darüber, dass man den Bestand an Braunbären in Skandinavien in zwei genetische Gruppen unterteilen kann, die unterschiedlicher Herkunft sind: die einen aus Russland, die anderen von der iberischen Halbinsel.[6] Und diese beiden Gruppen halten sich bis heute aus ungeklärten Gründen geografisch voneinander getrennt – mehrere Tausend Jahre nach ihrer Einwanderung.

Nachdem der Wolfsdreck in einigen kleinen Probenbehältern gut verwahrt ist, folgen wir den Spuren in den Wald. Der Wolf ist einen kleinen Hang hinaufgelaufen, und wir steigen ihm nach. Dort liegt körniger Schnee, fast wie grobes Salz und von braunen Fichtennadeln, kleinen Zweigen und abgenagten Zapfen bedeckt, die Eichhörnchen hinterlassen haben. Arnkjell hat Probleme mit dem Rücken und will mit dem Auto weiterfahren, um weitere Spuren zu finden. Ich bin die Autofahrerei allmählich leid und will lieber laufen. Mats geht mit Arnkjell zum Auto zurück. Jetzt bin ich auf mich gestellt, und unerfahren, wie ich bin, bekomme ich den Auftrag, der Wolfsfährte zu folgen. Ich bekomme ein Funkgerät und ein GPS, um die Bewegungen des Wolfs aufzuzeichnen. An einer Stelle namens Gaukhytta, knapp zwei Kilometer weiter südlich, wollen mich die beiden aufsammeln. Arnkjell hat nämlich beobachtet, dass die Wölfinnen oft lange Entdeckungstouren in ihrem Revier unternehmen, die häufig dort oben enden.

Ich laufe den Spuren nach durch den Wald und denke, dass das hier nicht gerade Weltraumforschung ist. Die weiße Schneedecke macht den Winter zur wichtigsten Zeit für alle, die sich mit Wölfen beschäftigen, weil man jede kleinste Bewegung zumindest für kurze Zeit als Abdruck sehen kann. Die Spuren im Schnee erzählen Geschichten von Ruhe und Jagd. Und manchmal rufen sie auch Zweifel wach. Als Geologe habe ich mich immer schon mit Spuren beschäftigt, aber die gehörten dann zu Insekten oder Krebstieren, die vor 180 Millionen Jahren über einen Strand gekrabbelt und dort für die Ewigkeit versteinert sind. In so einem Fall können wir spekulieren: Was hatte dieses Insekt oder dieses Krebstier vor? War es auf der Jagd oder suchte es nach Futter? Man kann sich eine Geschichte zusammenbasteln, raten, was das Tier gerade tat – eine Art Paläopsychologie. Dieselben Fragen stellen wir uns hier: Was hatte dieser Wolf in Hobøl vor?

Ich folge den Spuren einen bewachsenen Hang hinauf, und auf einer Lichtung, gleich auf der anderen Seite des Weges, entdecke ich rote Flecken im Schnee – Blut. Ich schiebe den Schnee mit meinen Stiefeln weg und finde Hautstückchen und Knochenreste. Ein Rehkadaver, fast aufgefressen, nur noch ein paar Reste sind übrig. Wölfe sind keine Feinschmecker, sie fressen praktisch das gesamte Beutetier auf, zerbeißen die Knochen, kauen auf der Haut und lassen auch die Eingeweide nicht beiseite. Wenn ein Wolf eine Weile nichts gefressen hat, schafft er unglaubliche fünfzehn Kilo bei einer einzigen Mahlzeit.

Das hier ist zwar ein totes Reh, aber ganz oben auf der Speisekarte der skandinavischen Wölfe stehen Elche.[7] Ein Wolfsrudel übt erheblichen Druck auf den Wildbestand aus und kann, je nach Größe des Rudels, bis zu hundertzwanzig Elche pro Jahr erlegen.[8] Es ist ein zählebiges Gerücht, dass der Wolf sich vor allem an schwache Tiere heranmacht. Das stimmt nur zum Teil – vor allem jagen sie hier bei uns Elchkälber, und zwar starke und schwache gleichermaßen. Einzelgänger wie die Wölfin hier in Hobøl begnügen sich eher mit Rehen. Der Kampf mit einem ausgewachsenen Elch kann einen einzelnen Wolf das Leben kosten. Ein Tritt mit den harten Elchhufen kann ihn ohne Weiteres töten.[9]

Der Wolf hat ein kräftiges Gebiss und tötet kleinere Beutetiere sehr schnell mit einem Biss in den Rücken oder Nacken. Wenn Wölfe einen Elch jagen, beißen sie ihn in den Hals, sodass er viel Blut verliert. Das schwächt das Tier so sehr, dass es irgendwann in die Knie geht. Manchmal läuft das Rudel auch neben dem Elch her und beißt ihn ins Gesicht. Wenn die Wölfe zu zweit sind, greift der eine die Beine an und bringt den Elch zu Fall. Der Rest geht dann ganz schnell. Wie Mats gesagt hat: Wenn er ein Elch wäre und zwischen dem Tod durch ein Wolfsrudel und einem gut gezielten Schuss wählen müsste, wäre die Sache klar. Die Natur sieht nicht aus wie im Disney-Film oder in Texten von Thorbjørn Egner, wo die Tiere Rücksicht aufeinander nehmen. »Das Gesetz des Waldes war hart«, schreibt Mikkjel Fønhus. »Es besagt, dass der Stärkste und Schlaueste gewinnt. Ein Tier ist dazu da, von einem anderen getötet und gefressen zu werden. Und wenn es sich satt gefressen hat, wird es vielleicht von einem dritten getötet … Die Schreie waren immer dieselben … wenn eine Klaue ins lebende Fleisch schlägt, wenn das Blut warm und dampfend aus einem Körper läuft, der sein Leben aushaucht.«

Von der Lichtung mit dem Kadaver ist der Wolf über einen Wildwechsel wieder in den Wald gelaufen, immer weiter durch hellen Birkenwald. Ich finde immer wieder Kothaufen des offenbar pappsatten Wolfes. Etwas Urin ist auch im Schnee zu sehen, ohne Blutspuren. Wenn Blut im Urin ist, habe ich von Mats gelernt, deutet das auf die Ranzzeit hin. Wölfe markieren ihr Revier mit Kot, Scharren und Urin. Da der Hobøl-Wolf nicht das Bein gehoben hat, hat er hier auch nicht sein Revier markiert. Ich folge den Spuren weiter weg vom Weg in einen dichten Fichtenwald hinein. Die Zweige, die aus den kupferbraunen Stämmen ragen, verknoten sich und sorgen dafür, dass ich mich ständig winden muss, um weiterzukommen. Der Boden ist hart gefroren, die Schneedecke dünn, und ich tue mich als Laie schwer damit, die Spuren im Blick zu behalten. An einigen Stellen muss ich im Kreis gehen, bis ich endlich wieder einen Abdruck finde.

Während ich weitergehe, spüre ich ein unruhiges Grummeln im Bauch. Ob es von dem düsteren, dichten Wald herrührt oder von der Tatsache, dass ich einen Wolf verfolge, kann ich nicht sagen. Auch wenn ich weiß, dass meine Angst irrational ist, hebe ich doch einen Ast vom Boden auf. Was wäre denn, wenn ich zufällig auf den Wolf stoße? Ich muss mich daran erinnern, dass Wölfe dem Menschen scheu aus dem Weg gehen. Keine Tierart haben wir mit mehr glühendem Hass verfolgt als diese. Dabei ist es mehr als zweihundert Jahre her, dass zuletzt ein Mensch in Norwegen von einem Wolf getötet wurde. Es war die siebenjährige Anne Monsdatter Braathen, die von einem Wolf zerrissen wurde, nur ein paar Meilen von hier entfernt in Sørum.[10]

Einer der Söhne auf dem Hof Bærøe, gleich hier in der Nähe, wurde vor ein paar Jahren von sieben Wölfen eingekreist, wird erzählt. Zu dieser Zeit hielt sich das Mosse-Rudel in den Wäldern um Hobøl auf. Wie er sich retten konnte, habe ich nicht gehört. Aber solange das Wolfsrudel in dieser Gegend lebte, sorgte es, so die empörten Wortführer der Binnenlandskreise in Østfold, für die Entstehung einer neuen Krankheit, die von den Gemeindeärzten und dem Schulgesundheitsdienst diagnostiziert wurde: Wolfsangst, sei sie nun berechtigt oder nicht.[11] Irgendwann verschwand das Rudel. Entweder starben die Tiere einen natürlichen Tod, oder sie wurden illegal abgeschossen.

Blöde Wölfe, denke ich, während ich den Spuren nachgehe, die in eine Senke führen, in der ein Bach unter dem Schnee gluckert. Kleine Espen, vom Schnee niedergedrückt, flochten Stämme und Zweige zu einer fast undurchdringlichen Barriere. Die Brille beschlagen, die Jacke viel zu dick und zu warm, Schnee im Kragen. Und als ich endlich ganz hinunter bis zum Bach komme, ist der Wolf mit größter Leichtigkeit wieder den Hang hinaufgetrabt. Desorientiert zoome ich die Karte auf meinem GPS-Gerät groß und klein. Der Wolf war ganz offensichtlich nicht auf dem Weg zur Gaukhytta, unserem geplanten Treffpunkt im Süden, sondern lief vollkommen plan- und ziellos durch den Wald. Ich weiß nicht genau, wo ich mich befinde, aber ich gehe weiter, verschwitzt und erschöpft, wohin mich die Fährte führt.

Am Ende komme ich zu einem kleinen, zugefrorenen See. Im Tiefschnee taumele ich den Spuren nach, die auf die Eisfläche führen. Still ist es hier, eine düstere Stimmung. Versunkene Fichten mit nackten Zweigen stehen am Ufer des Sees, der mit so viel totem Holz um sich herum all die Angst und das Unbehagen vollkommen logisch erscheinen lässt. Wie bei Dante, der sich in der *Göttlichen Komödie* in einem dichten, dornigen Wald verläuft. »Ich fand mich in einem dunklen

Wald … die Angst ist immer noch in meinen Gedanken.« Als er aus dem Wald herauskommt, wird er von einer bösen, gierigen Wölfin wieder hineingejagt. Die angsterfüllte Waldwanderung wird als Metapher für Dantes Midlife-Crisis interpretiert, während der er die Richtung im Leben verloren hatte. Auch für andere christliche Autoren war der Wald ein Bild für das Zeitliche, das voller Gefahren steckt. »Diese Welt ist ein unheimlicher Wald«, schreibt der Kirchenvater Augustinus. Die wilde Landschaft galt als etwas Überwältigendes, das bekämpft werden musste, während die kultivierte Landschaft paradiesisch war, mit wohlbestellten Gärten und großen Feldern. Die Volksmärchen stellen den Wald als unwegsam, dunkel, dicht und voller Raubtiere wie Wölfe und Bären dar. Der tiefe Wald war ein gefahrvoller Ort, wo das Übernatürliche, also Gnome, Trolle und Elfen, sich aufhielt. Alles Geschöpfe, die den Menschen fressen, verwandeln oder verhexen konnten.

Auch in unserer säkularisierten Welt gibt es noch Unterströmungen, die ein Unbehagen am Wald zum Ausdruck bringen. Der Dichter Tor Ulven ironisiert die Verherrlichung des Waldes in Nils Collett Vogts Gedicht »Var jeg blott en gran i skogen« (Wär ich eine Fichte im Wald). Der Wunsch des Dichters, eine Fichte im Wald zu sein, ist unmöglich zu erfüllen, meint Ulven, denn wäre er eine Fichte, dann wäre er im Grunde genommen tot oder doch zumindest bewusstlos. »Ein Koma ohne Erwachen«, schreibt er. »Ach wäre ich ein Koma im Wald ohne Erwachen.«

Der Wolf ist weiter an dem See entlangspaziert. Ich tappe den Spuren nach durch den Schnee. Sie führen zu einem kleinen Bach, der aus dem See herauskommt; der Wolf ist hinübergesprungen, und ich folge ihm. Dann ist er wieder zurückgesprungen. So geht es weiter, ein paar Mal über den Bach, ich immer hinterher. Hat der Wolf gespielt? Oder war er hinter irgendetwas her? Schließlich enden die Spuren bei ein paar

Fichten. Hier ist der Schnee niedergetrampelt, der Wolf hat sich also offenbar eine Weile aufgehalten und sein Tageslager aufgeschlagen. Drei dicke Kothaufen liegen im Schnee, ohne Haare, aber mit Sehnen. Bis jetzt war der Wolfskot, den ich gesehen habe, immer von einer dünnen Schicht Schneekristalle bedeckt. Diesmal ist das nicht der Fall, der Wolf war also offenbar erst vor Kurzem hier. Verdammt, denke ich und umklammere meinen Ast ein wenig fester. Aber wo ist er jetzt?

Nachdem ich eine Weile verwirrt nach Trittsiegeln gesucht habe, stelle ich fest, dass die Fährte weiter unten am Bach weitergeht und dann im Wald verschwindet. Der Anflug von Angst ist aus irgendeinem Grund vergangen. Wenn ich mich vor dem bösen Wolf fürchten sollte, dann wohl jetzt, doch ich muss an zu viel anderes denken. Die Technik geht langsam in die Knie, das Funkgerät will nicht mehr, der Akku meines Handys ist am Ende, und das GPS zeigt mir, dass ich in einem großen Kreis gelaufen bin. Außerdem bin ich nass. Klatschnass. Mein einer Schuh gurgelt bei jedem Schritt, nachdem ich mit dem Fuß ins Eis eingebrochen bin. Und unter der viel zu warmen Jacke läuft der Schweiß.

Ich folge den Wolfsspuren weiter, bis sie wieder einen steilen Hang hinauf verschwinden. Da es allmählich dunkel wird, beschließe ich aufzugeben. Durch den Schnee schleppe ich mich zur Straße und verbrauche die letzten Reste meines Akkus, um Mats anzurufen. Ich bin weit von der Gaukhytta entfernt, erkläre ich ihm und bitte ihn, mich dort aufzunehmen, wo wir uns getrennt haben. Oben auf der Forststraße wird mir klar: Ich habe den Wolf eingekreist. Er kann nicht weit weg sein, wahrscheinlich nur ein paar Hundert Meter. Es gibt ja jede Menge Geschichten von Wölfen, die sich ganz in der Nähe von Menschen aufgehalten haben, ohne bemerkt zu werden. Der Wolf weiß immer, wo du bist, sagen die Kenner, aber du weißt nicht, wo er ist. Er hat die Situation vollkommen unter Kontrolle.

Nach einer Weile kommt Mats allein angefahren. Arnkjell hat sich schon auf den Heimweg gemacht. Selten hat es sich besser angefühlt, in einem warmen Auto zu sitzen, aber obwohl ich sauer, klatschnass und erschöpft bin, denke ich: Ich muss wieder los, zurück in den Wald – dem Wolf auf der Spur.

Zu Hause in Oslo angekommen, mache ich da weiter, wo ich aufgehört habe, und vertiefe mich wieder in Bücher über den Wald. Von Mats habe ich eine ganze Bücherkiste ausgeliehen, grundlegende Fachbücher über Biologie und Zoologie. Einige habe ich mir auch bestellt, im Internet und in der Bibliothek. Geschichte des Waldes, Wissenschaftsgeschichte – in der Nationalbibliothek stelle ich mit 44 ausgeliehenen Büchern einen neuen Rekord auf. Eigentlich könnten sie mir die Benutzerkarte in Gold verleihen, scherze ich mit den Bibliothekaren. Außerdem kaufe ich mir ein paar Bücher über Wölfe.

Ich erfahre von der Definition eines Waldes: Die Bäume müssen mindestens drei Meter hoch sein und weniger als dreißig Meter voneinander entfernt stehen. Und falls noch jemand glaubt, Wald ist Wald: Allein schon für Norwegen gibt es unzählige Definitionen verschiedener Arten von Wäldern: Laubwald, Kiefernmoorwald, Blaubeerwald, Unterholzwald, Grauerlenwald, Großfarnwald, niedriger Urwald und so weiter.

Von meinem Arbeitszimmer aus beobachte ich die Rosskastanienbäume im Garten, die ihre nackten Äste in den blauen Himmel strecken. Im 17. Jahrhundert kamen sie bei uns in Mode und wurden vom Balkan eingeführt. Adelige und Mitglieder des Königshauses pflanzten die ersten Exemplare; später wurde die Rosskastanie weltweit zu einem beliebten Baum in Gärten und Parks. Daneben steht eine majestätische Eiche, eingeschlossen von den Ästen der Kastanie, als wären die beiden ein Liebespaar. Wehe, jemand bedroht die beiden. In Oslo kann das leicht passieren, denn man hört immer wieder das Dröhnen von Motorsägen, die hemmungslos die hilflosen uralten Geschöpfe niedermähen.

Im Frühling sieht der Kastanienbaum aus wie eine riesige Blumenvase mit Tausenden von prächtigen, aufrechten Blütenständen. Im Herbst, wenn es stürmt, schickt er einen Hagel kleiner Bomben zu Boden. Er gehört zu den Blütenpflanzen (Angiospermen), die nach den Maßstäben der Evolution eher Neulinge im Pflanzenreich sind. Sie sind erst vor etwa 140 Millionen Jahren entstanden. Aber ihr Auftauchen sollte die Welt verändern.[12] Im Wald gehören Linden, Ulmen, Birken und Eschen zu dieser Gruppe, aber natürlich auch all die bunten kleinen Blumen, von den Botanikern als »Kurzschösslinge mit begrenztem Längenwachstum im Dienste der Fortpflanzung« bezeichnet. Sie zeigen sich uns als Hortensien im Garten, Blauglöckchen im Wald oder Frauenmantel zwischen den Findlingen eines Küstenwaldes. Was für uns Menschen vielleicht am wichtigsten ist: Die meisten unserer Nahrungspflanzen sind Blütenpflanzen: Mais, alle Getreidesorten, Reis, Gemüse und Obst. So gesehen ist es fast unmöglich, sich die Menschheit und ihre Zivilisation ohne die Entwicklung der Blütenpflanzen vorzustellen.

Die Artenvielfalt der Blütenpflanzen vermehrte sich in ganz kurzer Zeit geradezu explosionsartig. Charles Darwin, der die Evolution eigentlich als langsamen Prozess sah, bezeichnete dies als »abscheuliches Mysterium«.[13]

Schon vor 95 Millionen Jahren existierten die Vorfahren einiger Baumarten, die wir heute kennen: Lorbeer, Magnolie, Ahorn und Salweide. Mehr als hundert Millionen Jahre lang hatten die Nadelbäume die Erde beherrscht, aber jetzt wurden sie von den Blütenpflanzen schnell verdrängt. Vor allem in tropischen Regionen wie am Amazonas bildeten sie nach einiger Zeit riesige Regenwälder, die im Großen und Ganzen bis heute existieren.

Worin wurzelt dieser Erfolg der Blütenpflanzen? Sie brachten einige neue, sehr schlaue Erfindungen der Evolution mit, darunter ein verfeinertes System des Wassertransports innerhalb des Stammes. Und während Nadelbäume zwar sehr alt werden können, dafür aber spät reif zur Fortpflanzung werden, ist der Lebenszyklus der Blütenpflanzen kürzer, und sie haben häufiger Nachkommen. So stehen die Chancen besser, dass Mutationen vorkommen, die zur Selektion und damit zur Entstehung neuer Arten führen.[14] Aus diesem Grund werden die Blütenpflanzen von den Botanikern als »Hasen« bezeichnet, während die Nadelbäume die »Schildkröten« sind. Mit Ankunft der Blütenpflanzen veränderte sich die Artenvielfalt auf der Erde grundlegend und vollständig. Es war, als würde man von einem gestriegelten Garten mit Nadelbäumen in einen Dschungel geraten. Heute gibt es zwischen 250 000 und 300 000 verschiedene Blütenpflanzen auf der Erde. Sie stehen für 95 Prozent der Artenvielfalt bei den Pflanzen. Zum Vergleich: Es gibt nur knapp tausend verschiedene Nacktsamer, darunter auch die Nadelbäume.

Außerdem entwickeln Blütenpflanzen Früchte und – natürlich – Blüten.[15] Ein Botaniker hat dazu bemerkt: »Blüten haben mit Sex zu tun.« Wenn der Kastanienbaum im Garten blüht, tut er das nicht, um uns Menschen zu gefallen. Die Blüten sind eine Art farbiges Werbeplakat, um Insekten anzulocken. Und so hört man in der Blütezeit denn auch ein ewiges Summen von Bienen und Hummeln in diesem Baum. Die Blütenpflanzen haben sich in engem Zusammenspiel mit den Insekten entwickelt, die die Blüten befruchten und Samen transportieren. Man spricht von einer Ko-Evolution.[16] Den Pflanzen gelang so die Vermehrung, die Insekten bekamen zum Lohn Nektar und Zucker. Es ist ein ewiges Geben und Nehmen, und im Zuge dessen passen sich beide an. So haben sich parallel zu den Blütenpflanzen viele neue Insektenarten entwickelt, darunter die Vorfahren unserer Schmetterlinge, Bienen und Wespen. Versteinerte Bienen findet man in Bernstein eingeschlossen, der bis zu hundert Millionen Jahre alt sein kann. Tatsächlich sind die Bienen genau zu der Zeit entstanden, als die Blütenpflanzen ihren rasanten Aufstieg erlebten.[17] Die Käfer dagegen existierten als Gruppe bereits vor dreihundert Millionen Jahren. Aber mit der Entwicklung der Blütenpflanzen stieg auch bei ihnen die Zahl unterschiedlicher Arten dramatisch an.

Während ich mich in Literatur über den Wald vertiefe, schreibe ich Mats wieder einmal eine SMS. Mit List und Tücke habe ich ihn dazu überredet, dass er mich in ein paar Wolfsreviere weiter nördlich mitnimmt, aber wir haben noch keinen Termin für die Reise festgesetzt. Er hat einfach zu viel zu tun, entschuldigt er sich. Ich bin in letzter Zeit noch ein paar Mal in Hobøl und der Østmarka gewesen, ohne nennenswerten Erfolg, und mir ist klar geworden, dass man die Kunst, Spuren zu lesen und sich dem Wolf zu nähern, wirklich lernen muss. Und da Mats immer sehr beschäftigt ist, habe ich auch begriffen, dass ich nicht alles auf eine Karte setzen darf. Ich muss andere Leute kennenlernen. Aber der Wolf ist ein umstrittenes Thema, und diejenigen, die sich mit diesem Raubtier beschäftigen, reden nicht so ohne Weiteres mit jedem. Das habe ich schon ein paar Mal erlebt.

Ich habe einige Wolfsforscher angerufen, die eigentlich die Aufgabe haben, die Allgemeinheit aufzuklären, also auch mich. Meine Hoffnung war, dass ich mich an den einen oder anderen von ihnen anhängen könnte. Vor allem der bekannteste von ihnen reizte mich, der Mann, der dem Wolf schon seit den Siebzigerjahren folgt, eine Legende unter den Wolfsforschern in Skandinavien. Als ehemaliger Wissenschaftsjournalist bin ich es gewohnt, meine Interviewpartner zum Reden zu bringen. Ich habe schon über alles Mögliche geschrieben, von Vulkanen bis hin zu geklonten Schweinen. Und in der Regel sind Forscher, die etwas zu erzählen haben, zu jeder Tages- und Nachtzeit dazu bereit. Aber die Wolfsforscher, mit denen ich telefoniert habe, sind irgendwie anders. Sie haben in diesem Winter keine Zeit, keine Ressourcen oder keine Lust, Interviews zu geben. Und schon gar nicht wollen sie, dass ich sie begleite. Ich komme mir schon vor wie jemand, der am Telefon etwas verkaufen will. Die Wolfsforscher sind genauso scheu wie die Wölfe. Am Ende, nach vielen Mails und Anrufen, bekomme ich die Legende zu fassen, und er ist sogar bereit, mit mir zu reden. Wir reden miteinander, oder besser gesagt, er redet auf mich ein, erzählt mir von seiner Jugend und dem Studium, von seinen Forschungen zum Thema Wolf, von Schikanen und Morddrohungen, die er bekommen hat. Nach einem zweistündigen Monolog erklärt er mir abschließend, er wolle weder zitiert werden noch mich mitnehmen. »Nehmen Sie's nicht persönlich, aber ich will nicht noch mehr Zeit damit verschwenden, in den Medien über die Wölfe zu reden«, sagt er.

»Aber ich schreibe doch ein Buch«, wende ich ein.

»Die Diskussion ist mir inzwischen zu angespannt, ich bin es einfach leid«, entschuldigt er sich noch einmal.

Also ändere ich meine Strategie und setze auf Bekannte oder Freunde von Bekannten. Tatsächlich ergeben sich ein paar Möglichkeiten, nachdem ich die Botschaft ausgestreut habe, dass ich ein Buch über den Wald und den Wolf schreiben will. Durch einen Bekannten, Finn Audun, bekomme ich Kontakt zu einem Mann, der große Erfahrung darin hat, Wölfe aufzuspüren: Ole Knut Steinset, der in Oppland für die Naturschutzbehörde arbeitet. Er verspricht, mir Bescheid zu sagen, wenn er das nächste Mal rausgeht, um Wölfe zu finden. Und als ich meinem Freund Ole Kristian – der in Arvika in Schweden lebt – von meinem Interesse erzähle, berichtet er mir von einem naturverrückten Schweden, den er kennengelernt hat. Man nennt ihn nur den »Wolfsmann«, und der Kerl weiß offenbar alles über diese Tiere und ist fantastisch darin, sie aufzuspüren. Tatsächlich hat er schon einige Male direkten Kontakt mit ihnen gehabt und kommuniziert draußen im Wald mit ihnen. Ole Kristian behauptet, all meiner Skepsis zum Trotz, er sei als Einziger dabei gewesen, als der Wolfsmann tief in den schwedischen Wäldern einen einzelnen Wolf angelockt habe. Ob er einen Fremden mit auf Tour nehmen würde, ist zweifelhaft, aber Ole Kristian verspricht mir, dass er ihn fragt.

Vorerst jedoch herrscht Funkstille. Bald ist es April, der Schnee zieht sich aus dem Flachland zurück, es wird Zeit, dass etwas geschieht. Ich warte immer noch auf Mats und eine Antwort, was die Tour nach Norden angeht, also schubse ich ihn noch einmal an. Nach drei unbeantworteten SMS schreibe ich leicht gereizt: »ANTWORTE DOCH MAL!« Da endlich kommt eine Reaktion: »Varaldskogen, Samstag.«

Der Klang des Waldes

Furu. Fyre. Fure. Fura. Tyri. Tall. Tell. Toll. Tæll. Todd. Durchaus möglich, dass die Inuit ein paar Dutzend Wörter für Schnee haben, im Norwegischen gibt es dafür unglaublich viele Bezeichnungen für die Kiefer. *Pinus sylvestris,* die Gemeine Waldkiefer, ist ein Wahrzeichen der norwegischen Natur. Wetterfest steht sie sowohl am Meer als auch hoch im Gebirge. Sie ist als einer der ersten Bäume bei uns eingewandert und hat das ganze Land erobert. Ihre tiefen Pfahlwurzeln sorgen dafür, dass sie sich praktisch überall festklammern kann, hart und beständig bei jedem Wetter. Selbst einen Sommer mit tödlicher Trockenheit sitzt sie aus, und Kälte verträgt sie ohnehin besser als die meisten anderen Bäume. Es braucht schon einiges, um eine Kiefer abzuknicken. Wenn die Eiche der Baum der Briten ist, dann gehört die Kiefer wohl zu uns Norwegern. Entsprechend viele Ortsnamen mit ihrem Namen gibt es hierzulande: Furuset, Furulund, Furuflaten, Furuberget, Furutoppen, Furumoen, Tyrifjorden, Tollnes, Fyresdal, Furesund … Mindestens zweitausend Orts- und Straßennamen stammen von der Kiefer ab.

Auch hier, tief im Finnskogen, oder genauer gesagt im Varaldskogen, sitzen Mats und ich zwischen Kiefern. Wenn man irgendeinen Ort in Norwegen als Wildnis bezeichnen kann, dann wohl diesen hier: meilenweit Wald in alle Richtungen. In der Finsternis flackert unser Lagerfeuer, leuchtet in den Wald, und die Schatten schlanker, hoher Kiefern tanzen über die Schneeflecken, die dem Anmarsch des Frühlings im Flachland noch standhalten. Unser Lagerplatz liegt zwischen zwei Grenzrevieren, Grasmärk und Skugghöjden; hier gibt es mit Sicherheit viele Wölfe. Vor Kurzem hat ein Kollege Mats von sechs Wölfen berichtet, die sich ganz in seiner Nähe befanden, und vor einem Monat wurden zwei Kilometer weiter vier Wölfe auf einer Forststraße beobachtet.

Dass wir hier in der Wildnis sitzen, hat seinen Grund: Wir wollen die Wölfe belauschen, wenn sie ihr Geheul anstimmen. Wir warten schweigend, aber auch der Wald schweigt sich aus. Nur gelegentlich lässt ein schwacher Windstoß die Kiefern leise rauschen. Dazu muss man sagen: Am Tag zuvor haben wir durch hektisches Googeln herausgefunden, dass der Termin mitten im April nicht wirklich optimal ist. Wölfe heulen vor allem im Spätsommer und Herbst – also im August und September, wenn ihre Welpen klein sind – und während der Ranzzeit im Januar und Februar. Abgesehen davon, sind die Wölfe wohl längst über alle Berge, wenn sie denn überhaupt je hier gewesen sind. Denn wir sind nicht gerade lautlos hier angekommen. Erst sind wir durch den Wald getrampelt und haben dabei laut geredet und diskutiert, dann haben wir Holz geschlagen und schließlich ein Feuer gemacht. Jetzt sitzen wir zwar schweigend da, aber mir ist klar, dass das nicht gerade der Königsweg ist, wenn man sich einem scheuen Tier nähern will. Nun gut, irgendwo muss man anfangen. Und hier zu sein ist immer noch besser, als wie auf heißen Kohlen zu Hause zu hocken und darauf zu warten, dass irgendetwas geschieht.

Mats hat mir gerade einen kleinen Kurs im Feuermachen gegeben. Mitten in diesem klatschnassen, schneebedeckten Wald hat er tatsächlich ein Lagerfeuer in Gang gebracht. Dazu hat er in mühsamer Kleinarbeit Kienspäne abgeschabt, die er dann angezündet hat. Nach und nach hat er immer gröbere Späne nachgelegt, bis er schließlich bei Holzscheiten landete und das Feuer lustig brannte. Dass etwas so Nasses überhaupt brennen kann, kommt mir vor wie Zauberei. Kienspäne sind ein echter Wärmespeicher mitten im nassen Wald. Und die Kiefern hier sind so voll mit Harz, dass man es überall riechen kann. Die Japaner haben aus Kiefernwurzeln in der Endphase des Zweiten Weltkriegs sogar Treibstoff hergestellt, als sie kein Erdöl mehr zur Verfügung hatten.[1] Die japanische Luftwaffe hatte dazu einen eigenen Slogan: »Zweihundert Kiefernwurzeln halten ein Flugzeug eine Stunde lang in der Luft.« In ihrer Verzweiflung produzierten sie immerhin fünftausend Liter Treibstoff auf diese Weise: vielleicht ein Hinweis auf den Treibstoff der Zukunft. Nach der Kapitulation der Japaner wurde dieser Treibstoff in amerikanischen Jeeps verwendet – mit sehr wechselndem Erfolg.

Auch hier im Finnskogen und in vielen anderen Waldgebieten Norwegens, übrigens sogar im Svarverudskogen, hat man Teeröl aus Kiefern gewonnen. Man nannte es »das schwarze Gold des Waldes« oder »das Blut des Waldes« und hat es nicht nur zum Imprägnieren von Bauholz verwendet, sondern ihm außerdem magische und heilende Kräfte unterstellt. Ein Teerkreuz an der Tür sollte Hexerei und Teufelswerk vom Hof fernhalten. Plinius der Ältere empfahl Teer gegen Husten und Auszehrung. Teeröl um die Augen galt als Mittel gegen Sehschwäche, und in Olav Duuns Romanserie *Die Juwikinger* ist davon die Rede, dass Anders von Juvika sich warmen Teer auf die Augen streicht. Er wird trotzdem blind und bekommt für den Rest seines Lebens den Namen Blind-Anders.

Die Flammen streben in den schwarzen Himmel. Nach einer Weile erhebt sich Mats ohne Vorwarnung und verschwindet im stockfinsteren Wald, ohne ein Licht mitzunehmen. Er will nach seiner Ausrüstung schauen, die er da draußen aufgestellt hat. Denn es ist natürlich kein Zufall, dass wir uns ausgerechnet hier niedergelassen haben. Mats forscht auch über den Hühnerhabicht, und der Finnskogen ist sein Studiengebiet. Als er verschwunden ist, wird es absolut still, abgesehen vom Knistern des Feuers und dem Rauschen der Bäume. Nach einer halben Stunde höre ich auf einmal ein lang gezogenes Heulen, dann noch eines. Es klingt falsch und gar nicht schön, aber ich bekomme trotzdem eine Gänsehaut, auch wenn es Mats ist, der da heult und jetzt mit seiner Lauschvorrichtung aus der Dunkelheit zurückkommt. Wir sitzen noch ein bisschen am Feuer. Bevor wir aufgeben, erklärt Mats, dass er ohnehin nicht daran geglaubt hat, wir würden hier Wölfe hören. Eigentlich sei er bloß deshalb mit mir rausgefahren, damit ich endlich etwas erlebe und Ruhe gebe.

Wir packen die Rucksäcke, löschen das Feuer und tasten uns durch den dunklen Wald zur Snustjernsbrakka, der Hütte, in der wir die Nacht verbringen wollen. Unsere Stirnlampen schicken schmale Lichtkegel in die unendliche Schwärze. Die Nacht lässt im Wald eine Fantasielandschaft entstehen. Peter Christen Asbjørnsen, der Märchensammler und Zoologe, hat in *Sommernatt på Krokskogen* [Sommernacht im Krokskogen] beschrieben, dass alles, was er erblickte, verzerrt, beweglich und lebendig wurde und dass seine aufgeheizte Fantasie ihm einen Wald voller Trolle, Elfen und kichernder Zwerge vorspiegelte.

Mats war schon früher hier; er kennt die Landschaft und auch die Himmelsrichtungen. Sein Gehirn ist frei von Gedanken über verborgene oder übernatürliche Wesen im pechschwarzen Wald. Die Angst vor dem Wald, die in Märchen, Sagen, Filmen und Literatur aufscheint, kann Mats nichts anhaben. Er ist immun sowohl gegen Asbjørnsens Furcht als auch gegen die von verzweifelten Opfern in Thrillern und Horrorgeschichten. Wie er selbst sagt: Nachts im Wald entspannt er sich, die Geräusche sind ihm vertraut, die Tiere wohlbekannt. Und er war schon immer so unerschrocken. Als wir als Teenager unsere Grenzen austesteten, indem wir in einem verlassenen angeblichen Spukhaus übernachteten, fuhren irgendwann selbst die Großmäuler nach Hause. Nur Mats lag da und schlief wie ein Baby. Aber so stoisch er auch daherkommt, er ist ein großer Schwarzseher und sieht oft keinen Sinn im Leben. Der Misanthrop in ihm zitiert gelegentlich den Philosophen Peter Wessel Zapffe mit seinem Essay *Den siste Messias* [Der letzte Messias], in dem es heißt, die Evolution habe uns einen bösen Streich gespielt, indem sie uns mit einem überentwickelten und anstrengenden Gehirn ausgestattet hat.

Nachdem wir uns durch den Wald gekämpft haben und ein Stück auf einem holprigen Waldweg entlanggestolpert sind, kommen wir zu der schäbigen, rot gestrichenen Hütte mit dem Wellblechdach. Die Hütte ist spartanisch eingerichtet mit Stockbetten an den Wänden. Mittendrin stehen ein eiserner Ofen als natürlicher Versammlungsort und zwei alte Sofas. Nur das Außenklo sieht einigermaßen neu aus. Ursprünglich wurde die Hütte für Waldarbeiter gebaut, heute ist sie ein Stützpunkt für die Wissenschaftler, und man findet Spuren von mehreren Jahrzehnten Feldstudien darin. Hier hat man unter anderem Raufußhühner, Hühnerhabichte, Spechte, Füchse und Marder mit Sendern versehen.

Eine Karte des Varaldskogen mit einer Übersicht über die verschiedenen Vogelarten hängt an der Wand. Ein Dutzend schwarze Locktauben, die wie Stofftiere aussehen, liegt aufgestapelt auf einer Werkbank, dazu einige Lautsprecher. Sie werden draußen aufgestellt, erklärt Mats, und dann schickt man mithilfe von zwei Ghettoblastern hier drin den Ruf des

Auerhahns in den Wald. So werden die Hühnerhabichte zum Angriff verlockt, und wenn sie sich nähern, steht Mats mit seinem Netz bereit, um sie einzufangen. Das Spannende an Vögeln ist ja, dass es so viele Arten gibt, erklärt er. Und im Gegensatz beispielsweise zu Rehen und Elchen geben sie jede Menge Geräusche von sich. Als Mats die Beschäftigung mit Waldvögeln zu seinem Vertiefungsgebiet machte, war er wochenlang im Varaldskogen unterwegs und wohnte dann in der Snustjernsbrakka. Er fing Großvögel ein und versah sie mit Sendern, und er studierte, welche Art von Wald sie für den Aufenthalt untertags bevorzugten. Wie fast nicht anders zu erwarten, fühlten sie sich am wohlsten im dichten Unterholz, wo sie geschützt waren.

Mats zündet ein paar Kerzen an, die in leeren Cognacflaschen stecken, macht eine Flasche Rotwein auf und legt seine Lauschausrüstung auf den Tisch. Als er sich die Kopfhörer aufsetzt und anfängt, am Empfänger herumzudrehen, ahne ich, dass dies kein normaler Abend unter Freunden wird, an dem man Wein trinkt und allerlei Blödsinn redet. Es ist unglaublich tot und still hier. »Kein Grund zum Jammern«, sagt er – der Wald ist oft so stumm und still.

Auf einmal ruft er leise: »Na endlich«, und reicht mir die Kopfhörer. Man hört ein lautes Scheppern – ein Specht, erklärt mir Mats. Dann sitzt er wieder eine Weile still da, bevor sein Gesicht erneut aufleuchtet und er mir die Kopfhörer gibt. »Eine Krähe«, erklärt der Biologe. Und so geht es weiter. Er lauscht auf die Klänge des Waldes, auf Eulen, Uhus, Raufußhühner und den einen oder anderen Fuchs. Kein Habicht lässt sich an diesem Abend hören, dafür ein Goldhähnchen, erklärt Mats mir, als er mir wieder einmal die Kopfhörer in die Hand drückt. Wenn man sich für Vögel interessiert, gibt es in Norwegen reichlich Stoff zur Beschäftigung, mehr als fünfhundert Arten, und ein Großteil von ihnen hält sich im Wald auf und bringt ihn zum Klingen.

Während Mats über die Rufe und Gesänge der Vögel spricht und erklärt, was man aus ihnen ablesen kann, ziehe ich die Essaysammlung *The Understanding of Animals*, herausgegeben von Georgina Ferry, zu mir heran, die auf dem Tisch liegt, zusammen mit ein paar alten Jagdzeitschriften mit Titelgeschichten wie »So überlistet man den Fuchs« oder »Wildziegen – eine Herausforderung«.

Der schöne Gesang der Vögel ertönt nicht zum Vergnügen, steht in einem Kapitel des Buches, was mich nicht besonders überrascht. Vögel kommunizieren, um sich gegenseitig zu warnen, ihr Revier zu verteidigen oder einen Partner anzulocken. Der Gesang hilft ihnen, zu überleben und ihre Gene weiterzugeben. Sie singen nicht, um poetischen Gemütern Freude zu machen. Schon der Autor Douglas Adams hat sich in seinem Science-Fiction-Roman *Per Anhalter durch die Galaxis* darüber lustig gemacht, dass wir Menschen glauben, wir verstünden die Tiere. Als die Delfine versuchen, die Menschen vor dem Weltuntergang zu warnen, glauben diese, die Meeressäuger bettelten um Fisch oder versuchten, die amerikanische Nationalhymne nachzusingen.

In ihrer Einleitung weist Ferry darauf hin, dass der Versuch, die Tiere zu verstehen, zu den ältesten Teilbereichen der Biologie gehört – bereits seit der Steinzeit. Einfach gesagt, ging es von Anfang an darum, Tiere zu jagen, um sich von ihrem Fleisch zu ernähren und um nicht selbst gefressen zu werden. Dazu brauchten die Menschen Kenntnisse über das Verhalten der Tiere, und diejenigen, die dieses Verhalten am besten interpretieren konnten, bekamen am meisten zu essen und hatten die besten Chancen, zu überleben.

»Die Menschen waren anderen Tieren im Wettstreit ums Überleben voraus, weil sie beobachten und nicht zuletzt voraussagen konnten, was die Tiere tun würden«, lese ich laut. »Voraus … na ja das Menschengeschlecht lebt ja erst seit ein paar Millionen Jahren auf der Erde. Ob wir die anderen Tiere tatsächlich überleben werden, ist noch nicht ausgemacht«, wendet Mats ein.

Ich bin fasziniert, mit welchen Themen sich die Biologen so beschäftigen. In dem Buch gibt es mehrere Kapitel über Forscher, die unzählige Stunden damit zugebracht haben, herauszufinden, ob bestimmte Würmer lernen können, einem Licht entgegenzukriechen, das Nahrung signalisiert. Tatsächlich haben sie es gelernt, aber wiederholte Versuche zeigten auch, dass sie sich unglaublich schwer damit tun, Hindernisse zu umgehen, wenn sie auf das Licht zukriechen. Von den Würmern gehen meine Gedanken zu einer Frage, über die Mats und ich schon unzählige Male diskutiert haben: Wie hat sich unser Verständnis der Tiere verändert? Das ist ein ungeheuer komplexes und facettenreiches Thema, das wir hier in der Hütte überhaupt nicht richtig betrachten können, während wir an unseren Weingläsern nippen. Wir diskutieren trotzdem darüber, fragmentarisch und oberflächlich, inspiriert von dem Buch, das auf dem Tisch liegt.

Der Aufklärer René Descartes hat eine ganz deutliche Grenze zwischen Mensch und Tier gezogen, schreibt Ferry. Für ihn war die Sprache eine Voraussetzung für Vernunft. Er ging auch davon aus, dass nur der Mensch eine Seele hat, während die Tiere Maschinen sind, die essen und sich paaren. Ihren Hirnen fehlt eine bestimmte Drüse, die auf die Seele einwirkt und die Empfindungen steuert, behauptete er. Man hat Descartes – möglicherweise ungerechtfertigt – eine Teilschuld für die Grausamkeit der Menschen gegenüber den Tieren zugeschrieben. Da sie keine Seele hatten, durfte man sie selbst auf bestialische Weise töten. Mit seinem Blick auf die Tiere hätte man uns im 17. Jahrhundert vermutlich für verrückt erklärt, weil wir uns für den Schutz der Wölfe einsetzen.

Im viktorianischen England des 19. Jahrhunderts, veranlasst durch Charles Darwin, wurde der Mensch zu einem Teil der Tierwelt erklärt. Trotzdem ging man davon aus, dass die Tiere nicht so denken und fühlen wie wir Menschen. Gott, schreibt Ferry, hatte schließlich den Menschen an die Spitze aller Lebewesen gesetzt, wie es im Schöpfungsbericht der Genesis heißt: »Lasst uns einen Menschen machen … Er soll über die Fische im Meer und die Vögel unter dem Himmel herrschen, über das Vieh und alle wilden Tiere und alle Kriechtiere, die sich auf der Erde bewegen.«

Doch Darwin ist in jedem Fall wichtig. Denn seine Evolutionslehre ließ die messerscharfe Grenze zwischen Tier und Mensch unscharf werden. Mensch und Tier hatten eine gemeinsame Entstehungsgeschichte, und ihre Vorgeschichte war eng miteinander verbunden.

Für Mats geht es darum, die Tiere im Zusammenhang mit ihrem natürlichen Umfeld, ihrer Ökologie zu studieren. Beispielsweise um die Nahrungskette mit dem Habicht an der Spitze über die Großvögel bis hinunter zu dem lebenswichtigen Torfmull, von dem sich die Würmer ernähren. Die Tierbestände werden von so vielen Faktoren beeinflusst – Klima, Veränderungen der Waldlandschaft, Schwankungen im Bestand der Beutetiere. Die Entstehung des Fachgebiets Ökologie, von Charles Darwin über Ernst Haeckel bis hin zu Raymond Dasmann, der im Jahr 1968 zum ersten Mal den Begriff der biologischen Vielfalt ins Spiel brachte, hat dazu beigetragen, dass wir Arten wie den Wolf nicht mehr nur als Schädlinge begreifen, sondern ihre Bedeutung für die Biodiversität erkennen.

»Letztlich dreht sich alles darum, möglichst viele Kinder zu kriegen und zu überleben«, sagt Mats und trinkt noch einen Schluck Wein. Im selben Tenor hat ein früherer Leser des Ferry-Buches in der Hütte einige Stellen unterstrichen. »Das beobachtete Verhalten muss auf lange Sicht adaptiv sein«, heißt es da, ein Echo des Evolutionsbiologen Theodosius Dobzhansky, der einmal gesagt hat: »Nichts in der Biologie ergibt Sinn, wenn man es nicht im Lichte der Evolution betrachtet.« Ein Tier sucht sich die Strategie aus, bei der es die meisten Nachkommen zeugen kann. Und diese Entscheidung bestimmt über die Population.

»Mal ein ganz banales Beispiel«, fährt Mats fort. »Ein Vogel baut sein Nest dort, wo es sicher ist und er guten Zugang zu Nahrung hat. Die Aussicht beispielsweise ist ihm herzlich egal.« Dann überlegt er kurz, und um seinen Punkt genauer zu erklären, spricht er vom Handicap-Prinzip, das in den Siebzigerjahren von Amotz Zahavi eingeführt und am Anfang vollkommen lächerlich gemacht wurde. Ein Beispiel ist der Wolf, der sich an ein paar Rehe anschleicht, während diese auf einer Waldwiese äsen. Wenn die Rehe ihn bemerken, werden einige von ihnen hoch in die Luft springen, statt so schnell wie möglich wegzulaufen. Diese Verschwendung von Energie sieht auf den ersten Blick wenig nutzbringend aus, aber nach Zahavis Hypothese signalisieren die Rehe damit dem Wolf, dass sie körperlich sehr fit sind und dass es ihm wenig nützen wird, sie zu verfolgen.

»Die Berge in Südnorwegen sind von Bäumen vergewaltigt worden.« Mit diesen Worten hat ein in Oslo lebender Mensch aus Tromsø im Norden unseres Landes seine Sehnsucht nach offenen, baumlosen Hängen und spitzen Gipfeln zum Ausdruck gebracht. Nur an wenigen Stellen in Norwegen empfindet man den Wald als so endlos wie hier im Finnskogen. Der Morgen graut, während ich eine Forststraße entlangfahre und nach Wolfsspuren Ausschau halte. Der Morgennebel hängt noch über Snustjern, aber jetzt sehe ich endlich etwas von der Landschaft, die während unserer Nachtwanderung in Finsternis verborgen lag. Der Schnee taut vom gelbbraunen Gras auf dem Moor weg, der Kiefernwald steht ruhig da wie eine unscharfe Kulisse. In der Ferne hört man eine Art Heulen und kummervolles Jammern. Es dauert einen Moment, bis ich darauf komme, dass es sich wahrscheinlich um eine Ringeltaube handelt. Man kennt diesen Ton aus der Stadt, doch dort geht er in all den anderen Geräuschen unter – Straßenbahnen, Autos, Menschen, Bauarbeiten, Laubbläser, Baumschienen, Flugzeuge. Erst wenn man den ganzen Stadtlärm herausfiltert, hört man wieder die Spatzen und Meisen, schreiende Elstern und gurrende Tauben.

An diesem Morgen fällt mir auf, wie still und leblos der Wald ist und wie selten mir im Wald Wildtiere begegnen. Was für ein Kontrast zu all den Tierfilmen, in denen der Wald so dargestellt wird, als würde man ständig über spielende Bärenkinder, riesige Elche und Auerhähne stolpern. Nur ein einziges Mal habe ich erlebt, dass die Wirklichkeit das Fernsehprogramm übertraf. Das war in den kanadischen Rocky Mountains, wo ich in einer Hütte übernachtet hatte und früh am nächsten Morgen an einem schäumenden, weitverzweigten Fluss wanderte. Auf einer Waldlichtung sah ich plötzlich einen Hirsch, dann noch einen und schließlich ein ganzes kleines Rudel. Sie liefen nicht vor mir weg, standen einfach nur da und sahen mich dämlich an, bis ich fast nervös wurde. Es war wie in einem Disney-Film. Ich wäre nicht überrascht gewesen, wenn sie mich angesprochen hätten.

Unweit der Hütte fange ich an, nach Wolfsspuren zu suchen, aber die einzigen Fußabdrücke im Schnee, die ich sehe, stammen von Thula, der Jagdhündin, die Mats bei sich hat und die hier überall herumschnüffelt. Sie ist ein bisschen senil und außerdem stocktaub, erzählt Mats, als ich in die Hütte zurückkomme. Er mag Hunde sehr gern, aber seine eigenen hat er nie richtig in den Griff bekommen. Einige von ihnen waren entsetzlich schlecht erzogen, und der berüchtigtste von ihnen, der inzwischen verstorbene Garp, hatte eine lange Liste von Schandtaten vorzuweisen. Auf einer Angeltour in den Bergen spielte Mats mit zwei Freunden in deren Zelt Karten. Garp hatte er in seinem eigenen Zelt gelassen, zu dessen großer Verzweiflung. Nach einer langen Weile mit heftigem Gebell wurde es still. Das kann zweierlei bedeuten, meinte Mats. Entweder hat er sich schlafen gelegt oder … Dann hörte er ein Bellen direkt vor dem Zelt seiner Freunde. Der freiheitsliebende Garp hatte sein Gefängnis in Fetzen gerissen. Ein anderes Mal fiel seinen Zähnen das Lenkrad des Autos zum Opfer. Ich selbst habe nach einem Moment kurzer Unaufmerksamkeit erlebt, wie er zwei Kilo gefrorenes Elchfleisch verschlang. Thula ist auch nicht unbedingt der Hund, auf den Mats immer gehofft hat. Ihre übermäßige Jagdlust sorgt immer wieder dafür, dass das Wild vertrieben wird, bevor er überhaupt zum Schuss kommt.

Nach dem Frühstück holt Mats seine Tonausrüstung heraus, und wir marschieren in den Wald. Der Weg führt uns über ein großes Moor und einen sanft ansteigenden Bergrücken mit Kiefernbewuchs bis zum Naturschutzgebiet Særkilampi. Genau hier sucht Mats nach dem Habicht, einem Greifvogel, den viele Jäger gar nicht mögen, weil er dieselbe Beute bevorzugt wie sie: Großvögel und Hasen. »Der Hühnerhabicht ist der Schrecken des Waldes und der Berge«, hat Mikkjel Fønhus geschrieben. »Er stürzt sich vom Himmel den Tod in den Fängen … Kaum ein anderer Räuber der Wildnis fliegt so schnell wie er, und sein Lieblingsgetränk fließt in den Adern seiner Beutetiere. Was er frisst, ist nicht kalt, sondern lebenswarm.«

Der Habicht ist zwar ein großer Taggreifvogel, aber er ist auch sehr scheu. Man bekommt ihn selten zu Gesicht, und wenn, dann immer nur für einen kurzen Augenblick. Für Mats ist er ein »imponierendes Raubtier«, wie er sagt, während er sein Smartphone herausholt und mir mit leisem Stolz ein Foto zeigt, auf dem er mit dicken Handschuhen zu sehen ist und einen großen Habicht hält. Nachdem er ihn gefangen hatte, bekam der Vogel einen GPS-Sender umgehängt. Damit kann man seine kleinsten Bewegungen verfolgen. Das Projekt läuft schon seit ein paar Jahren, und Mats fasst es kurz für mich zusammen.

Zwölf Habichte werden mithilfe von GPS-Sendern überwacht. Vier von ihnen wurden im Varaldskogen gefangen, aber das Leben eines Habichts ist nicht leicht, die Sterblichkeit hoch. Sie werden illegal abgeschossen, fliegen in Hochspannungsleitungen, werden Opfer anderer Greifvögel … In diesem Winter sind zwei von ihnen während der Kälteperiode im Januar schlicht und einfach verhungert. Messungen zeigen, dass Habichte weite Strecken zurücklegen können. Einer der GPS-überwachten Habichte zog 370 Kilometer weit von Asker nach Stavanger. Auch ihr Lebensumfeld variiert stark, berichtet Mats. Das Winterrevier des Habichts in Stavanger war nur zehn Quadratkilometer groß, während ein Habicht im Varaldskogen mehr als vierhundert Quadratkilometer beherrschte. Die Biologen erklären das damit, dass es in der Kulturlandschaft von Rogaland wesentlich mehr Beutetiere gibt als in der Wildnis des Finnskogen.

Mats und seine Kollegen arbeiten auch mit digitalen Instrumenten, um neue Nester und Horste zu finden und die Zahl der Habichtsreviere in den Wäldern zu kartieren. Genau das hat Mats heute vor. Er befestigt seine Ausrüstung in einer Kiefer und platzt dann heraus: »Ich habe immer so verdammt viel zu tun, und am Ende kommt nichts dabei heraus!« Viele Wochen Feldstudien bleiben ohne jedes Ergebnis. Von den sieben Nestern, die er überwacht hat, bekam er nur aus dreien irgendwelche Tonaufnahmen. Er legt das Aufnahmegerät in eine wasserdichte Box. Es ist so programmiert, dass es sich unmittelbar vor Sonnenaufgang einschaltet, also zu der Zeit, wenn der Habicht am aktivsten ist. Wenn er den Habicht hört, kann er vielleicht das Nest lokalisieren. Ich überrede Mats, den Ruf des Habichts nachzuahmen, nur um zu hören, wie er klingt. Widerwillig schürzt er die Lippen und blickt ernst vor sich hin, bevor er ein *Kekk, kekk, kekk* ausstößt und dazu heftig mit dem Kopf nickt. Das dürfte wohl der Warnruf sein. Dann spielt er mir eine Reihe von Rufen auf dem Smartphone vor: Lockrufe, Warnrufe, Balzrufe. Aber was soll das alles? Warum werden die Rufe der Habichte aufgezeichnet, und warum verfolgt man ihre Wege?

Die Art ist als gefährdet eingestuft. Viele vermuten, die sinkenden Zahlen seien durch die moderne Waldwirtschaft verursacht, die mit großflächigen Abholzungen einhergeht und nur noch wenig alten Wald stehen lässt, berichtet Mats. Das lässt sich durch die Forschung bestätigen, denn der Habicht kommt zwar im Prinzip mit jeder Art von Wald zurecht, aber die Bestände sind in Gegenden mit viel altem Wald eindeutig höher.[2] Es gibt auch in der Kulturlandschaft viele Habichte, also dort, wo Wald und offene Landschaft sich mischen, vermutlich, weil es dort besonders viele Beutetiere gibt. Da brauchen die Habichte nur relativ kleine Reviere, wie der Stavanger-Habicht gezeigt hat.

Die Frage, die sich viele Ornithologen stellen, lautet jedoch: Wirkt sich die moderne Waldwirtschaft auch auf andere Waldvögel aus? Weshalb gibt es zum Beispiel weniger Raufußhühner, die Mats ebenfalls sehr am Herzen liegen? Er berichtet, dass der gesamte Bestand an Waldvögeln stark schwankt, aber letztlich seit den Sechzigerjahren deutlich zurückgegangen ist. Damals gab es etwa 400 000 Auerhähne in Norwegen, heute sind es nur noch halb so viele. Die Ursachen sind vielfältig, erklärt Mats, doch der Niedergang fällt mit den Veränderungen in der Waldwirtschaft zusammen. Früher hat man einzelne Bäume gefällt und nur die größten und wertvollsten Exemplare herausgenommen. In den Fünfziger- und Sechzigerjahren ging man dazu über, größere Flächen komplett abzuholzen und neu aufzuforsten, sodass man Gebiete mit Bäumen gleichen Alters bekam. In den Aufforstungsgebieten gibt es sehr viele Blätter, die Hirschen und Rehen als Nahrung dienen, und auf den freien Flächen dominiert das Gras, sodass die kleinen Nager besonders gut gedeihen. Beides ist gut für die mittelgroßen Räuber unter den Säugetieren, also beispielsweise Fuchs und Marder. Aber die fressen auch die Eier und die Küken der großen Waldvögel.[3]

Wir traben durch das Naturschutzgebiet, über Moore und Hochflächen, durch Heidekraut und Moos, zurück zur Hütte. Der Boden ist nachgiebig, feucht und schwer, und über dem Kiefernwald hängt der Dunst wie eine undurchdringliche Decke. Die genügsamen Kiefern gedeihen auf dem Felsboden von Særkilampi ganz gut, dennoch ist der Wald hier von einem Mosaik toter Bäume in allen Stadien der Verrottung geprägt. Trockene Kiefern stehen aufrecht wie lebende Leichen auf den Hängen, manche sind auch schon umgestürzt und liegen im moosbedeckten Heidekraut, sodass ihre Wurzeln die krummen Finger zum Himmel strecken. Und am Ende, wenn der Baum von Insekten, Pilzen und Bakterien verspeist worden ist, bleibt nur ein breiter Streifen im Moos, der fast unmerklich Zeugnis davon ablegt, dass hier einmal eine Kiefer gelegen hat. Wenn der Mensch nicht eingreift, kann der Lebenszyklus einer Kiefer gut und gern tausend Jahre dauern. Denn diese Bäume haben eine lange Lebensdauer. Vor Kurzem wurde in Atna im Østerdalen eine Kiefer gefunden, deren Alter auf 860 Jahre geschätzt wurde.[4] Um noch einmal Fønhus zu zitieren: »Hundert Sommer sind gekommen, hundert Winter sind gegangen. Die Kiefer stand da, ein unsterbliches Wesen unter Sonne und Sternen.«

Ich für meinen Teil bin schon ein kleiner Kiefernfetischist. Mein Interesse gilt vor allem der Suche nach uralten Kiefernstämmen in Sümpfen und Mooren, am liebsten sehr hoch über der heutigen Baumgrenze. Im letzten Sommer habe ich die Berge in der Nähe meiner eigenen Hütte danach durchsucht, während Rondane aus dem Norden herübergrüßte. In einem kleinen Tal, umgeben von zwei Felswänden, wurde ich fündig. Dort stand mitten im felsigen Gelände ein rotbrauner

Kiefernstamm, vielleicht fünf Meter hoch, mit kräftigen Ästen. Also sind hier in dieser heute baumlosen Einöde einmal große Bäume gewachsen. Jeder einzelne Stamm, den ich finde, bestätigt mir, dass es hier einmal einen Wald gegeben hat, der dann Jahr für Jahr weiter nach unten gewandert ist. Zusammen mit dem führenden norwegischen Forscher auf diesem Gebiet, Aage Paus von der Universität Bergen, habe ich ein kleines Forschungsprojekt über diese Stämme ins Leben gerufen. Schon vor einiger Zeit hatte ich ein Holzstück einer Radiokarbondatierung unterziehen lassen und erfahren, dass es 8500 Jahre alt war. Inzwischen habe ich noch ältere Stämme gefunden, der älteste ist 9200 Jahre alt. Aber was bedeutet das?

Der Historiker Gerhard Schøning, der Ende des 18. Jahrhunderts durch Norwegen reiste, hat solche Baumstämme in den Mooren bereits damals beschrieben. Auch andere haben sich allerlei Fragen dazu gestellt, und in den Sagen von der Hardangervidda wird darüber spekuliert, dass diese Stämme hoch in den Bergen die Sintflut überlebt haben könnten. Erst Anfang des 20. Jahrhunderts fasste der Geologe und Venstre-Politiker Amund Helland eine Studie zusammen, die sich mit diesen Megafossilen beschäftigte. Helland nahm zu Recht an, dass das Klima nach der Eiszeit wärmer war als heute und dass die Baumgrenze höher lag. Denn der Wald ist ein großes Thermometer: Mit jedem Grad, das die mittlere Temperatur in den vier wärmsten Sommermonaten steigt (die sogenannte Tetratherme), steigt auch die Baumgrenze, und zwar um 170 Höhenmeter. Seit Hellands Zeit sind Hunderte Kiefernstämme datiert worden, und deshalb wissen wir, dass der Kiefernwald sich vor sechs- bis neuntausend, vielleicht sogar zehntausend Jahren über weite Teile des norwegischen Gebirges zog.[5] Infolge der zyklischen Änderungen der Umlaufbahn um die Sonne waren die Sommer nach der letzten Eiszeit etwa zwei Grad wärmer als heute.[6]

Von einem Höhenzug blicken wir über die von Kiefern bedeckte Landschaft hinunter. Mats genießt es, alles sieht ganz unberührt aus. Der Wald darf hier offenbar ungestört, ohne Eingriff des Menschen wachsen. Hier hat es auch nie großflächige Abholzungen gegeben, sagt er, aber natürlich wurden durchaus Bäume gefällt, bevor der Wald unter Schutz gestellt wurde. Wie es sich für einen urwaldähnlichen Altbestand gehört, gibt es in Særkilampi vertrocknete Kiefern, verkrümmt und mit silbergrauer Patina, sowohl liegende als auch stehende. Die Stämme sind mit weißen Flechten bedeckt, die wie Bärte herabhängen. Nicht mit den seltenen Methusalembärten, die ich einmal in einer unberührten Bachschlucht im Gudbrandsdalen gefunden habe, aber immerhin mit Bartflechte. Einige Stämme sind schwarz verkohlt. Mats verreibt etwas von der schwarzen Schicht zwischen den Fingern und erklärt mir, dass verbrannte Kiefern so stehen bleiben können, weil sie vom Harz aufrecht gehalten werden. Vermutlich liegt der Brand schon mehrere Hundert Jahre zurück. Ein Brand kann einen Wald vollkommen verändern. Auf einmal gibt es mehr Licht, der Boden hat wieder mehr Nährstoffe, und einige Baumarten werden gefördert, darunter die Birken. Waldbrände können für manche Pflanzen- und Tierarten sogar die Voraussetzung ihrer weiteren Existenz sein. Etwa vierzig Arten, die auf der Roten Liste stehen, brauchen abgebrannte Flächen. Sie werden auch als Brandspezialisten bezeichnet, sind ansonsten im Wald eher selten, tauchen aber nach einem Brand schnell auf. Dazu gehören beispielsweise der Böhmische Storchschnabel mit seinen blauvioletten Blüten und der Schwarze Kiefernprachtkäfer. Letzterer besitzt ein Sinnesorgan, mit dem er die Infrarotstrahlung wahrnehmen kann, die von einem Feuer ausgeht.

Vieles von dem, was heute als Altwald oder Urwald definiert wird, fährt Mats fort, ist interessanterweise das Ergebnis von Waldbränden. In einem Forschungsprojekt wurden

Scheiben von Kiefern aus dem Varaldskogen analysiert, darunter einige aus Særkilampi. In ihnen fanden die Forscher Verletzungen der Jahresringe, die von nicht weniger als 62 Bränden seit der Zeit der großen Pestepidemie herrührten. Die ältesten Brandschäden an abgestorbenen Kiefern waren mehr als siebenhundert Jahre alt. So lange waren diese Bäume stehen geblieben, vom Harz imprägniert – ein weiteres Zeichen für die Standhaftigkeit der Kiefern. Außerdem zeigte sich ein eigentümlicher Trend: Von der Zeit der Pest im 14. Jahrhundert bis ins 17. Jahrhundert hinein gab es nur wenige Brände, vermutlich durch Blitzschlag in trockenen Sommern ausgelöst. Ab dem 17. bis weit ins 19. Jahrhundert hinein jedoch gab es wesentlich mehr Brände. Wie kommt dieses Phänomen zustande?

Die Lösung ist ganz einfach, sagen die Forscher. Im 17. Jahrhundert wanderten die Waldfinnen nach Norwegen ein und betrieben Brandrodung. In demselben Maße, wie Holz zu einem wertvollen Rohstoff wurde, wurden Gesetze verabschiedet, mit denen den Wandbränden Einhalt geboten werden sollte. Deshalb nimmt ihre Zahl nach 1850 so stark ab. Das zeigt: Ein Wald kann noch so unberührt aussehen, trotzdem ist es möglich, dass er von Baumfällungen und Bränden beeinflusst wurde. Selbst der scheinbar so urtümliche Wald im Naturschutzgebiet Rollelag-Trillemarka, der lange in der Umweltbewegung ein heißes Thema war, hat seit der Pestzeit 254 Waldbrände erlebt. Dort wie auch im Varaldskogen haben die Waldfinnen im 17. Jahrhundert ziemlich gewütet.[7]

Ich ziehe meinen Feldguide *Forest Forensic* aus dem Rucksack, um die Landschaft hier besser zu verstehen. »Kann ich durch einen Wald wandern, ohne seine Geschichte zu begreifen?«, fragt der Autor und weist darauf hin, dass man die Puzzleteilchen dieser Geschichte zusammenfügen kann wie bei einer Mordermittlung. Der Wald hat eine Sprache, bei der die Worte aus hohlen Baumstämmen oder den Axtspuren in einem Baumstumpf bestehen. Alle diese Details, so der Autor des Buches, können zusammengesetzt werden wie Worte auf einer Buchseite, um die Vorgeschichte des Waldes noch spannender zu erzählen. Man sieht große Windschäden nach einem Sturm, die Verheerungen durch Feuer und Abholzungen und so weiter. Auch Mats ist in der Lage, dem Wald allerlei Geschichten abzulauschen. Er zeigt mir, wie man das Alter einer jungen Kiefer bestimmt, indem man die Kreise zählt, die die Zweige bilden. Wir probieren es zusammen aus und kommen übereinstimmend auf vierzig Jahre. Nachdem wir eine Reihe von Bäumen untersucht haben, stellen wir fest, dass sie in den Senken schneller wachsen als oben auf den Bergrücken. Dort sind sie höher, und zwischen den Kreisen ist mehr Abstand.

Nach zwei Tagen im Finnskogen fahre ich zurück nach Oslo, während Mats noch dort bleibt, um weitere Aufnahmegeräte zu installieren. Auf der Fahrt auf den Forststraßen versuche ich, am Rand nach Wolfsfährten Ausschau zu halten, aber der Schnee ist alt, und die Spuren, die ich sehe, sind verwischt und undeutlich.

In diesem endlosen Wald haben die einzelnen Gebiete finnische Namen: Tharoberget, Bommansuo *(suo* ist das Moor), Læbiko (Finnenplatz) und eben auch Særkilampi *(særki* ist der Fisch Rotauge, *lampi* der See). Es ist, als bewegte man sich in einem anderen Land. Auch der Name Finnskogen weist ja schon darauf hin, dass dies hier finnisches Siedlungsgebiet war. Die Finnen flüchteten Mitte des 17. Jahrhunderts vor Unruhen und Krieg in ihrem Heimatland hierher und gründeten eine selbstständige Gemeinschaft, die in den Wäldern lebte. Im Varaldskogen gab es Mitte des 17. Jahrhunderts nur einen Siedlungsplatz, um 1850 waren es schon 37. »Ein Vogel fliegt über das Land und sieht nichts als Wald und noch mal Wald … und die Waldleute haben das Gefühl, in einem eigenen Land zu sein … Sie leben in Schweden oder Norwegen, fühlen sich aber nie als Angehörige dieser Länder.« So beschreibt die Autorin Britt Karin Larsen die Wahrnehmung der Waldleute in ihrer Romanserie über den Finnskogen. Bis heute hat sich an dieser Einstellung nichts geändert; 1970 haben die Waldfinnen sogar einen eigenen »Staat« gegründet, die Republik Finnskogen mit eigener Flagge, Regierung und Ministerpräsident.[8]

Als sie hierher einwanderten, machten sie sich mit Brandrodung Platz, um Roggen, Buchweizen, Rüben und schließlich auch Kartoffeln anzubauen. Dazu fällten sie zunächst die Bäume und ließen sie bis zum nächsten Sommer trocknen. Dann zündeten sie das Ganze an, sodass mehrere Quadratkilometer Wald in Flammen aufgingen. In die kalte Asche säten sie danach ihren Roggen. So kamen sie durch die strengen Winter; ihren Speisezettel ergänzten sie durch Fischfang in den Seen. Letztlich fanden sie im Wald alles, was sie brauchten: Bauholz für ihre Häuser, Brennholz, Wild. Sie waren wirklich echte Waldmenschen.

Allerdings wurden sie mit großer Skepsis betrachtet. Man bezeichnete sie als »schädliches Ungeziefer«, das »die schönsten und besten Wälder für Roggen- und Rübenfelder abgebrannt hat«. Und man beschuldigte sie, zu stehlen und Raubüberfälle zu begehen.[9] Die Brandrodung setzte dem Wald tatsächlich schwer zu, wie auch die Forschung über Waldbrände in der Vergangenheit zeigt. Als die systematische Holzfällerei sich ausbreitete, wurde die Brandrodung denn auch verboten.

Am Waldrand teilt sich die Straße, und ich nehme einen Umweg Richtung Oslo. Nach Aussage von Rovbase, einer Internetpräsenz, auf der Beobachtungen von Raubtieren dokumentiert werden, wurde am Hersjøen, etwas weiter südlich, ein Wolf gesichtet.[10] Ich fahre durch einen Teil Norwegens, den ich bisher gar nicht kannte. Auf einen Stein ist mit weißer

Farbe ein großer Elch gemalt, der von einem Elchhund verfolgt wird. Etwas später komme ich an einer rot gestrichenen Garage vorbei, an deren Wand elf Füchse hängen wie Trophäen. Die Zungen hängen ihnen aus dem Hals. Viele Jäger haben schon erlebt, dass der Fuchs tatsächlich so listig und schlau sein kann, wie er in den Märchen dargestellt wird.[11] Wer eine größere Zahl an Füchsen töten will, muss gut vorbereitet sein und eine große Portion Geduld mitbringen, hat Mats mir erst neulich erklärt. Ich schleiche mich zu der Garage, um die Füchse in Augenschein zu nehmen. Während ich gehe, mache ich eine schnelle Google-Suche und stelle fest, dass in Norwegen jedes Jahr 20 000 Füchse abgeschossen werden. Es gibt einige Blogger, die sich mit der Fuchsjagd beschäftigen und damit prahlen, wie viele sie getötet haben und wie groß ihr Hass auf das »Ungeziefer« ist. In der Tageszeitung von Hamar gibt es eine eigene Hitliste der Jäger, die die meisten Füchse erlegen. Denn es gibt viele, die den Bestand drastisch dezimieren wollen, weil sie die Füchse als Jagdkonkurrenz sehen. Während ich die Kadaver betrachte, die an der Wand baumeln, empfinde ich Mitleid und finde diese Zuschaustellung makaber und geschmacklos. Aber ich reiße mich zusammen. Hier draußen auf dem Land gelten die Jagd und das Töten von Tieren als Notwendigkeit. Einmal hat mich ein Freund ziemlich aus dem Tritt gebracht, als wir mitten in Oslo einen Burger aßen. Dieser Freund ist Erbe eines Hofes in Telemark, und er fragte mich herausfordernd: »Hast du schon mal gesehen, wie ein Tier seinen letzten Atemzug tut? Wie es vor deinen Augen stirbt?« Das musste ich verneinen, und ich habe mich ein bisschen geschämt.

Ich fahre von der Hauptstraße ab und auf einer Forststraße weiter am Ostufer des Hersjøen entlang bis zur schwedischen Grenze, mitten hinein in das sogenannte Hersjø-Revier. In den Senken liegt noch Schnee, aber Spuren finde ich keine. Also fahre ich heim nach Oslo. Mats hat mich ja gewarnt:

Man muss schlau sein, wenn man sich Isegrim nähern will; man braucht Geduld, Standvermögen, und man muss die richtigen Leute kennen. Aber selbst wenn Mats der beste Begleiter ist und wunderbar vom Wald und seinen Lebewesen berichten kann, sind es einfach zu wenige Touren, die wir zusammen machen. Zum Glück habe ich noch ein paar Trümpfe im Ärmel, denn mein Freund Ole Kristian hat mir mitgeteilt, dass mich der Wolfsmann Stefan akzeptiert hat. Ich darf mit ihm losziehen. Es gibt nur ein Problem. Stefan hat ein kleines Kind, und außerdem gilt seine Liebe vielen Tieren, auch Schlangen, Kröten, Fröschen, Habichten, Falken, Adlern, Luchsen und Käfern. Und die Wolfssaison ist für ihn fast zu Ende. Es gibt kaum noch Schnee, in dem man Spuren finden könnte, und bald bekommen die Wölfe ihre Jungen. Der Frühling und der Sommer werden wohl eher stille Zeiten sein, vermute ich.

Der Wolfsmann

An einem Samstagabend im August, 21:43, kommt eine SMS: »Heute Wolfstour, ruf an, wenn du kannst.« Die Nachricht ist von Ole Kristian. Seit einem halben Jahr quengele ich herum, versuche mir Wochenenden frei zu schaufeln, bereite mich vor, plane … und jetzt diese Meldung, hektisch und mit heißem Atem.

Endlich bekomme ich meine Chance. Aber zum Teufel, die Fahrt dorthin dauert ja zweieinhalb Stunden! Längst ist es dunkel, ich wollte eigentlich bald ins Bett und nicht mal eben nach Schweden fahren. Bis zu einem gewissen Grad lege ich Wert auf Planung. Willkürliche, kurzfristige Verabredungen sind nicht so mein Fall, schon gar nicht am späten Abend. Ich rufe Ole Kristian an, den schlaksigen Typen aus dem Süden des Landes mit dem glatt rasierten Schädel, der immer schon sein eigenes Ding gemacht hat. Erst war er Schreiner, dann hat er eine Ausbildung zum Fotografen gemacht, wurde Bildhauer und schließlich wieder Handwerker. Inzwischen hat er seine eigene Schreinerwerkstatt in Arvika, ist mit einer

Schwedin verheiratet und hat zwei Kinder. Ich muss versuchen, ihn zu einer Verschiebung der Tour zu überreden.

»Hast du was getrunken?«, frage ich ihn. Am anderen Ende der Leitung wird es still. »Vor Mitternacht bin ich doch niemals da. Können wir nicht einen anderen Tag finden?«

»Heute hast du die Chance. Wir gehen um ein Uhr los«, sagt er kurz angebunden. Ich erinnere mich daran, dass der Wolfsmann normalerweise keine Fremden mitnimmt.

»Hättest du mir das nicht etwas früher sagen können? Du weißt doch schon lange, dass ich mitgehen will. Wie sieht es denn nächstes Wochenende aus?«, versuche ich es noch einmal.

»Heute hast du die Chance«, wiederholt er. Und ich kenne ihn gut genug, um zu wissen, dass es keinen Verhandlungsspielraum gibt.

»Ich muss mal kurz darüber nachdenken, dann melde ich mich wieder«, sage ich.

Verdammt. Verflucht. Zum Teufel! Ich werfe einen Blick auf Google Maps: zweieinhalb Stunden, da gibt es kein Vertun. Was soll ich machen? Was die Wölfe angeht, war der Sommer ein ziemlicher Reinfall. Das war nicht anders zu erwarten, der Sommer ist nicht gerade Hochsaison für Wölfe. Selbst die eifrigsten Wolfskenner wissen das. Ohne Schnee lässt sich das Raubtier kaum aufspüren, schon gar nicht, wenn es ohne Sender herumläuft.

Immerhin hatte ich Gelegenheit zu ein paar richtig schönen Wanderungen im ganzen Land, unter anderem in der Østmarka und in Hobøl, und da die Wölfe nicht auffindbar waren, fuhr ich zur SNO nach Lom. Dort war ein Wolf, der eine Schafherde angefallen hatte, abgeschossen und in einer Tiefkühltruhe aufbewahrt worden. Der Anblick der Leiche, blutverschmiert und mit struppigem Fell, erinnerte mich daran, dass in jedem jungen Wolf der Drang steckt, im Frühling auf Wanderschaft zu gehen. Dann traben sie los, suchen sich einen Partner und ein eigenes Revier. Denn der Lebenszyklus des Wolfs sieht nun einmal so aus: Die Wölfin ist 63 Tage trächtig, die Welpen werden im Mai geboren.[1] Wenn sie zehn Monate alt sind, verlassen die ersten das Rudel. Nur ganz wenige bleiben bei ihrer Familie, von sechzig besenderten Welpen einer Studie verließen alle bis auf einen das Revier, in dem sie geboren worden waren. Einer dieser Wanderer lag nun blutverschmiert vor mir. Er war aus einem Revier südlich von Stockholm bis ins norwegische Oppland getrabt, nicht weniger als fünfhundert Kilometer Luftlinie. Für mich war es eine lange, mühsame Fahrt, nur um einen tiefgefrorenen Wolf zu sehen, aber es war letztlich besser, als mir zum wiederholten Mal die beiden ausgestopften Exemplare anzuschauen, die hinter Glas im Zoologischen Museum von Oslo stehen.

Im Sommer hatte ich mir auch eine ganze Reihe von Dokumentarfilmen angesehen: Wölfe, die Elche verfolgen, ein Bisonkalb von der Mutter wegreißen und sogar eine kräftige Bärin und ihr Junges angreifen. Ich hatte mir unzählige Folgen mit dem Abenteurer Lars Monsen angeschaut, der mit seinem Hund kreuz und quer durch die Wildnis zieht. Wie er am Lagerfeuer mit seinem Hund plaudert, Fische fängt, Fische brät, Fische isst, wie er im Zelt sitzt. Ab und zu überkommt mich die Versuchung, es ihm gleichzutun. Am liebsten würde ich in ein Wolfsrevier gehen, im Zelt wohnen und die Gegend nach den Wölfen absuchen. Aber ich lasse es bleiben, aus mehreren Gründen. Zum einen weiß ich aus Erfahrung, dass ich für das Leben in der Wildnis nicht gemacht bin. Im Sommer habe ich mich selbst getestet und eine Nacht in einer Hütte von Mats in Svarverud geschlafen, inspiriert nicht nur von Monsen, sondern auch von den vielen Philosophen und Schriftstellern, die in den Wald gegangen sind.

Einer von ihnen, Henry Thoreau, hat in den 1840er-Jahren die wohl berühmteste Hüttentour in der Literaturgeschichte unternommen. Er lebte in einer Hütte im Wald, unweit der

Kleinstadt Concord in Massachusetts, USA. Tatsächlich konnte er noch hören, wie der Zug pfiff, wenn er in den Bahnhof der Stadt einfuhr. Von dort aus unternahm er lange Wanderungen, baute sein eigenes Essen an, schimpfte über die Auswüchse der Zivilisation und schrieb mit einer pantheistischen Grundhaltung über die »herrliche, wohltuende und grenzenlose« Gemeinschaft mit der Natur. Das alles ist in seinem Buch *Walden* nachzulesen.

Der deutsche Philosoph Martin Heidegger begab sich ebenfalls in den Wald und lebte in einer Hütte in Todtnauberg im Schwarzwald. Dort schrieb er seine bekanntesten Werke. Die Landschaft, so Heidegger, drückte sich durch ihn aus. Ein weiterer weltbekannter Philosoph, Ludwig Wittgenstein, zog sich ebenfalls in die Natur zurück. Der britisch-österreichische Denker besaß eine Art Schreibexil in einer kleinen Hütte auf einem Berg bei Skjolden in der norwegischen Provinz Sogn og Fjordane, eingerahmt von Fjorden, Bergen und Birkenwald. »Ich kann mir nicht vorstellen, an irgendeinem anderen Ort so zu arbeiten wie hier. Es ist die Ruhe und vielleicht die wunderbare Landschaft, der stille Ernst dieser Landschaft«, schreibt er einmal.

Eigentlich waren die besten Voraussetzungen dafür gegeben, dass sich die Landschaft, oder besser gesagt der Wald, in dieser Hütte im Svarverudskogen durch mich ausdrückte. Die schlanken Kiefernstämme spiegelten sich im See, die Tage waren lang, die Birken standen juniprächtig da und zeigten ihre kleinen, hellgrünen Blätter. Aber allein im Wald, ohne Handynetz und Internet, fühlte ich mich rastlos und einsam. Für mich war der Wald weder wohltuend noch herrlich. Und als dann auch noch am Abend höllische Mengen von Mücken auftauchten, sodass ich die Kapuze meines Pullovers ganz zuziehen musste, verfluchte ich das Waldleben. Am nächsten Tag fuhr ich zurück in die Stadt und war sehr erleichtert, als ich dort ankam.

Eine andere traurige Tatsache ist natürlich, dass ich monatelang in einem Wolfsrevier leben könnte und trotzdem keine Garantie hätte, einen Wolf zu sehen oder auch nur zu hören. Die Chancen stehen ganz einfach schlecht. Und dafür so viele Opfer? Deshalb setze ich auf weniger extreme Varianten, vor allem auf kurze, zielgerichtete Wanderungen. Aber die Wanderungen in diesem Sommer waren eher tastend und planlos, und deshalb habe ich nur auf diesen Augenblick gewartet, seit Ole Kristian mir von dem Schweden erzählt hat. Jetzt muss ich mich nur noch dranhängen und mitten in der Nacht nach Schweden fahren. Ole hat ja recht, das hier ist meine Chance, mich den Wölfen zu nähern, mitten im Kernland des skandinavischen Wolfsbestandes, in Värmland. Der Wolfsmann ist eine sichere Bank, vor allem wenn man Wölfe hören will. So einen Typen brauche ich, ich bin geradezu abhängig von ihm. Mats und die Jungs von der Naturschutzbehörde sind einfach nicht fanatisch genug. Ich schicke meine SMS ab: »Komme.« Es muss einfach klappen, denke ich.

Fichten und Kiefern stehen wie eine Mauer an der Straße. Finsternis hängt über dem Wald und schafft eine fast unheimliche Stimmung, wenn die Autoscheinwerfer ab und zu hineinleuchten. Nach einer Stunde Fahrt habe ich die Grenze unweit Töcksfors hinter mir und fahre auf kleinen Landstraßen weiter Richtung Arvika. In den Talsenken hängt Nebel, die Sicht ist schlecht, doch ab und zu klart es auf, und dann sehe ich den sternenklaren Himmel und die Schattenrisse der Bäume davor. Wenn die Menschen früher, in alten Zeiten, durch den Wald gewandert sind, hat sich das vermutlich ganz anders angefühlt, so ganz ohne Stahlpanzer rundum. Das Erlebnis war ein anderes, wenn man Tage brauchte, um ein paar Dutzend Kilometer durch den Wald zu gehen.[2] Die Menschen hatten Zeit, die Natur zu spüren, und vielleicht sind daraus auch all die Geschichten über Feen, Gnome, Trolle und andere Wesen entstanden. Bei wem kommen schließlich keine irrationalen Gefühle auf, wenn er durch einen dunklen Wald wandert? Heute können wir solche Gedanken wegschieben und als Aberglauben bezeichnen, aber es ist noch gar nicht lange her, dass in den Vorstellungen vom Wald das Übernatürliche eine bedeutende Rolle spielte.

Zu Frühlingsanfang 1518 reiste der schwedische Erzbischof Olaus Magnus durch den Norden Schwedens und Norwegens, um Ablassbriefe zu verkaufen. Aus dieser Reise entstand sein berühmtes Geschichtswerk der skandinavischen Völker, das 1555 im Druck erschien.[3] Es ist ein imponierendes Werk, das 22 Bände umfasst, 770 Kapitel auf mehr als achthundert Seiten.

Bei Olaus Magnus wimmelt der Wald von Geistern, Trollen und Dämonen. Er schreibt von Kämpfen mit Waldnymphen und Feen, stellt ohne jeden Zweifel fest, dass in den Bergwerken Trolle leben und dass die Spukgestalten des Waldes keinen Körper haben, sondern Geistwesen sind, die die Menschen töten und quälen. Er muss sehr viel durch dunkle Wälder gewandert sein, denn er schreibt viele Dinge, die bis heute Sinn ergeben, zum Beispiel über Bäume, berichtet aber auch über den Volksglauben: über Bibergeil, ein Sekret der Afterdrüse des Bibers, das gegen Kinderlosigkeit helfen soll, über Hasennieren, die man gegen Gicht um die Füße bindet. Er berichtet, dass man vom Leben eines Vielfraßes träumt, wenn man auf seinem Fell schläft. Und ein eigenes Kapitel ist dem Umstand gewidmet, dass Schlangen in den Mund von Kleinkindern kriechen können, wenn diese auf der Erde schlafen – und der Kunst, sie wieder herauszubekommen.

Der große schwedische Naturforscher Carl von Linné lebte im 18. Jahrhundert und gehörte einer anderen Zeit an. Linné leitete eine neue Art ein, sich der Natur zu nähern, und auf dem Weg dorthin ging alles Mystische verloren. Wie Olaus Magnus unternahm auch Linné eine lange Wanderung durch

Schweden. Als junger Mann reiste er durch Dalarna, weiter Richtung Norden bis nach Lappland und wieder südwärts bis nach Skåne. Seine Erlebnisse und Funde sind sorgfältig aufgezeichnet und füllen drei dicke Bände. Es gibt kaum ein Thema, das er in seinem Jugendwerk nicht berührt. Er beschreibt Tiere, Kräuter, Blumen und Blüten, Bäume, Trachten, die Wolfsjagd, den Hausbau, Werkzeuge, Geologie, Bergbau und verschiedene Volkstänze, aber auch Spezialthemen wie zum Beispiel die Tatsache, dass gebärende Frauen mit Branntwein ihre Wehenschmerzen betäubten. »Omnia mirari etiam tritissima«, war Linnés Wahlspruch, was so viel heißt wie: »Staune über alles, auch über das Alltäglichste.« Und die Aufzeichnungen seiner Reisen in jungen Jahren sind geprägt von dieser Einstellung.[4]

Doch was am meisten an Linnés Jugendwerk auffällt, ist im Gegensatz zu Olaus Magnus das vollständige Fehlen von Aberglauben und übernatürlichen Wesen. Die Natur wird seziert und systematisiert, während Erscheinungen wie Werwölfe, Trolle, Nymphen oder Feen kaum erwähnt werden. Wo Linné auf dem Land auf abergläubische Vorstellungen trifft – beispielsweise bei einem Pfarrer, der behauptete, Wolken könnten Felsblöcke hochheben –, weist er sie entschieden zurück und macht sich darüber lustig. Für ihn, der fest in den Vorstellungen der Aufklärung verankert war, sollte die Vernunft Volksglauben und Mythen auslöschen und sich ganz auf den Gott verlassen, der das feine Zusammenspiel in der Natur erschaffen hatte.

Ganz frei von Aberglauben war Linné trotzdem nicht. Er glaubte an Geistererscheinungen und war mit Olaus Magnus der Ansicht, dass die Schwalben auf dem Grund der Seen überwintern. Sein Weltbild war fest in der theologischen Vorstellung verankert, dass die Arten unveränderlich und von Gott so erschaffen seien.[5] Und er betrachtete sich selbst als wichtigen Übersetzer der göttlichen Botschaft für die Menschen – einer Botschaft, die durch die Natur vermittelt wurde. In seinen Schriften wird es ganz klar: Gott erschafft und Linné systematisiert.

Kurz vor Arvika halte ich bei einer abgelegenen Tankstelle an. Dort warten sie auf mich: Ole Kristian und Stefan, der berühmte Wolfsmann, in einem alten roten Volvo 850 Variant, typisch schwedisch. Stefan trägt einen Dreitagebart und eine Brille, seine Haare sind zerzaust und leicht ergraut. Er hat einen dunklen Kapuzenpullover an, anthrazitfarbene Wanderhosen und Sandalen. Die beiden kommen gerade von einer Hochzeitsfeier, sind trotzdem stocknüchtern. Sie wollen halt lieber einen Wolf sehen als trinken, jedenfalls heute Nacht. Während der letzten zwanzig Jahre hat Stefan unzählige Nächte im Wald verbracht. Er hat Job und Beziehung geopfert, aber so hat er eben auch mehr als zweihundert Begegnungen mit Wölfen gehabt, seit er mit diesem Wahnsinn Mitte der Neunzigerjahre anfing. Er hat sie heulen gehört, hat sie an einer Forststraße und draußen im Moor herumlaufen sehen. Zweihundert Begegnungen, das ist extrem viel, und das weiß jeder, der sich mit Wölfen beschäftigt. Deshalb nennt man ihn den »Mann, der mit den Wölfen spricht«. Doch warum fesseln ihn gerade diese Tiere so sehr?

»Eines Nachts, als ich durch den Wald fuhr, habe ich ein Tier gesehen, das über die Straße lief«, erzählt er, während wir uns in den Volvo setzen. »Erst dachte ich, es ist ein Reh, dann hielt ich es für einen Fuchs. Aber dann drehte sich das Tier und stand im Profil vor mir. Und da begriff ich, dass es ein Wolf war. Ein großer, kräftiger Wolf. Es wirkte, als würde er die gesamte Straße einnehmen.«

Wir fahren auf Forststraßen in das Naturschutzgebiet Glaskogen zwischen Årjäng und Arvika. Die Landschaft ist hügelig mit vielen Fichten und Kiefern, aber auch Birken und Espen, die den Nadelwald ein Stück weit verdrängt haben.

Ausgedehnte Moorflächen und Seen wie Övre Gla und Stora Gla wirken fast wie Binnenmeere im Wald. Das Netz von Schotterwegen, das den Wald durchzieht, verbindet kleine Hütten und Bauernhöfe, alle in dem typischen Rotton gestrichen, dessen Pigment aus den Kupferbergwerken von Falun stammt. Hier an der Grenze zu Norwegen befindet sich das sogenannte Glaskogen-Revier, in dem sieben oder acht Wölfe leben sollen.

In Schweden wie in Norwegen wurde der Wolf Mitte des 19. Jahrhunderts ausgerottet. In den Neunzigerjahren kam er zurück in den Glaskogen.[6] Das Revier liegt mitten im Kernland der skandinavischen Wölfe; in Schweden gibt es derzeit mehr als dreihundert Tiere, weit mehr als in Norwegen. An kaum einem anderen Ort in Europa ist die Wolfsdichte größer als in Värmland, das auf einer Fläche von 17 000 Quadratkilometern neunzehn Wolfsreviere aufzuweisen hat.[7] Im Norden von Värmland wurde auch der Grundstein zu den heutigen Wolfsbeständen in Skandinavien gelegt. Im Jahr 1983 brachte ein Wolfspaar in Nyskoga seine Welpen zur Welt, und von diesem Paar und drei weiteren Wölfen stammen praktisch alle skandinavischen Wölfe ab.

Ole Kristian hält an. Es ist halb zwei in der Nacht, wir sind von einer schweigenden Finsternis umgeben. Still umgibt uns der Wald, der sich in einem kleinen See spiegelt. »Pass auf«, flüstert Stefan, bevor ich aussteige. »Wir müssen absolut still sein. Ein unbekanntes Geräusch, eine Autotür oder laute Stimmen, und die Wölfe sind weg. Dann können wir gleich wieder nach Hause fahren.«

Wölfe achten sehr auf fremde Geräusche und sind extrem menschenscheu. Warum sie sich dann nicht auch vor Autos fürchten, erschließt sich mir nicht gleich. Stefan erklärt, dass sie noch keine Furcht vor Autos entwickeln konnten. Das gilt ja tatsächlich für die meisten Tiere, so schnell ist die Evolution nicht. Ein mickriger Mensch macht dem Wolf Angst, aber ein zwei Tonnen schwerer Metallkasten lässt ihn offenbar vollkommen kalt.

Stefan stellt sich breitbeinig hin und späht in den Wald. Dann legt er die Hände um den Mund, offenbar ist ihm diese Stelle ganz recht. Vor einem Jahr hat er genau hier einen Wolf angelockt, Ole Kristian war dabei. Der Wolf kam neugierig auf die beiden zu und schlich sich vorsichtig an. Ein irres Erlebnis, hat mir Ole Kristian erzählt, der noch nie zuvor einen Wolf gesehen hatte.

Jetzt heult Stefan. Es klingt echt, es klingt schön, und ein tiefes Echo dröhnt durch den Wald. Dann herrscht Stille. Wir warten, sind ganz still, stehen fest auf dem Schotter. Doch wir hören nur das Rauschen in den Bäumen. Noch einmal macht Stefan eine Röhre aus seinen Händen und stößt ein lang gezogenes Heulen aus. Und wieder stehen wir da und lauschen. In der Ferne hört man etwas, das ein schwaches Heulen sein könnte. Stefan streckt einen Arm danach aus. War das wirklich ein Heulen? »Kann sein, dass da einer geantwortet hat«, erwidert er leise. »Vielleicht ein paar Kilometer entfernt. Aber sicher bin ich nicht.« Ich spitze die Ohren, doch ich höre nur den Wind und mein eigenes Ohrensausen. Auf seinen unzähligen Wanderungen, immer auf der Suche nach den Wölfen, hat Stefan gelernt, mit ihnen zu kommunizieren. Ein langes Heulen bedeutet: »Hier bin ich!« Ein kurzes heißt: »Wo seid ihr?« Wieder atmet Stefan ein und stößt ein tiefes, dröhnendes Geheul aus. Diesmal hält er den Ton länger. Wir lauschen, aber alles bleibt still.

Erst als Stefan die »Sprache der Wölfe« lernte, gelang es ihm, sich den Tieren wirklich zu nähern. Er hört subtile und fast nicht mehr wahrnehmbare Äußerungen, oft weit entfernt, und weiß deshalb meistens, wo sie sind. Früher hat er Wochen gebraucht, um sie zu finden. Einmal saß er drei Wochen lang am selben Platz im Wald, kam kaum zum Essen oder Schlafen, weil er sich so sehr danach sehnte, endlich einen

Wolf zu sehen. Zu anderen Gelegenheiten ist er wie verrückt die ganze Nacht auf den dunklen Forststraßen im Glaskogen und in anderen Revieren herumgefahren, um irgendwo zufällig einem Wolf zu begegnen. Jetzt hat er eine Methode entwickelt und trainiert, mit der er die Wölfe dazu bringt, ihren Standort preiszugeben. Er kann die Wölfe hören und ihr Heulen nachahmen.

Wer Stefan heulen hört, begreift schnell, dass dahinter unzählige Begegnungen mit den Tieren und viele Stunden des Übens liegen.

Dieselbe Methode wird übrigens in vielen Jägerkulturen angewandt. Als der Abenteurer Helge Ingstad bei den Nunamiut-Inuit in Alaska überwinterte, beschrieb er, wie es ihnen gelang, einen Wolf mit »unbeschreiblichem … Geheul, das einem das Blut in den Adern gefrieren lässt« anzulocken. Sie verstanden die Sprache der Wölfe: Hatte das Rudel Beute gemacht oder Pech gehabt?

Schwer liegt die Nacht über dem Wald, und unsere Scheinwerfer werfen ein flackerndes Licht ins Dunkel, als wir in schnellem Tempo die Schotterstraße entlangfahren. Gut, dass wir allein sind. Die berühmte Waldesruhe ist nur ein mieses Klischee, solange wir hier im Auto sitzen und durchgeschüttelt werden. »Wenn wir einen Wolf sehen wollen, müssen wir schnell sein und ihn überraschen«, erklärt Stefan, wie um das Tempo zu entschuldigen. Im selben Moment rennt ein Tier über die Straße. Nur eine Zehntelsekunde sehen wir es, dann verschwindet es blitzschnell in einen steilen Seitenweg. »Hinterher!«, befiehlt Stefan, und Ole Kristian biegt tatsächlich ab. »War das ein Wolf?«, rufen wir fast wie aus einem Munde, während wir spüren, wie das Adrenalin durch unsere Adern rauscht. »Nein, bloß ein Fuchs«, entschuldigt Stefan sich. »Für einen Moment dachte ich, es wäre ein Wolfswelpe, die sehen sich recht ähnlich.«

Nachdem wir wieder ein ganzes Stück durch den Glaskogen gefahren sind, hält Ole Kristian an einer Kuppe an. Stefan lässt sich auf alle viere nieder, um nach Spuren zu suchen, bevor wir in den Wald hineinlaufen, über Heidekraut, weiches Moos und Flechten, bis wir auf der Kuppe angekommen sind. Zum ersten Mal in dieser Nacht habe ich wirklich das Gefühl, in der Natur zu sein. Ich rieche die Walderde und die ätherischen Öle der Nadelbäume. Wir versuchen es wieder, kein Grund, schon aufzugeben. Stefan richtet sich auf und formt mit seinen Händen um den Mund eine Art Trompete. Dann stößt er ein tiefes, schmerzliches Heulen aus, das durch den Wald hallt. Stille. Keine Antwort. Er fährt sein gesamtes Repertoire auf, hohe und lang gezogene Laute, Jaulen und Bass-Gebrüll. Von der Kuppe aus breitet sich der Ton gut über den Wald aus. Von alters her war es im Glaskogen Brauch, dass die Bauern in der sogenannten Peregrinusnacht Ende April auf solche Hügel stiegen. Sie schlugen auf Topfdeckel, schüttelten Kuhglocken, schossen in die Luft und schrien aus vollem Hals: »Peregrinus, bind deine Hunde an, so weit weg, wie man diese Schreie hören kann!« Jetzt sind wir hier, um sie anzulocken, nicht um sie zu vertreiben, aber der tiefe, dunkle Wald antwortet nur mit trotzigem Schweigen. Stefan ist sauer. In diesem Jahr war er schon 28 Mal draußen, ohne einen Wolf zu finden, berichtet er. Das ist ungewöhnlich für den Wolfsmann. »Wo sind die Welpen? Wo ist der Alpha-Rüde?«, fragt er. Er macht sich Sorgen, sie könnten abgeschossen worden sein. Was natürlich illegal wäre.

Wir sind inzwischen deutlich aus unserer Komfortzone heraus. »So ein Wolf kann einen großen Elch töten, und wir stapfen hier herum wie Fleischklumpen auf zwei Beinen«, sagt Ole Kristian. »Eigentlich ganz schön unverantwortlich.« Wir stehen da und starren in den Wald, über dem allmählich ein schwacher heller Streifen am Horizont sichtbar wird. Es dämmert. Wir müssen uns dazu zwingen, zu denken, dass die

Wölfe sich vor uns fürchten. Denn das tödlichste Raubtier im Wald sind wir selbst, ein zweibeiniges Ungeheuer, ein Tier, das die anderen in Tausenden Jahren des Zusammenlebens fürchten gelernt haben. Hier und jetzt, in diesem Moment, sind wir jedoch sehr verletzlich, denn wenn ein Wolf uns wirklich angreifen wollte, wäre er uns körperlich überlegen. Ich werde den Gedanken an den Gysinge-Wolf nicht ganz los, der im Winter 1820/21 in Dalarna wütete und neun Kinder sowie ein neunzehnjähriges Mädchen tötete. Man kann das übrigens ganz leicht erklären: Der Wolf war drei Jahre in Gefangenschaft gehalten worden und entkommen. Deshalb hatte er seine natürliche Angst vor dem Menschen verloren. Dass ein wilder Wolf einen Menschen angreift, ist praktisch undenkbar. Einerseits. Andererseits hat ein bekannter Wolfsforscher einmal gesagt: Selbst ein Auerhahn kann auf Menschen losgehen, wenn man ihn nur genug reizt.

Als ich Stefan frage, ob er sich manchmal vor den Wölfen fürchtet, antwortet er spontan: »Noch nie.« Selbst wenn er allein im dunklen Wald saß und die Wölfe um ihn herumschlichen, hat er sich nie bedroht gefühlt. »Andere hätten sich vielleicht in die Hose geschissen«, sagt er. Aber es können ja auch nicht alle so furchtlos sein wie er. Einmal hat er Kinder aus der Schule, in der er arbeitet, mit in den Wald genommen, und als dann ein kräftiger Rüde kurz hinter ihnen heulte, ging einer der Schüler in die Knie und klammerte sich an Stefans Hosenbein fest. Ein anderes Mal hat Stefan zusammen mit zwei Freunden ein Wolfsrudel überrascht, gar nicht weit von dem Hügel, auf dem wir jetzt stehen. Er hörte die Wölfe kommen, doch seine Freunde glaubten ihm nicht. Als er heulte, kam die Antwort von mindestens zehn Tieren um sie herum. Der eine Freund geriet in Panik und wollte zum Auto rennen. »Es war schon mächtig«, erinnert sich Stefan. »Der ganze Boden zitterte, so nah waren sie uns. Da stehen dir dann schon die Haare zu Berge.« Er späht wieder in den Wald.

Sensation seeking, nennt er es und sagt, sein Kopf brauche ab und zu einen Kick. Früher ist er geklettert, war auf dem Elbrus, auf dem Mont Blanc und dem Matterhorn, aber auch auf dem Kota Kinabalu in Asien, dem Chimborazo und dem Aconcagua in Südamerika und dem Kilimandscharo in Afrika. In Norwegen ist er einige wirklich schwierige Routen geklettert; 1997 hat er sich sogar an der berüchtigten Rimmon-Route durch die 1700 Meter hohe Felswand Trollveggen versucht. Als er schon relativ weit oben war, löste sich der Stein, auf dem er stand. Die Sicherungshaken knallten einer nach dem anderen aus dem Fels – erst der letzte hielt ihn, nach einem Sturz von 45 Metern, und als das Seil sich straffte, wurde er gegen die Wand geschleudert und brach sich ein Bein. Er hat sich dann abgeseilt und zum Parkplatz geschleppt, siebzehn Stunden hat er gebraucht, bis er wieder unten war. Nach dem Unfall hat er das Klettern aufgegeben und sich etwas anderes gesucht, um seine Lust auf Spannung zu befriedigen. Und dieses Etwas war der Wolf.

Der Fichtenwald streckt sich im Morgengrauen gen Himmel. Kiefern breiten sich zu einer großen Hochfläche hin aus, wo noch ein paar abgestorbene Baumstämme einsam vor dem hellblauen Himmel stehen. Wieder haben wir angehalten, ich kann mich gar nicht mehr erinnern, zum wievielten Mal in dieser Nacht. Unermüdlich schickt Stefan sein Geheul über die schwedischen Wälder hinweg, und jedes Mal ist er sicher, dass wir sie jetzt gleich hören werden. Aber es ist kein guter Tag für Wölfe. Der Wald ist totenstill, wir hören nur unser eigenes Atmen und den Schotter unter unseren Füßen, wenn wir uns bewegen. Jetzt ist es fast sechs Uhr, der Wald erwacht, die Vögel zwitschern. Selbst wenn Stefan nicht aufgeben will, irgendwo gibt es eine Grenze, denn die beste Zeit, um einen Wolf um diese Jahreszeit anzulocken, ist nun mal mitten in der Nacht. Dann sind die erwachsenen Wölfe beim Jagen, und die Welpen sind allein. Sie sind viel weniger ängstlich und viel verspielter als ihre Eltern und nicht zuletzt leichter anzulocken.

»Du darfst übrigens auf keinen Fall schreiben, wo wir waren«, erklärt Stefan mir. »Ich will keine Jäger hier haben.«

Aber ich weiß ohnehin nicht so genau, wo wir eigentlich sind. Der ganze Glaskogen besteht aus niedrigen Bergrücken, es gibt nur wenige Aussichtspunkte, und der Wald zieht sich scheinbar endlos hin. Mitte des 19. Jahrhunderts wurde mitten im Wald eine Glasfabrik gebaut, von der er seinen Namen hat. Dass man die Fabrik ausgerechnet hier errichtete, ist kein Wunder, denn der Wald war eine unerschöpfliche Rohstoffquelle mit massenweise Brennmaterial für die Schmelzöfen. In Norwegen war es der Bergbau, der so viel Holz brauchte.

Früher hieß das Gebiet Søndre Finnskogen, weil sich auch hier zunächst die Waldfinnen niederließen. Sie galten als zauberkundig und wurden beschuldigt, Werwölfe im Wald auszusetzen. Unter den Hausfundamenten von Ulverud, einer Siedlung in der Nähe von Arvika, wurden vergrabene Wolfs- und Bärenknochen gefunden, denen die Finnen magische Eigenschaften zuschrieben. Außerdem musste das Gewehrschloss mit Fett aus einem Wolfsherz eingeschmiert werden (und der Gewehrlauf mit drei Tropfen Fledermausblut). Auch Erzbischof Erik Pontoppidan spricht in seiner Naturgeschichte Norwegens von 1752 von den magischen Eigenschaften des Wolfes: Er behauptet, Wolfsfleisch steigere den Appetit, und berichtet von einer Medizin aus zerstoßenen Wolfs- und Fuchslungen, die man beim Apotheker kaufen konnte.

Pontoppidan gibt in seinem Werk eine ganze Reihe weiterer Mythen wieder: Der Bär halte sich weitgehend von den Menschen fern, erzählt er, »außer von schwangeren Frauen«, weil das Ungeborene, vor allem wenn es ein Junge sei, bei den Bären als Delikatesse gelte.[8] Eine Variante dieses Mythos lebt bis heute weiter. Es wird nämlich immer wieder behauptet, Bären suchten sich menstruierende Frauen als Beute aus. Tatsächlich hat man diese Behauptung an Eisbären in Gefangenschaft getestet: Kann ein Bär wirklich riechen, ob eine Frau ihre Periode hat? Man legte Futterhaufen aus, den ersten mit Seehundsspeck, den zweiten mit Tampons, den dritten mit gebrauchten Tampons und den vierten mit dem Blut von Frauen, die die Tampons benutzt hatten. Der Seehundsspeck gewann mit großem Abstand, gefolgt von den gebrauchten Tampons. Wenn man den Suchergebnissen auf Google glauben kann, beschäftigen sich tatsächlich einige Forscher mit diesem Thema (Suchbegriffe »tampon« und »polar bears«) …[9]

Verwirrt lasse ich mein Handy mit der Karte sinken. »Wenn ich dich hier aussetze, findest du nicht mehr heim«, bemerkt Stefan irgendwo im Wald. Ein 78 Jahre alter Pfarrer aus Schweden hat sich in der Adventszeit vor ein paar Jahren hier festgefahren, erzählt er. Der Mann hatte sich auf der Fahrt durch das Labyrinth von Forststraßen ohne Wegweiser verirrt. Es war kalt, zwanzig Grad minus, und es gab kein Handynetz. Also blieb der Pfarrer in seinem Auto sitzen, schmolz Schnee und schrieb seine Gedanken auf kleine gelbe Post-its. Nach fünf Tagen versuchte er, den Wagen zurückzulassen, aber der Schnee war zu hoch. Er wurde schnell schwächer, ausgehungert, wie er war, und ging zurück zum Auto. Dort fand man ihn einen Monat später tot auf.

Als wir zum Volvo zurückgehen, finden wir Spuren im hellbraunen Boden gleich neben der Forststraße. Die Abdrücke sind frisch und ganz sicher von einem erwachsenen Wolf und einigen Welpen, stellt Stefan erleichtert fest. Das sind gute Neuigkeiten, es gibt also doch noch Wölfe im Glaskogen-Revier. Und sie haben Junge, sie sind weder abgeschossen worden, noch sind sie geflüchtet. Sie sind nur ganz einfach schwer zu finden, wie immer.

Am liebsten würde Stefan jetzt weitersuchen, aber wir fahren dann doch nach Hause. »Was für ein Leben!«, posaunt er heraus, checkt die Karte auf seinem Smartphone und fragt, ob wir noch ein letztes Mal anhalten wollen. Er könnte ohne Ende so weitermachen, warnt Ole Kristian mich; wir haben jetzt beide genug vom Wald, vom Heulen und von der Rüttelei auf den Forstwegen. Wir wollen nach Hause. Es ist hell geworden, die Nacht ist vorbei. Und kein Lohn für all die Mühe. Es ist wirklich nicht leicht, sich dem Wolf zu nähern, stelle ich fest, kurz bevor mir die Augen zufallen. Stefan besteht darauf, dass ich wach bleibe. Jeden Moment könnte ein Wolf am Wegrand auftauchen, sagt er, es passiert ja immer dann, wenn man es am wenigsten erwartet.

Zurück in Arvika, gibt Stefan mir seine Handynummer. Ich bin akzeptiert. »Beim nächsten Mal«, sagt er. »Beim nächsten Mal finden wir den Wolf.« Dann setzt er uns vor Ole Kristians Haus ab. Es ist halb acht morgens.

Ein Wolf namens Fenris

Es gibt eine messerscharfe Grenze zwischen dem dunklen Wald auf der einen Seite und der Stadt auf der anderen. Wenn man nachts über Oslo hinwegfliegt, kann man diese Grenze zwischen der Zivilisation und dem Wald ganz deutlich erkennen. Ab und zu im Winter sieht man das Licht, das Skiwanderer mit ihren Stirnlampen mehrere Tausend Meter in die Luft schicken, als einziges Lebenszeichen aus dem ansonsten stockfinsteren Wald.

Als ich von einem Feuerwachturm auf Kjerringhøgda in der Østmarka zum Horizont blicke, kommt es mir fast so vor, als wäre Oslo nur eine kleine Siedlung im Wald, eingezwängt zwischen den bewaldeten Hängen in der Ferne. Der Wald erstreckt sich meilenweit, begrenzt nur durch den Fjord im Westen und den großen Binnensee Øyeren im Osten. Von meinem Turm aus betrachte ich dieses Meer aus Bäumen und den grünen Horizont, wo dunkle Seen wie Mosjøen und Børtervann die grüne Eintönigkeit unterbrechen. Dieses grüne Reich liegt am Rand des weltweit größten Waldes: des borealen Nadelwaldgürtels.

Die Østmarka grenzt zwar direkt an unsere Hauptstadt, ist aber trotzdem absolut wild und undurchdringlich. In diesem unwegsamen Gelände hat sich der Wolf wieder niedergelassen. Wenn die Wolfsgegner bei Demonstrationen ihre Plakate mit der Aufschrift »Ja zum Wolf, aber nur in der Stadt« schwenken, ist ihnen vermutlich nicht klar, dass die Wölfe in den Wäldern unweit von Oslo leben, sozusagen vor der Haustür von Zehntausenden Menschen, von Ellingsrud im Norden bis Enebakk im Süden. Während ich darauf warte, mal wieder mit Mats oder Stefan loszuziehen, war ich ein paar Mal in der Østmarka, um nach Wölfen Ausschau zu halten. Da komme ich schnell hin und kann meine Fahrten leichter mit Familie und Job verbinden. Doch bis jetzt habe ich nicht mal eine Schwanzspitze zu sehen bekommen. Dass ich hier auf diesem Turm gelandet bin, hat seinen Grund: Auch wenn es sich mit 250 Quadratkilometern um das kleinste Wolfsrevier in ganz Norwegen handelt, will ich sehen, wie groß und wie unübersichtlich das Gebiet ist, in dem sich Hügel und tiefe Senken mit Flüssen und Seen abwechseln bis zum Horizont. Wieder einmal kommt mir in den Sinn, was schon mehrere Wolfskenner zu mir gesagt haben: Es braucht viel, um einem Wolf zu begegnen, schon gar, wenn man es planen will, selbst in kleinen Revieren. Und wenn man dann an das Glaskogen-Revier denkt oder an die großen Reviere in Hedmark, beispielsweise das Slettås-Revier, das fünf Mal so groß ist? Das ist wohl der Grund, warum so viele, die sich professionell mit Raubtieren beschäftigen, noch nie einen Wolf gesehen oder gehört haben. Als der international bekannte Wolfsforscher David Mech auf der kleinen Insel Isle Royale seine Feldstudien betrieb, lebte er drei Sommer lang dort, legte mehr als 2500 Kilometer mit dem Auto zurück und bekam nur drei Mal einen Wolf zu sehen. Und das in einem Revier, das gerade einmal fünfhundert Quadratkilometer groß ist.

Nun verhält es sich aber so, dass die Wölfe ab und zu in der

Østmarka auftauchen, gern auch in dicht besiedeltem Gebiet in der Nähe des Waldrandes. In Lørenskog haben sie die Apfelgärten geplündert, und sie sind auch schon bei Rælingen an der E6 gesichtet worden. Vor ein paar Jahren wurde ein Wolf in der Nähe des Bahnhofs Nyland im Groruddal von einem Zug erfasst und getötet, in einer Gegend also, wo es Eisenbahnschienen, Autostraßen, Bürogebäude und Lagerhallen gibt. In der Regel taucht er ganz plötzlich und unerwartet auf, beim vierzehnten Loch eines Golfplatzes oder in der Nähe einer Loipe. Der Golfer hieß André, der Skiwanderer, der mit seinem Hund unterwegs war, Henry, und beide wurden in den lokalen und überregionalen Medien gebührend gefeiert. Am Ende ist es immer das alte Spiel: Um in der Østmarka einen Wolf zu sehen, braucht man entweder sehr viel Glück oder extrem viel Geduld. Obwohl ich weiß, dass meine Touren in die Østmarka vermutlich Zeitverschwendung sind, ist die Chance, einen Wolf zu sehen, dort immer noch größer, als wenn ich zu Hause auf dem Sofa sitze und darauf warte, dass Mats oder Stefan mich einmal wieder mitnimmt.

Hoch über mir sehe ich die Kondensstreifen eines Flugzeugs. Der Wind zerrt an meiner Jacke, schnell ziehende Wolken verdecken immer wieder die Sonne. Vom Brandturm aus, umgeben von Wald, der sich in alle Himmelsrichtungen ausbreitet wie ein Fell auf der Haut der Erde, sieht es aus, als wäre er immer schon da gewesen. Aber als Geologe weiß ich natürlich, dass sich die Landschaft verändert. Innerlich fasse ich die Höhepunkte der geologischen Zeitrechnung zusammen, vom Permzeitalter, als die Vulkane glühende Lava dort ausspuckten, wo wir heute von der »Oslospalte« sprechen, über die Trias, als sich Wüste über der öden Landschaft ausbreitete, bis hin zu dem katastrophalen Ereignis, das die Nordhalbkugel erschütterte. Die letzten 2,6 Millionen Jahre haben sich mindestens vierzig Eiszeiten, gefolgt von ebenso vielen Warmzeiten, über die Landschaft ausgebreitet, und es ist erst 20000 Jahre her, dass sich eine mehr als zweitausend Meter dicke Eiskappe über die heute bewaldeten Höhen schob.

Vor mehr als zehntausend Jahren zog sich das Eis schneckenlangsam zurück. Nicht nur Skandinavien, sondern auch der Norden von Deutschland, England, Russland und Nordamerika lagen blank poliert und wettergegerbt da, praktisch ohne jede Spur von Leben, wie ich schon erwähnt habe. Keine Wälder, keine Wölfe, keine Menschen. Das Ende der letzten Eiszeit stellte eine Art Stunde null für diese Gebiete dar. Während die tropischen Wälder sich in mehreren zehn Millionen Jahren entwickeln konnten, ohne dass eine Eiszeit alles Leben auslöschte, hatten die Wälder im Norden – und das gilt eben auch für Skandinavien – gerade einmal zehntausend Jahre Zeit. Das hatte verschiedene Auswirkungen: Bei uns ist die Artenvielfalt eher gering, nur dreißig Baumarten finden sich in Norwegen, ein kleiner Bruchteil dessen, was die Regenwälder mit ihren Zehntausenden von Baumarten zu bieten haben.[1] Eine Fläche von ein paar Quadratmetern tropischem Regenwald kann fünfzig Mal so viele Baumarten aufweisen wie der gesamte riesige boreale Waldgürtel, die sogenannte Taiga, die sich von Skandinavien bis weit nach Sibirien erstreckt.[2]

Dass die Artenvielfalt vom Äquator zu den Polen abnimmt, ist wohlbekannt und wurde schon Anfang des 19. Jahrhunderts von Alexander von Humboldt festgestellt.[3] Abgesehen von der Tatsache, dass die Ökosysteme in Äquatornähe mehr Zeit hatten, um sich in Ruhe zu entwickeln, ohne von den Eiszeiten gestört zu werden, gibt es noch weitere Theorien, die zur Begründung herangezogen werden. Eine davon ist die Annahme, dass die Nettoproduktion der Fotosynthese in den Regenwäldern viel höher ist, weil es wärmer, sonniger und feuchter ist. Man vermutet, dass dies ebenfalls zu der größeren Artenvielfalt beiträgt.

Ein Thema, mit dem ich mich in letzter Zeit sehr intensiv beschäftigt habe, ist die Art, wie der Wald insgesamt und die verschiedenen Baumarten im Einzelnen die öde Landschaft zurückerobert haben. Im Herbst war ich mit dem Botaniker Aage Paus und einigen Studenten auf Wandertour in Westnorwegen. Es war ein seltsames Erlebnis: Sie ließen ständig irgendwelche lateinischen Begriffe fallen und erkannten Kräuter, Flechten und Moose, von denen ich noch nie etwas gehört hatte. Am faszinierendsten war es, mit ihnen am Gletscher Nigardsbreen in Sogn og Fjordane zu stehen, der wie eine hellblaue Zunge zwischen den Bergen lag. Als der Gletscher während der kleinen Eiszeit mehrere Kilometer weit ins Tal vordrang, nahm er Wälder mit und riss auch den Hof Nigard (daher sein Name) weg. Dann hat er sich zurückgezogen. So ist das Tal zu einer Art Labor für Pflanzeninteressierte geworden, zu einem Ort, an dem sie sehen können, welche Arten sich als Erste wieder ansiedeln. Die sogenannten Pionierpflanzen tauchen nach Naturkatastrophen, wie es die Eiszeiten sind, bald wieder auf. Zu ihnen gehören Heidekraut, Preiselbeere, Krähenbeere, verschiedene Moose, das Gemeine Fettkraut sowie der Fußklee. Die beiden Letztgenannten haben eigenartige Methoden entwickelt, um an den Stickstoff zu kommen, den sie zum Wachstum brauchen. Das Gemeine Fettkraut fängt mit seinen klebrigen Blättern Insekten ein, die Stickstoff enthalten. Es ist also eine fleischfressende Pflanze. Der Fußklee ist eine Symbiose mit Bakterien eingegangen, die Stickstoff binden. So sind die beiden Pflanzen entscheidend daran beteiligt, Humus zu schaffen, aus dem dann irgendwann größere Pflanzen und Bäume wachsen können.

Es war interessant zu beobachten, wie der verkrümmte Birkenwald die Berghänge erobert hatte, nur ein paar Hundert Jahre nachdem der Gletscher das Tal gefüllt hatte. Die robusten Birken, die ihre Samen im Sommer selbst verteilen, wirken schroff und kühl – ein echter Baum des Nordens. Schon der norwegische Name Bjørk klingt entsprechend. Bei dem Dichter Hans Børli kommt die Birke ständig vor, sie wird in seinen Gedichten etwa hundert Mal erwähnt.[4] An einer Stelle dankt er der Birke, dass sie mit ihren weißen Stämmen vor dem dunkelgrünen Hintergrund des Nadelwaldes steht. »Du machst den Wald weniger dunkel«, schreibt er. Die weiße Farbe kommt übrigens von dem Stoff Betulin und schützt den Stamm, weil der weiße Farbstoff das Sonnenlicht reflektiert. Betulin wirkt auch gegen Bakterien und Viren – es wird in der Medizin verwendet.

So wie sich der Birkenwald vor dem Nigardsbreen angesiedelt hat, so eroberte er auch nach der großen Eiszeit schnell das Land. Hätte ich vor etwa zehntausend Jahren hier stehen und über die Østmarka blicken können, dann hätte ich einen hellen, offenen Birkenwald zu sehen bekommen. Nach einer Weile wanderten weitere Baumarten ein: Espe, Salweide, Eberesche und Vogelkirsche. Das lässt sich anhand von Pollendiagrammen aus Mooren und Teichen nachweisen. Und irgendwann kam der edelste unserer Bäume – die Kiefer.[5] Reste dieser ersten Kiefernwälder habe ich in Mooren und Teichen in der Nähe unserer Hütte in Rondane gefunden.

Jedes Land, jeder Kontinent hat seine eigene Einwanderungsgeschichte. In Skandinavien etablierten sich früh die Kiefern- und Birkenwälder; in Russland und Nordamerika dominierten die Fichten unmittelbar nach der Eiszeit.[6] Die nordamerikanischen Wälder sind übrigens artenreicher als unsere, und der Grund dafür ist interessant: In Amerika verlaufen die Bergketten in Nord-Süd-Richtung, sodass die Arten ungehindert nach Norden wandern konnten, als sie nach dem Ende der Eiszeit ihre Zufluchtsorte im Süden verließen. In Europa verlaufen sowohl die Alpen als auch die Pyrenäen in Ost-West-Richtung, sodass sie praktisch eine Mauer zwischen dem kalten Norden und dem lebensfreundlicheren Süden bildeten. Vor der Eiszeit gab es auch in Europa Hickory- und

Mammutbäume, sie lassen sich als Fossilien nachweisen, aber als die Eiszeit kam, hatten sie keine Möglichkeit, sich in den sicheren Süden zurückzuziehen. In Nordamerika gelang ihnen das.

Dass der Wald das blank gescheuerte, leblose Land nach der Eiszeit wieder zurückerobern konnte, muss auf Menschen und Tiere Eindruck gemacht haben. Sowohl die Jäger als auch die Wölfe folgten der Eiskante auf der Jagd nach Rentieren nach Norden, entweder von Osten, ausgehend von Finnland und Russland, oder von Süden. Schon zu dieser Zeit konkurrierten Mensch und Wolf um dieselbe Beute. Allen, die behaupten, der Wolf gehöre nicht nach Norwegen, sei es deutlich gesagt: Immer dann, wenn keine Eiszeit herrschte, trabten diese Raubtiere selbstverständlich durch unser Land. In der Norcem-Höhle in Nordland sind 40 000 Jahre alte Wolfsknochen gefunden worden.

Als ich kürzlich durch die Østmarka radelte, kam ich auf Ekeberg mit dem Verwalter ins Gespräch. Eine schöne Lindenallee führt zu dem herrschaftlichen Hof, der direkt am Waldrand liegt. Ich war an diesem Tag genau wie heute auf der Suche nach Wölfen, aber in einem etwas anderen Gebiet. Der Verwalter ist ausgebildeter Forstwirt und erwies sich als Seelenverwandter. Sein ganzes Leben hat er im Wald zugebracht, hat abgeholzt, aufgeforstet und gejagt, erzählte er mir über den Zaun hinweg. Als ich ihn fragte, ob er schon mal einen Wolf gesehen habe, betrachtete er mich zunächst eindringlich mit strahlend blauen Augen und ausdrucksvoller Miene. »Vier Mal«, sagte er dann. Aber um meine Erwartungen zu dämpfen, fügte er sofort hinzu: »Man sieht den Wolf immer dann, wenn man ihn am wenigsten erwartet. Planen kann man so etwas nicht. Ich bin täglich im Wolfsrevier unterwegs, aber ich bin sicher, die Wölfe sehen mich viel öfter als ich sie.« Die Wildkameras haben unzählige Fotos von Wölfen aufgenommen, die ihnen trotz aller Scheu und Wachsamkeit direkt vor die Linse gelaufen sind. Der Verwalter klagt darüber, dass der Elchbestand seit der Rückkehr der Wölfe zurückgegangen ist, aber er hat nichts gegen die Räuber. Sie gehören schließlich hierher, lautet sein knapper Kommentar.

Nachdem wir unser Gespräch über die Wölfe beendet haben, zeigt er mir den Garten des traditionsreichen Hofes. Die Schriftstellerin Ragnhild Jølsen ist hier aufgewachsen, eine Frau, die in ihrem kurzen, ereignisreichen Leben einiges über die Mystik des Waldes geschrieben hat: über beseelte Bäume, Raubtiere und Sagen. »In der großen Tiefe leben die Sagen«, schrieb sie. »In tiefen Höhlen, im tiefen Wald und in den tiefen Seen.« Im Garten neben dem stattlichen weißen Wohnhaus sind sibirische Lärchen angepflanzt worden. Wir redeten darüber, dass sie weiter nördlich wachsen als jede andere Baumart und dass man an den Stränden von Spitzbergen jede Menge Lärchenholz findet, das von Nordrussland dort angetrieben wird. So viel, dass man das Holz früher sogar exportierte, obwohl die arktischen Inseln ganz und gar baumlos sind.

Dann zeigte mir der Verwalter eine Drehkiefer, auch Küstenkiefer genannt, die eigentlich an der Westküste der USA zu Hause ist. Sie wächst schnell, aber ihr Holz taugt nicht viel. Im Garten reckten sich zudem zwei mächtige Blutbuchen in den Himmel. Ihr zartes Blattgewebe enthält Antocyanine, eine Art Sonnenschutzmittel, das UV-Strahlen blockiert und so einen Teil der Lichtenergie – das rote Spektrum – absorbiert.

Wir sprachen auch über die Geschichte des Waldes und seine ständige Veränderung. Und dann erzählte er mir von einem bemerkenswerten Fund. Als man hier einen neuen Waldweg anlegte, kam man durch ein Moor. Darin fanden sich schwere Eichenstämme, Reste eines Eichenwaldes, wie man ihn heute in der Østmarka nicht mehr findet, weil er vom Fichtenwald verdrängt worden ist. Der Verwalter wusste gut Bescheid und nickte sofort, als ich erwähnte, die Stämme seien vermutlich Überreste aus einer Warmzeit, während der sich Laubbäume wie Eichen, Linden, Ulmen und Eschen bei uns angesiedelt hatten. Ich muss zugeben, dass ich diese luftigen Laubbäume sehr mag. Ich wandere gern unter Linden und Ulmen bei Farsund, im Buchenwald bei Larvik oder durch die Eichenwälder bei Grimstad.

Eine Wanderung im dichten Laubwald bei Ålvik im Hardangerfjord ist mir besonders gut in Erinnerung. Ich betrat einen Wald, der Tolkiens *Herr der Ringe* hätte entsprungen sein können. Nieselregen drang durch jede Pore meiner Regenjacke, der Waldboden war dunkel von Gewächsen und schwer vom Regen. Dort, wo Licht durch das Blätterdach drang, wuchsen Quirlblättriger Weißwurz, Winkel-Segge, Wald-Zwenke und Waldmeister, und es duftete stark nach verblühtem Bärlauch. Ulmen, Eschen und Eichen standen dort. Einzelne Bäume besaßen bizarre Formen; eine Linde breitete sich aus wie eine Krake, die ihre Tentakel in den schattigen Wald schiebt. Die seltsamen Formen der Linden, aber auch Ulmen in diesem Wald sind eine Folge der Tatsache, dass die Zweige und Blätter seit Generationen geschnitten und als Tierfutter verwendet wurden.[7]

Dieser Laubwald ist nicht wie ein Heer hier einmarschiert. Nein, die ersten Bäume kamen wohl als Einzelgänger; der älteste Fund einer Eiche in Norwegen ist ein verbrannter Baumstumpf an einem steinzeitlichen Wohnplatz in Rogaland, 10 700 Jahre alt. Die Eichen kamen früh, aber Pollen dieser wärmeliebenden Bäume findet man in den entsprechenden Ablagerungen in Mooren und Teichen kaum. Echte Eichenwälder sind also wohl eine spätere Erscheinung. Erst vor sechs- bis siebentausend Jahren siedelten sich Eschen, Linden, Ulmen und Eichen bei uns ernsthaft an und bildeten große Wälder. Zu diesem Zeitpunkt war der Humus weit genug entwickelt, und auch die Sommer waren wärmer als heute. Wäre ich zu jener Zeit durch die Østmarka gewandert, dann hätte ich in den heute mit Fichten gefüllten Senken wohl große Laubbäume gesehen. Und abgesehen von den Wildtieren, die wir heute bei uns antreffen, schlichen auch Wildkatzen und Wildschweine durch große Teile unseres Landes.[8] Sogar Knochenreste einer wärmeliebenden Sumpfschildkröte wurden in Skåne gefunden, und es gibt Theorien, die davon ausgehen, dass die Schildkröten sogar bis ins norwegische Østfold vordrangen.

Als unsere Vorfahren vor etwa fünftausend Jahren anfingen, Ackerbau zu betreiben, nahmen sie sich zuerst die fruchtbarsten Gegenden vor – jene, in denen Laubbäume wuchsen. Das machte den Bäumen recht bald den Garaus, denn die Menschen fällten sie und brannten sie nieder. Besonders hart traf es die Küstenwälder. Pollendiagramme aus Mooren und Teichen in den Regionen Jæren und Lista zeigen, dass diese heute praktisch baumlosen Gebiete einst von luftigem Laubwald bedeckt waren. In seinem klassischen Werk *Om Diur, Fiske, Fugle oc Trær udi Norrig* (Über Tiere, Fische, Vögel und Bäume in Norwegen) aus dem Jahr 1599 beschrieb Peder Claussøn Friis Baumstümpfe in den Mooren und Teichen von Jæren. Aus alten Sagen entwickelte er eine Theorie, warum der Wald verschwunden war: Vor langer Zeit sei ein kräftiger Wirbelsturm von Westen gekommen und habe die Küste verheerend getroffen. Durch Egersund und über Lista sei er gezogen und dann wieder Richtung Meer abgedreht. Danach war der Wald zerstört, und der Wind »verdarb die Erde, sodass dort keine Bäume mehr wachsen konnten«. Aber es war kein großer Sturm, der den Küstenwald vernichtete – es waren die Menschen. Der Wald wurde niedergebrannt, um Futter für die Haustiere anbauen zu können. In der Asche wuchs alles gut, und die ersten Heidekrautschösslinge waren ein beliebtes Futter. So entstanden die endlosen Küstenheideflächen, die sich heute von Portugal im Süden bis zu den

Lofoten im Norden erstrecken, auch auf den einst bewaldeten Inseln im Atlantik: Island, Shetland, Orkney und die britischen Inseln. Dass die Menschen der Jungsteinzeit die Wälder an den Küsten abholzten und niederbrannten, war der größte Eingriff in die Natur, den der Mensch je bewerkstelligt hat, sagte ein Botaniker einmal zu mir.[9]

Die Verdrängung der Laubwälder hatte auch zur Folge, dass das Klima vor etwa zweitausend Jahren stetig kühler und feuchter wurde. Diese Klimaveränderung wiederum bahnte einer anderen Baumart den Weg, nämlich unserer Fichte. Wenige Ereignisse haben die Landschaft des Nordens mehr geprägt als die Einwanderung der Fichte. Als ich jetzt auf dem Wachturm in der Østmarka stehe, kann ich mir kaum vorstellen, wie ein Wald ohne Fichten aussehen sollte. Sie ist einfach allgegenwärtig, von den tiefsten Senken bis zu den lang gestreckten Bergrücken. Von seinem Rückzugsgebiet in Russland brauchte der Fichtenwald lange, um Skandinavien zu erobern. Der Samen reift spät und verbreitet sich nur mühsam. Erst vor sechstausend Jahren erreichte die Fichte Finnland als waldbildender Baum, vor 3500 Jahren kam sie nach Schweden. Nach Norwegen drang sie über zwei Pässe vor, der eine in Trøndelag, der andere im Finnskogen. Das war vor etwa zweitausend Jahren. Je weiter man nach Westen kommt, desto jünger ist der Fichtenwald. In West-Telemark ist er gerade einmal sechs- bis siebenhundert Jahre alt. Es dauert eine Weile, bis man einen ganzen Kontinent kolonisiert.

Heute beherrscht der Fichtenwald das Gebiet vor mir und färbt den Horizont grün. Es wirkt so, als hätte es hier nie anders ausgesehen. Und natürlich gilt die Fichte heute als ein typischer Baum des Nordens. »Schnee und Fichtenwald«, schreibt Tarjei Vesaas, »das sieht nach Heimat aus.« Aber in der Østmarka kam der Fichtenwald erst vor 1400 Jahren an – und prägte das Aussehen der Wälder unwiderruflich. Der Laubwald wurde ausgelöscht, die Kiefern an die steilen, trockenen Berghänge und in die Moore verdrängt. Und wenn Höfe aufgegeben wurden, beispielsweise zur Zeit der Pest, dann übernahmen die Fichten sehr schnell das Land, wie man in Pollenanalysen sehen kann. Bis heute setzt sich die Invasion der Fichte fort, sie breitet sich immer weiter nach Westen und Norden aus. An einzelnen Stellen ist sie aus eigener Kraft dorthin gekommen, wie in Granvin in Hardanger. An anderen Orten wurde sie angepflanzt, wie die mittlerweile verhasste Sitka-Fichte aus Nordamerika. Aus zarten Anfängen vor zweitausend Jahren hat die Fichte unser Land erobert. Kaum ein anderer Baum beherrscht unsere Wälder so sehr wie sie.

In der Østmarka können wir heute über von Kiefern bedeckte Bergrücken in Nord-Süd-Richtung wandern und in tiefe, nur schwer zugängliche Talsenken absteigen. Dieses unwegsame Gelände, ein perfekter Ort für die scheuen Wölfe, entstand vor eineinhalb Milliarden Jahren. Zuerst erstarrte der Fels tief unter der sogenannten gotischen Bergkette, um dann, ein paar Hundert Millionen Jahre später, noch tiefer gedrückt zu werden, als die sogenannte svekonorwegische Bergkette entstand. Die Bergketten brachen zusammen, wurden von Eis und Wasser weggescheuert und erodierten, sodass der harte, beständige Stein stehen blieb wie hartes Holz in einem alten Dielenboden. Und so stehen sie bis heute dort, die Talsenken und Bergrücken in Nord-Süd-Richtung, die seit einer halben Ewigkeit so typisch für die Østmarka sind und jede Wander- und Skitour in Ost-West-Richtung zu einer mühsamen Angelegenheit machen.

Nachdem ich einen Eindruck von der Größe des Wolfsreviers bekommen habe, steige ich von dem Wachturm herunter und mache mich auf den Weg in den Wald. Bevor die Østmarka von den vielen Wanderern erobert wurde, waren hier hauptsächlich Waldarbeiter, Hirten, Bauern, Jäger und Geächtete unterwegs. Erst im 19. Jahrhundert fingen die Menschen an, sich zu ihrem Vergnügen im Wald aufzuhalten. Weiter nördlich in der Østmarka baute Mitte des 19. Jahrhunderts Thomas Heftye, der Bankier und spätere Mitbegründer des Norwegischen Wandervereins seinen Landsitz Sarabråten. Dorthin pilgerten prominente Gäste, sowohl aus der königlichen Familie als auch aus der Kulturelite. Die Ersten, die Geschmack am Freiluftleben fanden, waren also Angehörige der Oberschicht. Sie begaben sich aufs Land, machten Ausflüge in den stadtnahen Wald, und die erste Hütte des Wandervereins, Krokan, wurde denn auch unweit von Rjukan im Wald erbaut. 1871 war sie fertig und konnte die ersten Gäste aufnehmen.

»Der Wald soll in Ehren gehalten werden … mit Hinblick auf die seelische Gesundheit, sodass der Puls des Volkslebens voll und frisch schlagen kann«, fasste Peter Christen Asbjørnsen den Zeitgeist zusammen. Das hieß, der Wald war nicht mehr nur ein Gebiet, das man »nutzte«, sondern man genoss ihn auch. Wenn man heute Wanderer fragt, was sie im Wald suchen, bekommt man vielfältige Antworten: Sie wandern, suchen Beeren, jagen Elche, genießen die Vorstellung, dass hier übernatürliche Wesen leben, sie schlagen Holz, verbringen ihre Ferien hier, suchen Pilze – oder eben Wölfe.

Unterhalb eines Steilhangs, der mit dichtem Fichtenwald bewachsen ist, ziehe ich meines Weges. Die Bäume lassen kein Licht bis zum Waldboden durch, der entsprechend braun und tot aussieht, typischer Fichtenboden. Am Ende lande ich in einem der langen, nach Norden führenden Täler. Hier wachsen Weiden und Fichten, die den Wald dunkel und märchenhaft machen. Ich überquere feuchte Moorflächen mit weichem, dickem Torfmoos. Hier und da muss ich über moosbedeckte Felsen balancieren oder über umgestürzte Baumstämme klettern. Genau diese Wildheit mag ich an der Østmarka. Hier habe ich gelegentlich das Gefühl, der erste

Mensch zu sein, der seinen Fuß auf diesen Boden setzt. Kein Wunder, dass ich oft hier bin. Im Prinzip könnte man ein ganzes Leben damit zubringen, diesen Wald kennenzulernen.

Auf einem Baumstumpf finde ich etwas Losung. Ich rühre mit einem Stöckchen darin – hätte mir vor einem Jahr jemand gesagt, dass ich demnächst anfangen werde, Kot auf diese Weise zu betrachten, dann hätte ich ihn für verrückt erklärt. Der Kot enthält weder Haare noch Knochenstücke, stammt also vermutlich von einem Hund und nicht von einem Wolf. Trotzdem versuche ich, ein paar Spuren zu folgen, die übers Moor gehen. Aber sie sind bald nicht mehr zu sehen, und ich könnte ohnehin nicht unterscheiden, ob sie von einem Fuchs, Hund oder Wolf stammen.

Wie auch sonst in Skandinavien ist die Rückkehr der Wölfe in die Østmarka eine neue Erscheinung. Der erste Wolf, Fenris genannt, ließ sich hier im Jahr 2012 nieder. Er kam aus Schweden wie so viele Wölfe bei uns im Land, und die DNA-Analyse zeigte, dass er aus dem Dalsed-Halden-Revier im Grenzgebiet gekommen war. Doch früher hatten hier natürlich auch schon Wölfe gelebt. Es gibt einige Orte mit Gråbein, Graubein, im Namen und einen Ort namens Ulverud. Aber Ende des 19. Jahrhunderts war das vorbei, der Wolf wurde in ganz Norwegen ausgerottet.

Nach Fenris kam die Wölfin Frøya. Die beiden wurden ein Paar und legten den Grundstein für das Rudel, das heute in der Østmarka lebt. Und wenn die Menschen erfahren, dass es in einem Gebiet Wölfe gibt, sehen sie sie auf einmal überall. Sehr oft werden Wölfe mit Rehen, Füchsen oder Hunden verwechselt. Selbst auf Bygdøy, das zum Stadtgebiet von Oslo gehört, mussten die Wildtierexperten ausrücken, um eine angebliche Sichtung eines Wolfs zu untersuchen. Das wäre dann allerdings ein besonders mutiger Wolf gewesen, denn er hätte sich durch Bauernland und dann auch noch über die E18 schleichen müssen.

Frøya ist irgendwann spurlos verschwunden. Daraufhin suchte sich Fenris eine seiner Töchter als Partnerin aus. Die Inzucht ist ein großes Problem für die norwegische Wolfspopulation.[10] Jan Wilberg, der in der SNO für die Wölfe verantwortlich ist, hat einmal zu mir gesagt: Das Wolfsrudel in der Østmarka erinnert ein bisschen an die europäischen Königshäuser im 18. Jahrhundert. Deshalb freuen sich die Wolfsschützer ebenso wie die Naturschutzbehörde und die Forscher, wenn einmal wieder ein Wolf aus Russland einwandert: Er bringt frisches Blut und eine neue Komponente für den Genpool mit.

Durch eine Senke komme ich wieder auf den Weg. Nach allem, was ich gehört habe, sind die Wölfe gerade hier besonders oft unterwegs. Im letzten Winter wurden ihre Spuren bis zum Parkplatz bei Bysetermåsan gefunden. Der Wolf war skeptisch an der Wegschranke stehen geblieben und dann doch lieber wieder in den Wald verschwunden. In Ermangelung besserer Möglichkeiten suche ich nonchalant nach Spuren am Wegrand, aber jetzt, im Herbst, wo kein Schnee liegt, ist das pure Zeitverschwendung. Zurück am Auto, schicke ich Stefan eine SMS und frage ihn, ob wir nicht bald einmal wieder zusammen losziehen wollen.

Wolfsmenschen

Bäume im Herbst – wenn sie den Sommer hinter sich haben, sehen wir, was in ihnen steckt. Jahresringe, neues Holz, Kraft und Schwäche, Knochen oder Fleisch. Sie sind hilflos«, schreibt Rolf Jacobsen. Der Herbst hat auch bei uns wieder das Regiment übernommen und seine Farben über dem Wald ausgeschüttet. Stefan und ich fahren in seinem Land Rover auf Forststraßen. Im Laufe des Sommers hat das Chlorophyll die Bäume auf dem Weg der Fotosynthese »gemästet«, sodass sie ihre Äste noch höher in den Himmel strecken konnten. Die Blätter haben das Blau und Rot aus dem Farbspektrum des Lichts gezogen und grünes Licht zurückgeschickt. Jetzt sorgen die kürzeren Tage und die Kälte dafür, dass sich die Bäume zur Winterruhe zurückziehen; die Maschine der Fotosynthese wird abgeschaltet, das Chlorophyll baut sich ab, und das Grün verschwindet. Es ist, als würde man einen Schleier über die Natur ziehen. Die Blätter werden gelb und orange von Karotinoiden, also jenen Pigmenten, die auch der Möhre ihre charakteristische Farbe verleihen. Die Bäume ziehen wichtige Stoffe und Nahrung, vor allem Glukose, in die Ansatzstellen der Zweige zurück und lagern es dort in kleinen, dunklen Knollen.

Stefan macht sich nicht viel aus den Herbstfarben. Er sucht verzweifelt Kontakt zu den Wölfen. »Das ist das schlechteste Jahr überhaupt«, sagt er. »34 Nächte war ich draußen, 34 Nächte!« Wir rattern auf groben Wegen durch die Dämmerung. In den Talsenken ist die Herbstfärbung noch ganz intensiv, oben auf den Bergrücken stehen die Bäume nach ein paar Frostnächten schon kahl da.

Immerhin hat Stefan Welpen gesehen. Zwei Mal hat er Kontakt mit ihnen gehabt. Und damit weiß er jetzt auch, wo das Kerngebiet des Rudels liegt. Dort hatte sich die Gruppe den ganzen Sommer über aufgehalten. Dann jedoch kamen die Elchjäger, und die Wölfe wurden verschreckt. Seitdem ist das Rudel wie vom Erdboden verschluckt. Außerdem war das Wetter furchtbar schlecht. Bei Wind und Regen hört man das Heulen nicht so weit. Deshalb fährt Stefan jetzt in den Nächten durch den Glaskogen – so wie heute. Denn theoretisch ist es die richtige Jahreszeit. Die Welpen sind noch klein und neugierig, und wenn sie allein sind, ohne erwachsene Wölfe, die dafür sorgen, dass sie sich still verhalten, dann braucht es nicht viel, und sie antworten auf Stefans Geheul.

»Es ist wie eine Droge. Ich muss sie wieder finden«, grummelt Stefan, als ich ihn frage, warum er nicht irgendwann die Lust verliert. Es ist, als würde ein tief sitzender Drang ihn antreiben, die Wildtiere aufzuspüren, erklärt er mir. Er schnappt sich eine Handvoll Kartoffelchips und nimmt einen Schluck von einem Energydrink, bevor er herausplatzt: »Heute haben wir Glück. Heute Abend finden wir sie.«

Auch meine Geduld ist allmählich strapaziert. Ich bin durchs Land gereist, durch die Wälder getrabt, aber die paar Wölfe, mit denen ich Kontakt hatte, waren entweder ausgestopft oder tiefgefroren. Ich ahne, dass es noch viele vergebliche Touren geben wird, doch die Hoffnung, dass dies *mein*

Abend sein wird, ist ungebrochen. Deshalb bin ich ja schließlich die zwei Stunden bis zu Stefan gefahren.

Er stellt den Land Rover an einem See ab; wir steigen aus. Die Bäume stehen als schwarze Silhouetten vor dem dämmrigen Himmel. Der See liegt spiegelglatt da, ohne jedes Kräuseln. Es ist ganz still, nur die Bäume schwanken sachte im Wind, und der Motor knackt beim Abkühlen. »Vor ein paar Wochen habe ich sie hier ganz zufällig gesehen«, flüstert Stefan. Dann geschieht dasselbe wie beim letzten Mal: Stefan legt die Hände an den Mund, atmet tief ein und stößt ein kräftiges Heulen aus. »Jetzt rufe ich: Wo seid ihr?«, sagt er leise. Und dann lauschen wir. Er wiederholt das Geheul mehrere Male, aber es kommt keine Antwort, nur das Rauschen der Bäume zieht durch die Wildnis. Die Wölfe scheinen wirklich verschwunden zu sein. Still stehen wir noch eine Weile da und horchen, bevor wir ins Auto steigen und weiterfahren.

Bei manchen Menschen kann man keinen Anfang festmachen, sie hatten immer schon diesen ganz besonderen Drang, schon seit sie geboren sind. Stefan erinnert sich nicht, wann seine Liebe zur Natur erwachte. Er kann von einzelnen Erinnerungen berichten, weiß noch, dass er mit zwei Jahren sämtliche Tiere in Kolmården benennen konnte. Ein Jahr später fing er zum Entsetzen seiner Eltern an, Schlangen zu sammeln und unter jeden Stein zu schauen, um sie zu finden. Und er wurde nie gebissen, obwohl er giftige und ungiftige Schlangen nicht unterscheiden konnte. Er spielte mit Plastiktieren und sammelte alles, was er in der Natur fand: Nadeln, Moos, Flechten, Kräuter und Insekten. Später, mit zwölf Jahren, hatte er mehrere Terrarien im Zimmer, in denen verschiedene Tiere und vor allem Reptilien lebten. Er besaß Pythons und Boas, Giftschlangen, Schildkröten, Spinnen, Skorpione und Echsen. Am Ende war das Zimmer so vollgestellt, dass man sich kaum mehr darin bewegen konnte.

In einem Sommer gelang es ihm, eine verletzte Fledermaus

aufzupäppeln. Ein anderes Mal erbarmte er sich einer Giftschlange, der er den Namen »Fläcken« gab. Jedes Mal, wenn sie sich häutete, notierte er sich das Datum, und die Häute klebte er in ein Album. Nachts stieg er zum Fenster hinaus und lief durch den dunklen Wald. Um die Eltern nicht zu wecken, zog er sich Socken über die Schuhe. In schwarzer Kleidung schlich er sich an Füchse, Rehe und Igel an. Wenn er sich durch Gebüsch wand oder auf Bäume kletterte, fühlte er sich wie eine Art Ninja. Erst im Morgengrauen ging er nach Hause zurück. Als Teenager radelte er meilenweit, um ein Vogelnest anzusehen, am liebsten die Horste von Königs- und Fischadler. Und dann saß er tage- und nächtelang da und wachte über das Nest.

Seine Besessenheit führte ihn auch hinaus in die Welt. Als Siebzehnjähriger fuhr er allein nach Mittelamerika, nicht um am Strand zu liegen und zu chillen, das kann er gar nicht, sondern um Tiere aufzuspüren. In Costa Rica lebte er eine Weile allein in einem Versteck im Dschungel und fing Schlangen, Spinnen und Skorpione. Als er zurückkam, hatte er zehn Filmrollen mit Fotos im Gepäck, und auf keinem einzigen war ein Mensch oder ein Gebäude zu sehen. Er schmuggelte vier giftige Skorpione nach Norwegen, einen davon mit 45 Jungen auf dem Rücken, und auch eine tödlich giftige Wanderspinne fügte er seiner Sammlung hinzu. Dazu steckte er je ein Tier in eine Zigarettenschachtel, die er sich mit einem Tapeband um den Oberkörper wickelte, sodass es aussah, als trüge er einen Sprengstoffgürtel. Auf diese Aktion ist er heute nicht mehr besonders stolz, aber als Teenager, der von Insekten geradezu besessen war, ist er manchen krummen Weg gegangen.

Sieben Kontinente und fast hundert Länder hat er bereist, immer auf der Suche nach Tieren. Er ist durch Südamerika getrampt, hat unter Brücken und unter freiem Himmel geschlafen. Viele Male war er in Afrika. Auf der letzten Tour ist er fast den ganzen Weg von Schweden nach Marokko geradelt, eine Idee, auf die er ganz kurzfristig gekommen war.

Als ich Stefan frage, welche Tiere er gesehen hat, schweigt er kurz. Dann sagt er: »Frag mich lieber, welche ich nicht gesehen habe. Das kann ich dir nämlich sagen: Tiger und Eisbär.« Die Höhepunkte waren die Orang-Utans und Nasenaffen im Dschungel von Borneo und die größte Giftschlange der Welt, die Königskobra, der er zentimeternah gegenüberstand. Ein paar Mal wäre er fast draufgegangen: In der kanadischen Wildnis richtete sich ein Grizzly sechs Meter vor ihm auf. In Ruanda war er einem kräftigen Berggorilla so nah, dass er dessen Atem spüren konnte, als der Riese sich brüllend an die Brust schlug. Vor der Küste der Philippinen sprang er ins Meer, als ein großer Walhai unter seinem Boot entlangstrich. Und wenn ich ihn frage, ob er Angst hatte, sagt er, normale Menschen hätten in solchen Fällen Angst, aber er, nein, Furcht kenne er nicht. Für ihn ist es ein Kick, eine Art Rausch.

»Mein heftigstes Erlebnis hatte ich tatsächlich in Schweden«, erzählt er. Da begegnete er einer zwei Jahre alten Bärin, die an einem Hang stand. Er folgte ihr, wollte sie herausfordern, und als sie sich ihm entgegenstellte, blieb er stehen und rief: »Jetzt reicht es aber. Bleib stehen! Bleib stehen!« Fünf Meter vor ihm hielt sie an, machte zwei Scheinangriffe, doch Stefan rief ihr wieder zu, sie solle stehen bleiben. Er hatte gehört, diese Bärin sei besonders gefährlich, und wollte es selbst ausprobieren. Vierzig Minuten lang folgte er ihr, dann lief sie weg. »Ist ja gut gegangen«, sagt er heute lakonisch darüber.

Neben den Wölfen sind Reptilien und Amphibien nach wie vor Stefans große Leidenschaft, seien es Frösche, Kröten oder Schlangen. »Ich kann eine Giftschlange mit einem Ast hochheben«, sagt er und erzählt, wie er einmal in der Nähe von Örebro beobachtet hat, wie Hunderte von Schlangen im Frühling aus ihren Winterquartieren kamen. Das Interesse für Tiere hat ihn letztlich sogar mit seiner Frau Maria zusammengebracht. Er hat sie auf einem Fest kennengelernt, und als er vor sieben Jahren nach Uppsala kam, um Kröten zu suchen, wohnte er bei ihr. Nach zwei Tagen Tour durch sämtliche Wassergräben kam er zurück, die Beine von den Bissen der Blutegel blutverschmiert. Sein Interesse für Kleintiere und Amphibien reizte Maria gar nicht, aber als er sie zu einer Wolftour in den Norden von Värmland mitnahm, war sie verloren. In einer kalten, mondhellen Herbstnacht brachte Stefan die Wölfe zum Heulen. Seitdem sind die beiden ein Paar.

Ab und zu überkommt er ihn immer noch, dieser Drang: Diese Art muss ich kennenlernen. Vor vier Jahren hatte er sich in den Kopf gesetzt, die Webspinne aufzuspüren. Fast sechshundert Spinnenarten gibt es in Norwegen und Schweden, aber diese ist eben etwas ganz Besonderes. In Skandinavien kommt sie nur in Skåne vor, wo es schätzungsweise ein paar Hundert von ihnen gibt. Sie gilt also als stark gefährdete Art. Ihre Lebensweise ist ziemlich speziell, und sie lässt sich nur blicken, wenn der Erdboden sehr warm wird, oft im Mai. Also fuhr Stefan nach Skåne, sechshundert Kilometer einfache Strecke, drei Mal im Jahr. Nach vier Jahren intensiver Suche fand er sie. Auf dem Handy zeigt er mir ein Foto von einer Spinne mit rotem Hinterkörper und vier schwarzen Punkten. Eine hübsche Spinne, die tatsächlich an einen Marienkäfer erinnert. Daher ihr norwegischer Name Marihøneedderkopp.

Stefans nächstes Projekt ist ein ganz spezieller Wasserfrosch, der außerhalb von Arendal vorkommt. Es handelt sich um eine geschützte Art, und man kann nirgendwo erfahren, in welchen Gewässern er sich aufhält. In mühevoller Kleinarbeit hat Stefan es trotzdem herausgefunden. Er ist Biologe durch und durch, wenn auch Amateur, und sammelt Beobachtungen von Tierarten. Alle seine Begegnungen mit Tieren in den letzten 33 Jahren hat er sorgfältig mit Ort und Zeit aufgezeichnet, und zwar in einem sehr ordentlichen Tagebuch, das inzwischen mehr als viertausend Seiten umfasst. Ein bisschen wie eine moderne Version des Forschers Carl von Linné.

Unsere Frontscheinwerfer leuchten in den Wald hinein. Als wir um eine Kurve kommen, betritt gerade ein Elch den Weg. Er sieht das Auto, dreht sich hastig um und rennt zurück ins Dunkel. Stefan schnappt sich seine starke Taschenlampe, doch im Lichtkegel sehen wir nur noch die Beine des Elchs, der über einen Bergrücken springt. Stefan hat mich an diesem Abend zu einem kleinen Abstecher in den Glaskogen mitgenommen, weil er mir den berühmten »weißen Elch« zeigen will. Der lässt sich gelegentlich am Waldrand außerhalb von Arvika sehen, wo er auf den Feldern äst. Als Stefan ihn zum ersten Mal sah, hatte er schon jahrelang in den Nächten nach ihm gesucht, und als das Tier auf einmal vor ihm stand, war er so zittrig und begeistert, dass er nicht einmal auf den Auslöser seiner Kamera drücken konnte. Später hat Stefan den weißen Elch einige Male fotografiert, und er zeigt mir Fotos des schönen, kräftigen Tieres. Das weiße Fell geht auf einen Gendefekt zurück, der die Produktion von Farbpigmenten verringert. Aber es wäre nun wirklich zu viel verlangt, wenn ausgerechnet ich diesen Elch heute Abend zu sehen bekäme. Es braucht Zeit und Geduld, um ihn zu finden, und Stefan zeigt mir ein rotes Haus am Weg, wo ein Fotograf bestimmt drei Wochen stand, um den weißen Elch abzulichten – ohne Erfolg.

Nach mehreren ergebnislosen Stopps, bei denen Stefan sein Wolfsgeheul hören lässt, fahren wir über einen Waldweg Richtung Örsjön. »Dann schauen wir halt nach den Krokodilen«, sagt Stefan, offenbar um das Thema zu wechseln. Der Wald steht dicht und finster um uns herum, und auf einmal murmelt der so stoische und scheinbar selbstsichere Stefan, er könne übrigens keine Horrorfilme mehr sehen. Selbst er würde sonst anfangen, sich in der Dunkelheit alles Mögliche einzubilden. Denn in vielen dieser Filme kommt das unbezähmbar Böse aus den Wäldern, wie zum Beispiel in dem Thriller *Blair Witch Project,* wo drei Jugendliche einer nach dem anderen in einem dunklen, mystischen Wald verschwinden.[1] Der Wald kann auch neue, beängstigende Gefühle in uns auslösen, ohne dass sich das Böse notwendigerweise als Ungeheuer oder mordgieriger Verbrecher materialisiert, wie in Lars von Triers Film *Antichrist.* In der Serie *Game of Thrones* schleichen gewalttätige »White walker«, lebende Tote, und schaurige Wölfe nördlich der »Mauer« herum.[2] Die Landschaft sieht typisch skandinavisch aus, mit dunklen borealen Fichtenwäldern, öden Hochebenen und schneebedeckten Bergen. Südlich der Mauer herrscht die Zivilisation, umgeben von einer Kulturlandschaft mit viel Licht und offenem Laubwald.

Stefan schickt noch einen Lichtkegel in den Wald, und schließlich stehen wir an einem Bach, der zum See Örsjön hinunterfließt. Wieder spricht er von Krokodilen und leuchtet in den Bach. Erst sieht man nur Erde, Steine und Zweige in dem dunklen Wasser, doch dann bemerken wir auf einmal mehrere große Forellen, die zwischen den Steinen stehen. Ich möchte zwar lieber, dass Stefan weiter mit mir nach den Wölfen sucht, doch ich kann nicht leugnen, dass seine kleinen Abstecher sehr inspirierend sind, ob es nun um Elche geht oder um Forellen.

»Das sind Urforellen«, erklärt mir Stefan, während wir am Bach entlang weitergehen. Er erzählt, dass die Forelle ursprünglich in Europa und Kleinasien lebte, aber auf den meisten Kontinenten – in Nord- und Südamerika, Australien und Asien – irgendwann ausgesetzt wurde. Auch hier im Norden hat man Forellen in die Gewässer gesetzt, zum Beispiel in viele Seen im Hochgebirge, werfe ich ein. Auf einem Runenstein, der um 1100 n. Chr. errichtet wurde, heißt es: »Ailifr algr bar fiska i Rauðusjó« – Eilif Elg brachte Fische in den Rausjøen.

Was Stefan mit »Urforelle« meint, ist die Tatsache, dass diese hier nicht von Menschen ausgesetzt wurden, sondern kurz nach dem Ende der Eiszeit aus eigener Kraft hierherkamen. Der Begriff wird auch für ein paar Forellenstämme in Norwegen verwendet, so im Tyrifjord und im Bandak-See, sogar im Fluss Frognerelva, der mitten in Oslo durch den Frognerpark fließt.

Es ist noch gar nicht lange her, dass ich etwas über die Einwanderung der verschiedenen Fischarten bei uns gelesen habe. Ein Satellitenbild von Skandinavien unmittelbar nach der Eiszeit hätte eine ganz andere Landschaft gezeigt als die, die wir heute sehen. Dass es kaum Wald gab, habe ich schon erwähnt. Und das Meer kam viel weiter ins Landesinnere, denn die Landmasse war durch das Eis komprimiert. In Bottenvika, wo das Eis am dicksten gewesen war, spülten die Wellen dreihundert Meter höher an den Strand als heute.[3] Als das Inlandseis schmolz, bildete sich ein riesiger Randsee, der sogenannte baltische Eissee, der große Teile von Schweden und Finnland vor etwa zehntausend Jahren bedeckte. Aus diesem See wanderten kälteresistente Fischarten wie Hecht, Flussbarsch, Felchen und Saibling weiter. Da der Meeresspiegel damals viel höher lag, fielen einige Barrieren weg, die heute eine Wanderung verhindern würden, darunter große Wasserfälle und Stromschnellen. So konnten die Fische mit Leichtigkeit nach Westen wandern und gelangten bis in die Binnenseen und die Wasserwege Norwegens.

Stefans sogenannte Urforellen kamen ebenfalls aus diesem Eissee und dem späteren Anclyus-See, dem Vorläufer der Ostsee. Außerdem schwammen manche Forellen, ebenso wie Lachs und Saibling, die Flüsse hoch, die in den Atlantik mündeten. In Mjøsa gibt es Exemplare aus beiden Gruppen. Man kann sogar genetisch nachweisen, dass die Forellen in den Flüssen, die von Osten nach Westen fließen, aus Schweden stammen, während die in den Flüssen, die von Westen nach

Osten fließen, vom Meer kamen. Später, also vor etwa neuntausend Jahren, wanderten neue Arten Süßwasserfische Richtung Westen, darunter Rotauge, Ukelei, Zander und Rotfeder. Sie halten sich im Wesentlichen im Osten Norwegens auf, weil die Landhebung Wasserfälle und Stromschnellen erschuf, die die Fische an der weiteren Ausbreitung hindern. So kam es, dass die Flüsse und Seen im Landesinneren voller Leben sind.[4]

Am Ende kommen wir zum Abfluss des Örsjön. »Da liegen die Krokodile«, sagt Stefan und erklärt endlich, was er meint: »Ein paar Mal habe ich hier riesengroße Forellen gesehen, bis zu einem Meter lang. Sie sind so schwer, dass sie sich nicht mehr umdrehen können. Deshalb liegen sie nur da wie Krokodile.«

Stefan leuchtet ins Wasser, aber ich sehe nur ein paar Baumstämme und Äste auf dem Grund. »Schrei, wenn du sie siehst«, sagt er, während wir im Dunkeln am Bach entlanggehen. Doch ich sehe kein Krokodil, nur unzählige Pfundforellen, die im gelben Licht der Taschenlampe aufleuchten. Groß genug. Stefan leuchtet eine Forelle an, die still zwischen ein paar Steinen steht. »Fass sie mal an«, sagt er. »Geht das denn?«, platze ich heraus. Fische haben ja per se eine große Scheu vor uns Menschen. Meine gesamte Erfahrung sagt mir, dass das Blödsinn ist. »Versuch es«, wiederholt er. Ich beuge mich hinunter, die Forelle bleibt ganz still stehen, wie gelähmt von dem Licht der Taschenlampe, auch als ich über die glatte Haut streiche. Stefan kommt zu mir und hebt eine der Forellen vorsichtig aus dem Bach. Sie schlägt mit dem Schwanz, und er lässt sie wieder ins Wasser.

Zurück auf der Forststraße, fahren wir mit dem Land Rover weiter in den dunklen Wald. Auf einer großen Hochebene mit einigen Kiefern bleiben wir stehen. Jetzt holt Stefan sein gesamtes Repertoire hervor: langes und kurzes Heulen, ein Laut, der wie Bellen klingt. Wir lauschen. Doch wir hören auch hier nur den Wind und die kleinen Steinchen unter unseren Füßen. Nach meinem Besuch auf dem Brandwachturm in der Østmarka ist mir klar, wie groß so ein Wolfsrevier sein kann. Man könnte monatelang auf den Waldwegen herumfahren, ohne auch nur die Schwanzspitze eines Wolfs zu sehen. Ich frage Stefan, wie groß das Glaskogen-Revier ist. Vierzig Kilometer von Nord nach Süd, dreißig bis vierzig von Ost nach West, sagt er mir. Pessimistisch beginne ich, mir die Chancen auszurechnen, dass wir hier jemals einen Wolf hören. »Das heißt, dieses Wolfsrevier ist etwa 1500 Quadratkilometer groß«, sage ich zu ihm und frage gleich weiter: »Wie weit kann man Wolfsgeheul hören?«

»Vielleicht einen Kilometer weit«, gibt er zurück.

Ich rechne ein bisschen weiter, dann platze ich heraus: »Das heißt, wir müssten an etwa fünfhundert Stellen heulen, und dann ist es noch nicht sicher, ob sie uns antworten.«

»Ja, aber weißt du«, erwidert Stefan, »ich kenne ja das Kerngebiet des Rudels. Das hilft uns schon ein bisschen.«

Ich schaue ihn misstrauisch an. »Wenn sie von da weggegangen sind, kannst du lange suchen.«

Doch meine Argumente prallen an ihm ab. Stefan will noch nicht nach Hause, wir werden im Dunkeln weiterfahren, auch wenn wir nichts zu sehen oder zu hören kriegen.

Er probiert es wieder mit Heulen. Höre ich da eine gewisse Verzweiflung in den Tönen, die er ausstößt? »Wenn du dabei bist, habe ich kein Glück«, sagt er halb im Spaß, aber eben nur halb. Verlange ich zu viel von ihm? Bin ich zu unruhig, wenn wir still stehen müssen? Oder habe ich beim letzten Halt die Autotür zu laut zugeschlagen? Wölfe achten wachsam auf alle unbekannten Geräusche.

In seiner Verzweiflung schlägt Stefan mir vor, ich soll mitheulen. »Ob das eine gute Idee ist?«, frage ich zurückhaltend. Eigentlich gefalle ich mir bisher ganz gut in meiner Rolle als Beobachter. »Ja, mach schon«, sagt Stefan und zeigt mir die Richtung an, in die ich heulen soll. Wir fangen an, und es klingt eigentlich ganz gut. Der Ton trägt weit, aber dann kippt meine Stimme, und ich höre mich an wie ein Wolf im Stimmbruch. Wir lachen aus vollem Hals. »Der Mann, der die Wölfe verschreckt«, prustet Stefan.

Die Luft aus dem Bauch holen, rät er mir. Ich atme ein, fülle meinen Bauch, bis es wehtut. Dann stoße ich ein langes Heulen aus, das deutlich besser klingt als vorher.

Finde ich. »Es ist, als wenn man einem Jungen Latein beibringen muss«, kommentiert Stefan, der findet, ich klinge wie eine Trompete. Er zeigt auf meinen Bauch. »Muskeln anspannen und Kinn hoch. Wenn du es nicht richtig machst, kannst du hier tagelang stehen und heulen, ohne dass du eine Antwort bekommst, selbst wenn die Wölfe ganz in der Nähe sind.«

Ich atme wieder ein, heule tiefer und lauter. »Besser so«, flüstert Stefan. Eigentlich macht es Spaß, es lockert den Bauch und vibriert im Solarplexus. Man kommt ja sonst nicht mehr dazu, laut zu brüllen – außer im Auto, auf dem Fußballplatz oder ganz allein oben in den Bergen. Wenn ich so etwas in meiner Stadtwohnung mache, denken die Nachbarn, ich bin nicht mehr ganz dicht. Jetzt bricht es regelrecht aus mir heraus, als hätte ich die ganze Zeit etwas zurückgehalten. Das Geheul dröhnt durch die Wildnis, immer noch lauter, begleitet von Stefans Klängen. Ich bilde mir ein, dass es einen psychologischen Effekt hat, eine Art Reinigung, die hilft, Aggressionen und Spannungen abzubauen. Vielleicht stimmt das ja. Arthur Janov hat in den Siebzigerjahren seine *primal therapy* entwickelt, bei der es darum ging, unterdrückten Zorn und Frust durch spontanes, hemmungsloses Schreien, körperliches Ausagieren und Hysterie herauszulassen. Urschrei nannte er das.

Was würden die Leute wohl denken, wenn sie uns sehen könnten? Zwei Kerle stehen auf einer Lichtung im Wald und heulen wie besessene Werwölfe. Im 16. Jahrhundert wären wir auf dem Scheiterhaufen gelandet. Damals glaubte man, dass Werwölfe wirklich existierten. Erzbischof Olaus Magnus widmet drei Kapitel seines Buches den Werwölfen. Für ihn waren sie ebenso Teil der nordischen Fauna wie Bären, Vielfraße und Luchse. Er schreibt, dass sich die Werwölfe in der Weihnachtsnacht treffen, um auf Raubzug zu gehen, und dass sie wesentlich mehr Schaden anrichten als gewöhnliche Wölfe. Sie brachen, so Olaus Magnus, in die Bierkeller ein und tranken Met und Bier aus. Und weiter erklärt er, dass Werwölfe verbrannt werden müssen, weil ihre Verwandlung gegen menschliches und göttliches Gesetz verstößt. Tatsächlich wurden Hunderte von Verdächtigen in ganz Europa vor Gericht gestellt und endeten in den Flammen. Sie waren natürlich unschuldig, zeigten aber unter der Folter weitere angebliche Werwölfe an, sodass sich an manchen Orten geradezu Werwolf-Epidemien entwickelten und mehrere Dutzend Menschen auf dem Scheiterhaufen landeten.[5] Noch heute gibt es diese Vorstellung vom Werwolf; das Phänomen hat gleich zwei medizinische Bezeichnungen: Lykanthropie, eine psychische Erkrankung mit Wahnvorstellungen, und die Werwolfkrankheit, eine Störung, die zu übersteigerter Körperbehaarung führt. Ihren Ursprung hat die Bezeichnung Lykanthropie in der griechischen Mythologie, wo Göttervater Zeus einen gewissen Lykaon, den König von Arkadien, und seine Nachkommen in Wölfe verwandelt, nachdem Lykaon seinen eigenen Sohn getötet und dem Gott angeboten hat, um ihn zum Fleischessen zu verführen.[6]

Der Kranke bekommt ein bleiches Gesicht, trockene Augen und eine ausgetrocknete Zunge. Er hat ständig Hunger. Die schwedische Ideenhistorikerin Karin Johannisson spricht von einer »Wolfsmelancholie«. Dass man ausgerechnet den Wolf mit dieser Krankheit in Verbindung brachte, ist kein Zufall: Der Wolf bewegt sich im Grenzgebiet zwischen Wald und

Kulturlandschaft, Wildnis und Zivilisation. Er ist ein bedrohliches, ungezähmtes Tier, das trotzdem in der Nähe der Menschen lebt, schreibt Johannisson und geht davon aus, dass genau daraus die Vorstellung eines Wesens entstanden ist, das sich auf der Grenze zwischen Wolf und Mensch bewegt. Ein tragisches, einsames Geschöpf, das selbst nicht weiß, wohin es gehört, und das sich von der Finsternis angezogen fühlt.

Die Vorstellung von Werwölfen hat sich weit in unsere Zeit hinein erhalten. Aus einem Dorf in Østfold gibt es Geschichten über einen Mann, der ein Werwolf war. Gelegentlich verlor er sämtliche menschlichen Eigenschaften, wurde zum Wolf und jagte im Wald nach Nahrung. Auch in der Popkultur wird der Werwolfmythos weitergeführt, nicht zuletzt in TV-Serien wie *True Blood* und *Teen Wolf*. Im Harry-Potter-Universum gibt es böse, menschenhassende Wölfe, und Michael Jackson hat sich in seinem Video zu dem Song *Thriller* in einen Werwolf verwandelt.

Wenn wir hier so stehen, die Wölfe imitieren und versuchen, auf diese Weise mit ihnen Kontakt aufzunehmen, sind wir nur zwei unter vielen. Auf YouTube gibt es jede Menge Filme von Leuten, die Wölfe angeblich gezähmt haben und sich von ihnen das Gesicht ablecken lassen. Shaun Ellis, den man auch »den Wolfsmensch« nennt, hat zwei Jahre in einem Wolfsrudel zugebracht. Er hat mit ihnen kommuniziert und rohes Fleisch gegessen, um von ihnen aufgenommen zu werden. Kein Zweifel, im Mittelalter wäre er auf dem Scheiterhaufen verbrannt worden. Der weißrussische Künstler Ivan wollte beim Melodi Grand Prix 2016 nackt mit einem Wolf tanzen, bekam jedoch nicht die Erlaubnis dazu. Aber das halberotische Bild von Ivan, der nackt bei einem Wolf sitzt, hat sich festgesetzt. »Erst hat es mir Angst gemacht, doch sie mochte wohl meinen Geruch und fing an, sich an mir zu reiben«, erzählte Ivan einer Nachrichtenagentur. Tja, vermutlich hätte man auch ihn verbrannt.

Nach einem weiteren Halt, ohne dass wir eine Antwort bekommen, setzen wir uns wieder ins Auto und fahren über Forststraßen davon. Mir wird immer klarer, dass es echt schwierig ist, mit Wölfen in Kontakt zu kommen, selbst wenn man mitten durch das Kerngebiet eines Wolfsreviers fährt. Auf einmal taucht ein Tier vor dem Auto auf; Stefan tritt auf die Bremse. Ich keuche auf, hoffe für eine Zehntelsekunde, dass es sich um einen Jungwolf handelt. Aber nein, es ist nur ein Kaninchen. Wie verzaubert vom plötzlichen Lichtschein in seinem Wald, hoppelt es in aller Ruhe vor dem Auto her, ohne seitwärts ins Dunkel zu verschwinden. Selbst als Stefan mit dem schweren Land Rover ganz dicht auffährt, geht es nicht aus dem Weg. »Das kann jetzt ein paar Kilometer so weitergehen«, bemerkt Stefan gereizt. »Wie in einem dämlichen Disneyfilm.« Am Ende springt es dann doch zur Seite, sodass Stefan schnell weiterfahren kann. »Na, immerhin ein Kaninchen«, sage ich. Eine Antwort bekomme ich nicht.

Noch vier Mal halten, sagt der Schwede. Es ist schon nach Mitternacht. Mir fallen die Augen zu, aber Stefan verspricht mir baldigen Erfolg. Als diese letzten vier Stopps hinter uns liegen, ergebnislos wie alle bisherigen, meint er, wir könnten auf dem Heimweg nach Arvika noch schnell einen Abstecher machen. »Nur fünf Minuten Umweg«, verspricht er. »Eine Stelle, die ich noch nie ausprobiert habe. Da finden wir sie bestimmt«, sagt er hoffnungsvoll, aber ich habe die Hoffnung aufgegeben. Eigentlich will ich nur noch nach Hause und bin Wald, Dunkelheit, grobe Waldwege und Stefans unbeugsamen Optimismus von Herzen leid. Aus dem Fünf-Minuten-Abstecher wird eine halbe Stunde, bevor er den Wagen anhält. Stefan gibt einfach nie auf. Und jetzt heult er wieder. Ich auch. Wir heulen, aber die Wölfe schweigen. Verdammtes Schweigen. Und endlich die erlösenden Worte. »Lass uns heimfahren«, sagt Stefan. Wir fahren nach Arvika zurück. Es ist halb zwei, zu spät, um noch nach Oslo zu fahren. Ich schlafe im Auto, obwohl mein Sommerschlafsack viel zu dünn ist. Während ich versuche einzuschlafen, verfluche ich das Leben im Wald und denke, dass ich mir echt ein anderes Tier hätte aussuchen sollen als ausgerechnet den Wolf. Und dass der Wald eigentlich nur was für Verrückte ist. Es ist kalt, es ist Herbst, die Nacht ist kurz. Hoffnungslos. Trotzdem gebe ich nicht auf.

Auf dem Heimweg von der Wolfstour in Schweden fahre ich bei Mats vorbei, der auf halbem Weg zwischen Arvika und Oslo wohnt. Zwei Schweine sind aus ihrem Koben entkommen und graben den Garten vor dem stattlichen weißen Haus um. Sie stecken ihre Schnauzen in den Boden und ziehen Furchen wie mit einem Pflug. Als ich ankomme, fangen sie an, mein Auto zu untersuchen. Sie lecken die Stoßstange ab und deuten mit ihren nassen Schnauzen auf mich. Ich habe in meinem Leben schon ziemlich viel Schweinefleisch gegessen, aber mit einem lebenden Exemplar hatte ich noch nie zu tun. Die Tiere sind groß, größer, als ich dachte. Ich weiche nervös zur Seite aus und schiebe mich an der Hauswand entlang, bis ich bei der stets offenen Haustür bin. »Sollen die Schweine da draußen frei rumlaufen?«, frage ich Mats, der in seinem Arbeitszimmer sitzt. Bevor ich den Satz ganz zu Ende gesprochen habe, rennt er fluchend hinaus und jagt die Schweine zurück in ihren Koben, begleitet von fünf schreienden Gänsen. »Wird Zeit, dass die zum Schlachter kommen«, platzt er heraus.

Nachdem die Schweine wieder sicher im Koben sind, begeben wir uns in das geräumige Wohnzimmer. Vier große Fenster schauen auf den Nøavann und die umliegenden Hügel, die mit Kiefern und Fichten bewachsen sind wie eine Theaterkulisse. Mitten im Zimmer steht ein schwarzer Flügel, die Sessel sind mit weißem und schwarzem Schaffell gepolstert. An den Holzwänden hängen fünf schwere, starrende Elchköpfe. Ausgestopfte Marder und Auerhähne stehen auf den überfüllten Bücherregalen mit massenweise Fachliteratur über den Wald. Bücher über Fische, Waffen, Jagd, Tiere, natürlich einiges von Knut Hamsun und nicht weniger als vier Exemplare von Trygve Gulbranssens *Und ewig singen die Wälder*. Und natürlich Mikkjel Fønhus, über den Mats seine Abschlussarbeit geschrieben hat.

Ich will Mats nicht länger quälen, schließlich habe ich ja jetzt Stefan. Er ist härter drauf und hat mehr Ahnung von Wölfen. Aber Mats hält ebenfalls die Augen auf, schon weil er es gar nicht lustig findet, dass ein Raubtier um seinen Hof herumschleicht. Ich erzähle ihm von meinen Erlebnissen, und er hört mir gern zu, glaubt jedoch nicht, dass meine Ausflüge nach Arvika viel bringen. »Dass ihr euch das traut«, sagt er und trinkt einen Schluck Tee. Er hat auch noch nie eine Forelle gestreichelt, obwohl er leidenschaftlicher Fliegenfischer ist. Aber als ich ihm von dem großen Elch erzähle, der auf einmal auf den Waldweg gelaufen kam, horcht er auf. Elche sieht man oft in Svarverud, in diesem Jahr haben sie schon sechs geschossen, verarbeitet und in Plastikfolie eingeschweißt. Über Elche wird auf Svarverud immer viel geredet.

Vor ein paar Jahren war ich mit Mats auf der Jagd. Ich war neugierig, wollte wissen, was so besonders ist an der Elchjagd. Wie kann es sein, dass dieses Erlebnis Zehntausende von Männern jedes Jahr in die Wälder treibt? Während der Jagd saßen wir am Rand eines Moores, umgeben von hellem Birkenwald und einigen Kiefern. Die Flechten und Moose waren klatschnass, die Luft eiskalt. Es war eine Geduldsprobe. Als ich mich drei Stunden gelangweilt hatte und komplett durchgefroren war, kehrten wir zu unserer Jagdgesellschaft zurück. »Red nicht so positiv über Wölfe, wenn du mit den Jägern zusammen bist«, riet Mats mir vorsichtig. Am Lagerfeuer gab es Kaffee und Würstchen. Rundherum saßen Männer, die es gewöhnt waren, sich die Hände blutig zu machen. Die Stimmung war gut.

Da platzte ich heraus: »Was haltet ihr eigentlich von den Wölfen?« Dröhnende Stille schlug mir als Antwort entgegen. Ich fühlte mich wie ein Elch mit Marzipangeweih im Tiefschnee.[7]

»Viele von denen, die die Wölfe so toll finden, gehen nie in den Wald«, sagte endlich einer der Männer. »Sie reißen viele Elche, das ist nicht gut für den Bestand«, bemerkte ein anderer. »Warum fragst du?«, kam fast schon drohend von dem dritten, der sonst keine Antwort für mich hatte. Keine Diskussion, Thema beendet. Und als ich das Thema bei Freunden von Mats im Dorf aufgebracht hatte, war es ähnlich gewesen. Es war, als würde eine unsichtbare Barriere zwischen uns hochgezogen. Weil ich in der Stadt wohne, gehen sie davon aus, dass ich auf der Seite der Wölfe stehe. Und die Skepsis der Landbevölkerung hängt über ihnen wie eine dunkle Wolke.

Wir zogen uns wieder auf unseren Posten zurück, saßen noch ein paar Stunden da, ohne einen Elch zu sehen oder zu hören. Hundegebell in der Ferne war das Einzige, was wir hörten – und Mats, der ab und zu ein tiefes, hohles Stöhnen ausstieß, um den Elch anzulocken. Wenn ich versuchte, ein Gespräch mit ihm anzufangen, würgte er mich mit einem entschiedenen »Pscht« ab, als wäre ich ein Hund. Elche hören sehr gut, erklärte er mir kurz angebunden, dafür sehen sie schlecht. So schlecht, dass ein Elch direkt auf uns zulaufen könnte, wenn wir richtig im Wind sitzen würden. Aber das passierte nicht, und so gab es an diesem Tag keinen Elch.

Mats und ich unterhalten uns in seinem Wohnzimmer mit den fünf schweigenden Elchköpfen als Zuschauern. Über die Größe von Elchen (bis zu achthundert Kilo), über den norwegischen Elchbestand, der genetisch gesehen in zwei Gruppen eingeteilt werden kann, eine südliche und eine nördliche. Erstere sind von Süden her eingewandert, zweitere von Nordosten her, aus Russland. Als man Ende des 19. Jahrhunderts den Hof Nerby im Kreis Søndre Land baute, fand man bei den Erdarbeiten ein abgeworfenes Elchgeweih. Es hing viele Jahre im Wohnzimmer an der Wand, bis es vor ein paar Jahren mit der Radiokarbonmethode datiert wurde. Da stellte sich heraus, dass es 10 300 Jahre alt war, das Geweih eines Elchs, der kurz nach Ende der Eiszeit nach Skandinavien gekommen war.[8]

Mich faszinieren vor allem die vielen Mythen, die sich um den Elch ranken. Eine der ersten Erwähnungen findet sich bei Julius Cäsar, dem römischen Kaiser, der in seiner Schrift über den Gallischen Krieg von *alces* schreibt. Er behauptete, ihre Beine hätten weder Gelenke noch Sehnen, sodass sie sich zum Schlafen nicht hinlegen könnten. Und sie könnten auch nicht wieder aufstehen, wenn sie stürzten. Deshalb benutzten sie, so Cäsar, Bäume als Bett, indem sie sich zum Schlafen daranlehnten. Und daraus habe sich eine besondere Methode der Jagd entwickelt: »Wenn die Jäger eines dieser Tiere aufgespürt haben, graben sie die Wurzeln der Bäume im Umkreis frei oder schlagen die Stämme zur Hälfte ein. Wenn sich das Tier dann gegen den Baum lehnt, um zu schlafen, fällt der Baum um und das Tier mit ihm.« Dass Cäsar selbst Elche gesehen haben könnte, ist kaum denkbar, aber irgendwoher musste er diese zweifelhaften Betrachtungen ja haben. Mangels Zeugen, die tatsächlich Elche gesehen hatten, ging wohl die Fantasie mit dem antiken Autor durch. Da heißt es, Elche müssten beim Äsen rückwärtsgehen, damit ihre lange, hängende Oberlippe sie nicht stört, und es wird allen Ernstes behauptet, dass sie Wasser in einer Hautfalte unter dem Kinn aufnehmen und sich verteidigen, indem sie heißes Wasser auf ihre Verfolger spucken. Cäsars falsche Behauptungen wurden bis ins 15. Jahrhundert weitergegeben.

Auch die Legenden um die Fähigkeiten der Elche sprudelten fleißig. Olaus Magnus, der in diesem Buch immer wieder auftaucht, schrieb, man solle den äußeren Huf des rechten Hinterfußes nehmen und mit einer Axt durchschlagen, und zwar Mitte August. Das würde gegen Krämpfe und Epilepsie helfen. Während der gute Erzbischof den Elch mit einigen wenigen Kapiteln abspeiste, widmete der Italiener Apollonius Menabenus dem großen Hirsch ein ganzes Werk in einem weiteren Klassiker aus dem 16. Jahrhundert: Sein *Tractatus de magno animali* – Abhandlung über das große Tier – erschien 1581. Menabenus wurde um 1540 in Mailand geboren, zog aber als Erwachsener nach Schweden um und diente König Johann III. als Leibarzt. Es gefiel ihm nicht besonders gut dort. »Öde, grobe Gegend«, schrieb er, und auch die Schweden mochte er nicht so sehr. Er behauptete, sie seien »geistig blind« und von »grobem und einfältigem« Intellekt.[9] Zurück in Italien, schrieb er sein Buch über den Elch. In langatmigen Ausführungen über die Zubereitung und die Wirkung der Hufe behauptet er, ähnlich wie Olaus Magnus, sie würden gegen Gicht helfen.

In diesem Buch sind alle Vorurteile des 16. Jahrhunderts versammelt. Aber Menabenus war weder verrückt noch über Kreuz mit den führenden Naturforschern seiner Zeit. Noch im 18. Jahrhundert, selbst bei Bischof Erik Pontoppidan in seinem Werk über unser Land, kommen ähnliche Argumente vor.[10] Pontoppidan hielt den Elch für ein Zwischending zwischen Hirsch und Pferd. Er behauptete, wenn Elche Krämpfe hätten, könnten sie sich selbst heilen, indem sie sich mit dem rechten Hinterbein am Ohr kratzten. Da es aber nach Ansicht des Bischofs nur wenige Elche in Norwegen gab, widmete er dem Tier lediglich einen kurzen Abschnitt in seinem ansonsten so reichhaltigen Werk.

Tatsächlich war der Elchbestand im 18. Jahrhundert stark dezimiert worden, es gab fast keine Elche mehr in den skandinavischen Wäldern. Selbst Carl von Linné, der kreuz und quer durch Schweden reiste, sah nie einen Elch in freier Wildbahn. Er beschrieb und kategorisierte mehr als achttausend Pflanzen- und sechstausend Tierarten in seiner *Systema naturae,* aber was den König der Wälder anging, musste er sich damit begnügen, einen zahmen Elch zu beschreiben, der in Västergötland lebte.

Apropos zahme Elche: In Russland hat man damit experimentiert, Elche als Haustiere zu halten, sie zu melken und als Zugtiere für Schlitten einzusetzen. So richtig hat das nie geklappt. Elche sind eigensinnig. Mit den Wölfen sieht es anders aus, die haben wir tatsächlich gezähmt.

Erst Ende des 19. Jahrhunderts wurden Abschussquoten für Elche festgelegt; bis zum Ende des Zweiten Weltkriegs wurden nur tausend bis 1500 Elche pro Jahr geschossen. In den Zwanzigerjahren waren die Bestände so zurückgegangen, dass der Elch unter Schutz gestellt wurde. In seinem zweibändigen Werk *Norges Dyr* (Norwegens Tiere) von 1947 schreibt Dr. O. Olstad: »Wenn man den Nutzen des Elchs mit dem Schaden vergleicht, den er dem Wald zufügt, muss man sich fragen, ob dieses Tier überhaupt irgendeinen wirtschaftlichen Vorteil mit sich bringt.«

Mats weiß, dass die Dinge heute ganz anders stehen, obwohl die Quoten in den letzten Jahren geringer angesetzt wurden. Vor ein paar Jahren wurde der Elchbestand in Norwegen auf mehr als 100 000 Tiere geschätzt; 30 000 wurden geschossen.[11] Es ist heute also viel lustiger, Elchjäger zu sein, als vor hundert Jahren, Wölfe oder keine Wölfe. Aber woher kommt dieser Anstieg der Zahlen? Mats versucht es mir zu erklären: »Als 1951 die Quotenjagd eingeführt wurde und man ein Gebiet von einer gewissen Mindestgröße nachweisen musste, um Elche jagen zu dürfen, erholte sich der Bestand kräftig.« Früher war es so, dass jeder Hofbesitzer einen Elch abschießen durfte, wenn er sich auf seinem Grund befand, unabhängig von der Größe des Hofes, berichtet Mats und fügt hinzu, dass außerdem die Flächenabholzungen dazu beigetragen haben, dass wieder mehr Laubwald wuchs, was die Elche mit mehr Futter versorgt. Heute ist der Elch wieder der unangefochtene König des Waldes, und wir können – anders als zu Linnés Zeit – in der Dämmerung jede Menge Elche sehen, die am Waldrand äsen.

Nach der erfolglosen Tour in Schweden bin ich wieder in Oslo, und da ich allmählich ein bisschen sauer bin, dauert es ein paar Wochen, bis ich Stefan wieder eine SMS schreibe, um zu hören, wie die Wolfsaktien stehen. »Ich suche wie verrückt«, schreibt er mir zurück. »Keine Ahnung, was passiert ist. Hoffentlich keine illegale Jagd. Wir müssen warten, bis ich die Welpen wieder gesichtet habe.« Vorläufig tut sich also gar nichts. Ich fahre ab und zu nach Schweden, nach Østfold und in die Østmarka, aber wahrscheinlich, so denke ich, bin ich viel zu wenig unterwegs. Meine Leidenschaft für den Wolf ist womöglich nicht stark genug. Sie reißt und zerrt nicht an mir, so wie es bei Stefan der Fall ist. Tatsächlich wundere ich mich über seine unermüdliche, rastlose Suche nach dem scheuen vierbeinigen Jäger.

In der Zwischenzeit nehme ich mir Zeit, um ein paar Bücher über fossile Bäume zu lesen. Die vergilbten, zerlesenen Exemplare hat mir ein Bekannter geschickt. Auch wenn der Wald mit seinen weltweit über 60 000 Baumarten heute sehr vielfältig ist, sind doch viele Arten schon in der Vorgeschichte ausgestorben. Katastrophen wie Meteoriteneinschläge und große Vulkanausbrüche haben die Erde zeitweise praktisch unbewohnbar gemacht. Krankheiten haben sich ausgebreitet, neue Arten sind entstanden und haben die alten verdrängt. Tiere, die die Bäume bestäuben und ihre Samen verbreiten konnten, sind verschwunden, mit katastrophalen Folgen. Und der Zusammenbruch eines Ökosystems kann andere mitgerissen haben, so wie die Regenwälder des Karbon beim Übergang zum Perm verschwanden. Als das Klima in der

Folgezeit trockener und kälter wurde, starben viele Amphibienarten aus.

Ich sitze da und studiere die antiquarischen Bücher, und es ist fast, als wenn man in alten Fotoalben blättert und all die Toten wiedersieht. Da gibt es Zeichnungen von ausgestorbenen Farnen und Bärlappbäumen. Abdrücke von Blättern, Zweigen und Stämmen, die in kleinen Schwarz-Weiß-Zeichnungen wiedergegeben sind. Ich blättere weiter bis zur Gattung *Glossopteris*, die ausführlich beschrieben ist und vor dreihundert Millionen Jahren entstand. Die zungenförmigen Blätter, die der Gattung den Namen gegeben haben, sehen ein bisschen so aus wie bei einem Rhododendron. Dass diese ausgestorbene Baumfamilie so viel diskutiert wird, hat seinen Grund: Sie nimmt eine besondere Stellung in unserer Wissenschaftsgeschichte ein, die ja nicht nur von weitschweifigen wissenschaftlichen Theorien erzählt, sondern auch von mutigen Menschen.

Als Alfred Wegener, das Universalgenie, das sowohl die Geologie als auch die Geophysik und die Meteorologie so viel weiterbrachte, seine alle Grenzen sprengende Theorie von der Kontinentalverschiebung entwickelte, spielten Glossopteris-Funde eine wichtige Rolle. Schon früher war beobachtet worden, dass die Küsten von Afrika und Südamerika genau zusammenpassen, und Wegener nahm deshalb an, die beiden Kontinente hätten irgendwann einmal zusammengehangen. Er ging von dem Superkontinent Pangäa aus, was so viel heißt wie »All-Erde«.[12] Als dann auf beiden Kontinenten Glossopteris-Fossilien gefunden wurden, hielt Wegener das für einen Beweis seiner Theorie. Zur gleichen Zeit genehmigte Robert Scott den Teilnehmern seiner Südpolexpedition Terra Nova einen halben Tag, um auf dem Beardmore-Gletscher Fossilien zu sammeln. Sie fanden »großartig erhaltene Abdrücke dicker Stängel mit Zellstruktur«, schrieb Edward Wilson, einer der Teilnehmer, in sein Tagebuch. Insgesamt trugen sie fünfzehn Kilo Steinmaterial zusammen, ließen es aber bei ihrem tragischen Rückzug liegen.[13]

Wie wir wissen, kamen Scott und alle anderen Teilnehmer der Expedition im März 1912 vor Kälte und Erschöpfung ums Leben, kaum achtzehn Kilometer vom nächsten Lebensmitteldepot entfernt. Die Gesteinsproben wurden später im Jahr gefunden, als man auch die sterblichen Überreste der Männer entdeckte, und sorgten für einen Skandal. Scott wurde beschuldigt, die Gesteinsproben statt lebensnotwendiger Ausrüstung mitgenommen zu haben und dass dies, zusammen mit schlechter Planung und falschen Transportmitteln (Ponys und Motorfahrzeuge) zum Scheitern der Expedition beigetragen habe. Aber während Amundsen nur zum Südpol eilte und es darauf anlegte, den Pol zu »erobern«, verfolgte Scotts Expedition viel stärker wissenschaftliche Ziele. Später wurden die Proben analysiert, und man fand unter ihnen Glossopteris-Fossilien. Dass diese Pflanzen also nicht nur in Südafrika und Südamerika, in Indien, Australien und Neuseeland, sondern auch in der Antarktis vorgekommen waren, stärkte Wegeners Hypothese von einem Superkontinent im Permzeitalter. Trotzdem sollte noch ein halbes Jahrhundert vergehen, bis Wegeners Theorie mit einigen Modifikationen anerkannt wurde.[14]

Da die Antarktis nun schon seit 280 Millionen Jahren etwa dort liegt, wo sie sich heute befindet, heißt das, das globale Klima muss viel wärmer gewesen sein als heute. Angesichts der Polarnacht und anderer Umstände müssen die Glossopteris-Wälder enorme Klimaschwankungen ausgehalten haben. Die Bäume besaßen einige spezielle Eigenschaften: Ihre Wurzeln und Blätter waren an einen Lebenszyklus mit schnellem Wachstum und rascher Fotosynthese im Frühling angepasst, und sie müssen extrem resistent gegen Frostschäden im Winter gewesen sein. Als die Temperaturen vor 251 Millionen Jahren, beim Übergang vom Perm zur Trias, infolge einer starken Emission von Klimagasen, kräftig anstiegen, trockneten jedoch viele Sümpfe aus, in denen die Wälder wuchsen. Und da die Bäume an ein Klima mit extremen jahreszeitlichen Schwankungen angepasst waren, wurde im Zuge des Massenaussterbens – des schlimmsten Artensterbens in der Erdgeschichte – auch *Glossopteris* vom Erdboden getilgt.[15]

Oft, wenn ich mich in die Geschichte des Waldes vertiefe, tausche ich mit Stefan oder Mats SMS aus und frage sie, ob an der Wolfsfront irgendetwas los ist, oder ich denke mir für mich allein neue Touren aus, nicht zuletzt unter Berücksichtigung der Angaben auf Skandobs. Früher Schneefall, antwortet Stefan mir hoffnungsvoll auf eine meiner Nachrichten, hat ihm geholfen, die Wölfe wiederzufinden. Es dauert nicht mehr lange, dann ziehen wir wieder los, verspricht er mir. Aber wenn ich versuche, konkret zu werden, redet er sich mit schlechtem Wetter heraus. Zu viel Wind, der durch den Wald rauscht, bringt Turbulenzen und Chaos ins Klangbild. Außerdem wird der Ton bei hoher Luftfeuchtigkeit, bei Niederschlägen und Plusgraden gedämpft. »Bei kälterem Wetter hört man den Ton besser«, schreibt Stefan mir und meint, wir müssen noch ein bisschen zuwarten, bevor es wieder losgeht.

Droge Wald

»Bin draußen. Wolf in der Nähe«, schreibt mir Stefan. Es ist ein Samstagabend um halb sieben. Endlich ein Lebenszeichen von den Wölfen.

»Hey, siehst du ihn?«, antworte ich.

»Höre ihn, jetzt noch einen.«

»Zu schade, dass ich nicht da bin. Gib dem Wolf ein Küsschen von mir :-) Sind sie in ihrem Kernrevier?«, frage ich zurück.

»Hab die Welpen gehört, dann einen Luchs, eine Sperbereule gesehen, fünf Steinadler und einen Seeadler … bin zufrieden für heute. :-))«, antwortet Stefan später am Abend. Wieder einmal lädt er mich ein, mit ihm zu kommen. In letzter Zeit habe ich nur ein paar kurze Touren im Glaskogen gemacht, mit viel Geheul von unserer Seite und keiner Antwort. Allmählich fange ich an zu zweifeln, ob die vielen Geschichten wahr sind, die man über Stefan und seine ungeheuren Fähigkeiten erzählt, Kontakt mit dem Wolf aufzunehmen.

Drei Tage später stehe ich am Rand eines weiten Moorgebiets draußen im Glaskogen. Wir sind weit von jeder Zivilisation entfernt, wirklich tief in der Wildnis. Es ist jetzt richtig Winter, der Himmel sternenklar, eine schmale Mondsichel leuchtet. Eine dünne Schneedecke hat sich auf dem Waldboden ausgebreitet. Kiefern und Fichten recken ihre immergrünen Wipfel in den Himmel, dazwischen stehen Grüppchen von Espen und Birken kahl und wie eingefroren in der Kälte. Sie halten Winterschlaf.

Wenn sich die Bäume auf ihre Winterruhe vorbereiten, gleicht das einer Schwertschluckerübung. So wie die Klinge die Kehle aufschneiden kann, können die Eiskristalle das zarte innere Gewebe der Bäume ritzen und zerreißen. Darauf stellen sich die Bäume ein, lange bevor der erste Frost kommt. Sie füllen ihre Zellen mit einer Art Frostschutzmittel, das aus Zucker und Stärke besteht. So kommen sie gut über den Winter.

Die verschiedenen Baumarten haben unterschiedliche Strategien entwickelt, um die Winterkälte zu überstehen. Die Nadelbäume behalten ihre Blätter oder Nadeln, die durch eine dünne Wachsschicht vor Trockenheit und Frost geschützt sind, während die Laubbäume ihre Blätter abwerfen. Das haben sie sich erst vor etwa zehn Millionen Jahren angewöhnt, als das globale Klima kälter wurde.[1] Die Nadelbäume sparen Energie, weil sie nicht jedes Jahr neue Blätter hervorbringen müssen, sondern erst nach fünf bis sieben Jahren einen Teil abwerfen. So können sie schon zu Beginn des Frühjahrs mit der Fotosynthese beginnen, während die Laubbäume warten müssen, bis ihre Blätter da sind. Dafür sind die »richtigen« Blätter dann aber bei der Fotosynthese viel effektiver als die schmalen Nadeln der Nadelbäume.[2]

Das Wetter ist perfekt, um Wölfe zu hören. Ein paar Grad unter null und ein leichter Wind – beides führt dazu, dass sich Geräusche gut im Wald verteilen. Stefan flüstert mir zu, dass er genau hier die Wölfe beim letzten Mal gehört hat. Er hatte im Wald übernachtet, war im Morgengrauen aufgewacht und hatte übers Moor geschaut. Ein anderes Mal sind ihm hier zwei Wölfe übers Moor gefolgt, und Stefan hat die ganze Zeit mit ihnen geplaudert.

»Wir hatten richtigen Kontakt miteinander«, berichtet der Schwede. »Das war echt heftig, schwer zu beschreiben.«

Draußen im dunklen Wald erzählt er, wie er durch Südamerika gereist ist und drei Monate bei verschiedenen indigenen Gruppen im Amazonas-Regenwald gelebt hat. Dort hat er sich an den nachtschwarzen Wald gewöhnen müssen – und daran, nach den Gegebenheiten der Menschen dort zu leben. Sie lehrten ihn, die Natur zu respektieren, fingen nur so viel Wild, wie sie essen konnten, zeigten ihm Heilpflanzen gegen Magenbeschwerden, Kopf- und Muskelschmerzen. Und er brachte ihnen bei, was er von den Tieren wusste. »Dort hab ich mich zu Hause gefühlt«, flüstert er. »Wir haben uns verstanden, ohne dass wir die Sprache des anderen kannten.«

Claes, ein Freund von Stefan, ist mit uns unterwegs. Er trägt einen tarnfarbenen Overall. Claes ist Schreiner wie Stefan und sein eingeschworener Wanderkamerad. Außerdem ist er genauso verrückt nach den Tieren des Waldes, einschließlich des Wolfs. »Du heulst Richtung See, ich zum Hang hin«, gibt Stefan seine Anweisungen und sieht Claes an. Dann legen sie die Hände an den Mund und lassen ein lang gezogenes, fast einstimmiges Heulen erschallen. Anschließend horchen wir. Die Kälte lässt das Eis auf den Seen sich zusammenziehen, und ein dunkles, frostiges Dröhnen fährt durch den Wald, fast wie Donner. Stefan heult weiter. Der Ton vermischt sich mit dem Krachen des Eises. Die Kiefern stehen starr vor dem Sternenhimmel. Eine Sternschnuppe zeichnet einen hellen Streifen ins Universum.

Auf einmal fuchtelt Stefan mit den Armen. »Hast du gehört?«, fragt er.

»Nein …«, erwidere ich zögernd.

»Nicht? Verdammt! Da hat einer geheult.«

»Ehrlich?«, frage ich vorsichtig und denke, dass Stefan

wirklich ein überirdisch gutes Gehör hat. »Dann war es aber ganz schwach und kurz.«

»Nein, es war superdeutlich, hoch und lang gezogen. Der ist nicht weit weg«, stellt Stefan fest. Er klingt absolut überzeugt. »Hast du ihn gehört?«, fragt er Claes, der bestätigend nickt.

»Dabei hört Claes wirklich nicht gut. Und du hast es nicht mitbekommen?« Ich ahne eine Irritation in seiner Stimme. Inzwischen hat er sich in den Gedanken verrannt, dass ich einen Wolf aus der Nähe erleben soll. Die vielen Wanderungen und Aufenthalte, ohne dass sich auch nur die Schwanzspitze eines Wolfs zeigt, gehen mir auf die Nerven, und das wirkt sich auf meine Wahrnehmungsfähigkeit aus, denke ich. Oder war ich zu sehr auf das Dröhnen des Eises konzentriert? Auf das leise Windgeräusch, das aus dem Wald dringt? Es ist ein bisschen wie bei dem Experiment, bei dem man 288 Harvard-Studenten gebeten hat, sich ein Video anzusehen, in dem sich weiße und schwarze Spieler einen Ball zuspielten, während eine Person, die als Gorilla verkleidet war, im Hintergrund Faxen machte. Die Studenten sollten dann die Zahl der Ballwechsel angeben. Als man sie hinterher fragte, ob sie den Gorilla bemerkt hätten, zeigte sich, dass fast die Hälfte der Studenten ihn übersehen hatte.

»Das Heulen kam von da.« Stefan deutet in die Richtung, wo ein paar Kiefern stehen. Nach zwanzig Jahren Suche nach Isegrim hat er gelernt, auf die richtige Frequenz zu lauschen, wie ein erfahrener Ornithologe, der Vogelstimmen unterscheiden kann, wo Uneingeweihte bestenfalls ein chaotisches Gezwitscher hören. Stefans trainierte Ohren können die Richtung anpeilen, aus der das Wolfsgeheul kommt. Jetzt wirft er schnell einen Blick auf die Landkarte, die auf seinem Smartphone gespeichert ist, und sucht zusammen mit Claes nach einem Waldweg, auf dem wir mit dem Geländewagen näher herankommen können.

Wir schalten die Stirnlampen an und tasten uns vom Moor

durch den dunklen Wald zurück zum Auto. Es erinnert an eine Szene in dem Film *The Revenant,* wo eine Gruppe aus Jägern und Soldaten in finsterer Nacht durch den Wald zieht, ohne zu wissen, was um sie herum ist. Die kleinen Stirnlampen senden ihr schwaches, flüchtiges Licht in die stumme Dunkelheit. In dem Film spielt Leonardo DiCaprio den Entdecker und Pelzhändler Hugh Glass, der sich Anfang des 19. Jahrhunderts durch die Wildnis von North Dakota schlägt. Von einem Bären verletzt und von den anderen Pelzhändlern zurückgelassen, muss er allein Hunderte von Kilometern überstehen. In dem Film sind beunruhigend gluckernde Bäche zu hören, der Wald ist dunkel und nass, und über allem liegt graues Winterlicht. Eine blinde, gleichgültige Natur hat die Macht übernommen und bedroht die kleinen Menschen mit heftigen Stürmen, lebensfeindlicher Kälte und undurchdringlichen Wäldern. Diese Wildnis ist nichts, was man genießt, man muss sie bekämpfen, man will dort nicht sein – außer, es geht darum, Nahrung, Bauholz, Pelze oder Edelmetall zu erbeuten.

Während dieser Film die dunkle Seite der Natur verehrt, ist sein Gegenstück, *Into the Wild,* der auf der Dokumentation des Autors und Abenteurers Jon Krakauer über Christopher McCandless beruht, stark im westlichen Naturempfinden eingebettet. McCandless wird nicht von Bären verletzt oder von Wilden bedroht, sondern er ist zivilisationsmüde und will den Lügen und Streitigkeiten seiner Eltern entfliehen. Verführt durch Henry Thoreaus Schriften, biegt er eines Tages von der Landstraße ab und begibt sich in die Natur. Kein Telefon, kein Swimmingpool, nur noch Freiheit. Nicht mehr vergiftet werden von der Zivilisation. Er flüchtet und geht los, um sich in der Wildnis zu verlieren. So etwa lautet die Philosophie von McCandless. Die Natur wird zum Ort der Meditation. Allerdings muss man gleich dazusagen, dass die Geschichte nicht gut ausgeht, weil die Natur sich bald auch von ihrer ungemütlichen Seite zeigt. Abgemagert und vergiftet, stirbt McCandless in der Einöde von Alaska. Und trotzdem ist der Film auf seine Art eine Huldigung an die Natur, in der fantastische Sonnenuntergänge, endlose Strände und mächtige Wälder locken.

Der Winter ist die beste Zeit zum Aufspüren von Wölfen, vor allem, wenn viel Schnee liegt. Die Spuren legen Zeugnis von jeder Bewegung unserer grauen Eminenz ab. Kein Wunder, dass seit jeher die meisten Wölfe im Winter erlegt wurden. Auch ich habe weiß Gott nicht auf der faulen Haut gelegen, seit es Mitte November endlich geschneit hat. Erst war ich mit Ole Knut Steinset im Aurskog, wo wir im Neuschnee den Fußabdrücken von drei Wölfen folgten. Dabei hatten wir die Nachrichtenredaktion des norwegischen Fernsehens im Schlepptau, weil es so aussah, als würde sich gerade eine politische Krise zusammenbrauen: Umweltminister Vidar Helgesen hatte sich mit dem Justizministerium beraten und danach den geplanten Abschuss von 47 Wölfen verboten. Die Juristen waren nämlich zu der Ansicht gekommen, dass dieser Abschuss der Berner Konvention zum Schutz wild lebender Pflanzen und Tiere widerspreche. Das Verbot war Öl ins Feuer – Tausende von Bewohnern der Provinz Hedmark demonstrierten in Oslo gegen den Umweltminister, von dessen Amt der Comedian Are Kalvø sagt, es sei »eigens dazu erfunden worden, die Landbevölkerung zu ärgern«. Ich war hingefahren, um die Stimmung und den Wolfshass dieser Leute kennenzulernen, und hatte mir als Erinnerung sogar – aus reiner Ironie – einen Aufkleber gekauft, der einen Wolf im Fadenkreuz zeigte. Die Aufschrift lautete: »Echte Männer schießen Wölfe.«

Über den wenigen Neuschnee zogen Ole Knut und ich durch den Wald. Für Männer wie ihn ist der erste Schnee im Spätherbst etwas Heiliges. Dann kann er endlich losziehen und sich einen Überblick über die Tiere verschaffen. Wie viele Wölfe gibt es dort? Markieren sie ihr Revier? Und wie groß sind ihre Reviere? Mit dem, was er im Winter herausfindet, hilft er der Verwaltung, die Anzahl der erwachsenen Wölfe und Jungtiere im Blick zu behalten.

Die nächste Wanderung unternahm ich mit Mats; wir gingen in den Rømskog. Nachdem wir lange vergeblich nach Spuren gesucht hatten, fanden wir schließlich eine, die zu einem durchziehenden Wolf gehörte. Wir folgten ihr sieben Kilometer weit, durch offenen, schönen Kiefernwald, während der Neuschnee von den Bäumen rieselte.

Und schließlich machte ich noch eine Tour mit Ole Knut, diesmal im Eidskog, wo wir unzählige Spuren von Jungwölfen fanden.

Das Schöne an Ole Knut ist die Routine. Er ist schon etwa vierhundert Mal unterwegs gewesen, um Wölfe aufzuspüren, und man findet in ganz Norwegen nur wenige, die ihm auf diesem Gebiet das Wasser reichen können. Gelegentlich lerne ich den einen oder anderen Trick von ihm. Im Eidskog waren wir verwirrt, weil sich die Wolfsfährten so häufig überschnitten: Handelte es sich um einen einzigen Wolf oder um mehrere? Ole Knut erklärte mir, dass Wölfe oft über längere Zeit dasselbe Gebiet durchstreifen und dabei im Kreis laufen, vor allem, wenn dort ein Kadaver liegt. Außerdem zeigte er mir, wie man an den Spuren die misstrauische Natur des Wolfs ablesen kann. In einem Waldstück war der Wolf stehen geblieben und hatte sich um neunzig Grad zur Seite gedreht. Offenbar hatte ihn etwas erschreckt. Zu unserer Enttäuschung fanden wir weder Losung noch die Überreste eines Beutetiers. Da hatte ich ja bei meiner ersten Wolfstour in Hobøl mehr zu sehen bekommen!

Der Höhepunkt dieses Winters war wohl die Tour durch das »gefürchtete« Revier von Slettås, das mitten im Wolfsgebiet von Hedmark liegt.[3] Dorthin pilgerten die Journalisten, um über die Wolfsangst der Bevölkerung zu schreiben. Und die hartgesottenen Hedmarker stellten sich hin und erzählten zur besten Sendezeit, wie sehr sie sich vor den Wölfen fürchteten. Während diese Angst zu neuen Höhen aufstieg, nahm ich meinen neunjährigen Sohn Jørgen und fuhr hinauf nach Slettås. Auf einem Weg am Ostufer des Osensjøen fanden wir ganz frische Spuren von drei Wölfen und folgten ihnen neugierig, der Junge voraus und ich hinterher, in den dichten Wald hinein. Während wir so gingen, schoss mir ein Gedanke durch den Kopf. Würden wir hier Wölfe zu sehen bekommen? Würden wir sie von ihrem Tageslagerplatz aufscheuchen? Die Wölfe im Slettås-Revier sind ja bekannt dafür, dass sie weniger scheu sind als andere. Aber nach ein paar Kilometern Weg durch den dichten Fichtenwald hatte mein Sohn keine Lust mehr, sich zwischen verhakten Nadelbäumen durch den Schnee zu kämpfen, und so gingen wir zum Auto zurück.

Der Herbst war ereignislos gewesen, sodass ich schon fast aufgeben wollte. Doch im Laufe des Winters hatte ich wieder große Lust bekommen, den Wölfen nachzuspüren. Jedes Mal, wenn es Neuschnee gegeben hatte, dachte ich: Jetzt müsste man raus und Spuren suchen.

Hatte da wirklich ein Wolf geheult?, frage ich mich draußen im finsteren Glaskogen, oder bilden sich Stefan und Claes das alles nur ein? Stefan rattert mit seinem Geländewagen den Waldweg entlang, ein Auge immer auf der Karte im Display seines Smartphones. Wir rasen durch die Dunkelheit, biegen hier und da ab, fahren Hänge hinauf und hinunter. Während der Fahrt schlingen wir ein paar Tüten Chips mit Dill hinunter, und Stefan trinkt die zweite Dose Red Bull.

»Diesmal kriegen wir sie«, sagt er wie schon so oft. An diesem Abend klingt es wie ein Versprechen, als würde er selbst daran glauben. An einer Stelle, an der er mit dem Wagen abbiegt, finden wir jede Menge frische Spuren. Er sagt nichts dazu, geht wohl davon aus, dass ich sie als Wolfsfährten erkenne. Vielversprechend, denke ich. Stefan fährt jetzt mit offener Tür an den Trittsiegeln entlang und erklärt uns, dass hier zwei Wölfe getrabt sind. Der Wolf ist nämlich ein Meister darin, seine Kräfte ökonomisch einzuteilen. Er rennt nicht wild durch die Gegend wie ein Hund. Sehr oft gehen Wölfe in der Spur eines anderen Tieres durch den Schnee. Und auch die Waldwege, auf denen Geländewagen fahren, sind wichtige Verkehrsadern für die Wölfe, weil sie sich dort gut und kräftesparend fortbewegen können.

Auf einmal tritt Stefan auf die Bremse. Vor uns sind drei Fichten einen Abhang hinuntergerutscht. Wenn der Wald ausgeholzt wird, hat der Wind eine bessere Angriffsfläche und wirft vor allem die flach wurzelnden Fichten um. Die Bäume sehen ganz hilflos und verloren aus, wie sie da liegen. Vor allem aber versperren sie uns den Weg. Die Wölfe sind natürlich elegant über das Hindernis gesprungen, das für unseren zwei Tonnen schweren Land Rover unüberwindlich ist. Stefan springt aus dem Auto und schiebt den kleinsten Baum aus dem Weg. Den zweiten nehmen wir uns gemeinsam vor und bringen ihn mit einer größeren Kraftanstrengung zur Seite. Aber der letzte Baum macht uns echte Schwierigkeiten. Es ist eine große, schwere Fichte, die noch ganz gesund war und deren Äste sich im Boden festkrallen. Keine Chance.

»Lasst uns zurückfahren«, sagt Claes.

»Aufgeben gilt nicht«, schnauzt Stefan ihn an und beordert uns zurück ins Auto. In beängstigendem Tempo fährt er rückwärts den schmalen Waldweg entlang. Noch nie habe ich in einem Auto gesessen, das so schaukelte – ich muss mich mit beiden Händen am Sitz festhalten. Als wir gerade denken, er will umdrehen und einen anderen Weg fahren, wendet Stefan und fährt zurück. Er setzt das Heck des Wagens kurz vor die schwere Fichte, die uns den Weg versperrt. Dann holt er ein Seil heraus, bindet es an seine Anhängerkupplung und an den

Baum – und gibt Gas. Die Reifen drehen durch, es stinkt nach verbranntem Gummi. Der Baum rührt sich nicht. Stefan springt wieder hinaus in den Rauch, der seinen Wagen einhüllt, und holt eine kleine Axt aus dem Kofferraum. Eine sehr kleine. Claes sagt noch einmal, wir sollten zurückfahren, aber Stefan setzt sich rittlings auf den Baum und fängt an, auf ihn einzuschlagen, als ginge es ums liebe Leben, und der Baum sei ein Ungeheuer, das ihm das Herz aus dem Leib reißen will. Und als ich ihm dabei zusehe, begreife ich, warum es ihm schon so oft gelungen ist, Wölfe zu sehen: Er gibt nicht auf, er hält durch und gibt alles, um sein Ziel zu erreichen. Am Ende hat er die Fichte tatsächlich durchgehackt, sodass er die beiden Stücke mit seinem Wagen wegziehen kann. »Aufgeben gilt nicht«, wiederholt Stefan. Und so fahren wir weiter in den Wald hinein.

»Die üblichen gemischten Gefühle, Gedanken, Pflichten und Pläne waren verschwunden. Plötzlich war da nur noch der Wald«, schreibt Erlend Loe in *Doppler.* In diesem Roman zieht die gut gezeichnete Figur Andreas Doppler aus Menschenfeindlichkeit in den Wald, weg von dem ständig antreibenden Tempo. »Der Wald, das bin ich«, denkt Doppler, und so wird der Wald zu seinem Zufluchtsort, während die Welt sich unten in der Stadt weiterdreht. Er freundet sich mit dem Elchkalb Bongo an, und nach einer Weile ist der Wald für ihn nicht mehr nur eine Ansammlung von Bäumen, sondern etwas Höheres. »Man kann sich ohne Weiteres in die Hände des Waldes begeben. Denn der Wald hört zu und versteht … Er reißt nicht nieder, sondern richtet auf und lässt die Dinge wachsen. Der Wald versteht alles und umfängt alles.« Auch Knut Hamsun ließ seine unglücklichen, schlecht an die Gesellschaft angepassten Männer – Leutnant Glahn in *Pan* und Johan Nilsen Nagel in *Mysterien* – sich in den Wald zurückziehen, nachdem sie unter den Menschen Niederlagen erlitten hatten. Dort können sie ihre Masken fallen lassen und sich eins mit der Natur fühlen.[4]

Mit all diesen Gedanken im Kopf kann ich es nicht lassen, Stefan zu fragen, was ihn hinaus in den Wald treibt, weg von den Häusern der Menschen und der Zivilisation. Ist es eine Art Realitätsflucht? Er hat mir ja selbst erzählt, dass er Abendeinladungen und größere Menschenansammlungen scheut. Bei solchen Gelegenheiten fühlt er sich eingesperrt, und den Fernseher schaltet er schon gar nicht mehr ein. Stattdessen geht er raus in den Wald. Irgendwo in einer Bar ein Bier trinken und plaudern, das ist okay, aber mehr muss nicht sein, nicht für ihn. Auf Expedition sein, bergsteigen, Fahrrad fahren in Afrika, um die Welt reisen oder wilde Tiere aufspüren, das ist alles keine große Herausforderung. Doch bei der Familie zu Hause sein, ruhig bleiben und nicht rauskönnen, das macht ihm Mühe. Zum Glück kommt das nicht oft vor, sagt er. Ich frage nach: Was zieht ihn in jeder freien Stunde in den Wald? Ist es eine große, undefinierbare Unruhe? Oder was?

»Weiß ich nicht. Es ist faszinierend. Der Wald ist wie eine Droge«, antwortet er und wiederholt damit, was er schon auf anderen Wanderungen gesagt hat. »Ja, vielleicht ist es eine Art Krankheit, auch wenn ich keine Ahnung habe, wie man sie nennt.«

»Irgendeine Krankheit haben wir doch alle«, ergänzt Claes vom Rücksitz, und dann fangen sie beide laut an zu lachen.

»Ich bin ein unruhiger Geist, das muss ich zugeben. Wenn ich heute Kind wäre, würden sie mir wahrscheinlich die Diagnose ADHS verpassen«, fährt Stefan fort, während wir alle drei aufmerksam den Waldrand beobachten. »Aber es hat auch damit zu tun, dass ich das Zusammenspiel in der Natur verstehen will. Wenn ich hier draußen bin, passiert etwas Entscheidendes. So wie heute Abend. Ich bin mit guten Kameraden zusammen, der Mond scheint, der Himmel ist sternenklar, und dann taucht vielleicht auch noch ein Tier auf. Das ist ein so schönes Erlebnis. Es geht gar nicht so sehr darum, welches Tier ich sehe, es geht einfach um das Erlebnis.«

Eine große, offene Hochebene liegt im Mondschein vor uns. Wir stellen uns vor dem Auto auf. Jetzt müssten wir den Wölfen eigentlich viel näher sein. Milliarden von Schneekristallen spiegeln das Mondlicht zurück in den Weltraum. Olaus Magnus ging davon aus, dass die Schneeflocken wie Hände, Sicheln und Sterne geformt seien. Erst der Astronom Johannes Kepler unternahm erste wissenschaftliche Studien der Schneekristalle und schrieb sie in seiner kurzen Abhandlung *Strena Seu De Nive Sexangula* [Kurze Schrift über die Sechsecke des Schnees] von 1611 nieder. Inzwischen wusste man, dass alle Schneekristalle sechseckig sind. Kepler baute darauf auf und behauptete, dass sie aus winzigen Eiskugeln bestehen, die zusammengefügt sind. Erst mehr als dreihundert Jahre später zeigte die Röntgenkristallografie, dass die Schneedecke vor uns aus Milliarden von Einzelkristallen besteht, in denen die Wassermoleküle zu winzigen symmetrischen Sechsecken zusammengewachsen sind – und dass jedes Sechseck einzigartig ist.

Stefan weist uns an, jeder in eine Richtung über die Hochebene zu heulen. Breitbeinig stehen wir da und lassen ein langes, kräftiges Geheul erschallen. Dann stehen wir ganz still da und horchen.

Und auf einmal hören wir die Antwort. Kräftiges Wolfsgeheul durchdringt die Nacht, hohe Töne, die durch den Wald ziehen und gar nicht mehr wieder aufhören wollen. Was für ein Geschenk! Endlich geschieht es, etwa ein Jahr nach meiner ersten Wolfstour mit Mats.

Die beiden Schweden lassen die Wölfe zu Ende heulen, dann heulen sie zurück. Stefan lässt helle, japsende Laute hören, mit denen er die Jungen nachahmt, danach das tiefe, brummende Wuffen des Alpha-Rüden. Claes stößt lange, klagende Laute aus wie ein Wolf, der andere Wölfe sucht. Es kommt mir unglaublich, nein, unwirklich vor, dass dort im Wald, vielleicht zwei- oder dreihundert Meter von uns entfernt, wie Stefan schätzt, ein Raubtier steht und uns ruft. Solchen Erlebnissen jagt Stefan nach, solche Erlebnisse locken ihn immer wieder nachts in den Wald. Er gibt zu, dass ihn das Wolfsgeheul ruhig und gelassen macht. Und außerdem möchte er es gern verstehen: Was sagen die Wölfe? Was wollen sie? Sind sie auf dem Weg zu mir oder entfernen sie sich?

»Jetzt redet er mit uns. Ein typischer Jährling, noch etwas schüchtern und ängstlich«, flüstert Stefan. So geht es ein paar Minuten, dann heult der Wolf wieder, aber diesmal länger und selbstbewusster. »Hey, wo bist du? Ich bin hier, sagt er«, flüstert der Schwede und erklärt mir, dass Wölfe vor allem heulen, um anderen Rudelmitgliedern zu sagen, wo sie sich befinden. »Wenn Wölfe fiepen, wollen sie etwas erreichen, zum Beispiel fiepen die Welpen, wenn sie Futter möchten. Und Wölfe bellen auch, tiefer als Hunde, um ihr Rudel vor einer Gefahr zu warnen. Dann hört man oft ein kurzes Wuffen.«

In diesem Moment wird es ganz still. Wir hören nur noch das dumpfe Dröhnen des Eises, das sich zusammenzieht. Im Flüsterton erklärt uns Stefan, dass das zweierlei bedeuten kann: Entweder hat der Jungwolf gemerkt, dass wir gar keine Wölfe sind, oder er ist auf dem Weg zu uns, um abzuchecken, wer wir sind. Eindringlich bittet Stefan mich, ihm über den Weg und die Hochebene vor uns zu folgen. Unbewusst mache ich einen Schritt auf ihn zu und lehne mich gegen das Auto. Da fühle ich mich sicherer. Wir wissen nicht, wie ein Wildtier reagiert, und ich habe noch die Worte eines Wolfskenners im Ohr, die er der Presse sagte, nachdem ein Wolf unmittelbar an der Straße in Enebakk fotografiert worden war, einem Vorort von Oslo: »Man sollte nie auf Wildtiere zugehen, weder auf Wölfe noch auf Elche.« Jetzt stehen wir hier und brechen alle

Regeln, zusammen mit Stefan, der absolut keine Angst vor den Wölfen kennt.

Irgendwo da draußen, ganz in unserer Nähe, ist ein Wolf, und ich denke: Sollte ich mich fürchten? Seit der letzten Tour habe ich ein bisschen weitergelesen. Es ist nachgerade undenkbar, dass ein wilder Wolf einen Menschen angreift, es sei denn, er hätte Tollwut oder sei an Menschen gewöhnt. In allen anderen Fällen fühlt er sich verfolgt und wird flüchten. Denn die intensive Bejagung durch den Menschen hat ihn gelehrt, sich von den Zweibeinern fernzuhalten.

Die Angst vor Menschen gehört zu ihrem Erbgut, ein Ergebnis der Evolution aufgrund von Erfahrung. Wölfe, die eine natürliche Angst vor dem Menschen hatten, überlebten. In der Fachsprache nennt man das »Gewehrselektion«. Mit anderen Worten: Die Wölfe, die den Menschen nicht fürchteten, wurden erschossen. Es sind also auch hier nicht unbedingt die Stärksten, die überleben, sondern diejenigen, die sich einer vom Menschen beherrschten Welt am besten anpassen. Wo es nach Menschen riecht oder wo man ihre Spuren wahrnimmt, halten sich die Wölfe zurück. Erfahrene Spurensucher können von Wölfen erzählen, die große Umwege selbst um einen kleinen Briefkasten machen oder nur im Notfall eine Skispur überqueren. Die Menschenscheu gehört zum Instinkt der meisten Wölfe und zu ihrem Grundverhalten.

In den Sechzigerjahren wurde an der Universität Chicago eine Studie über die Scheu der Wölfe durchgeführt. Eine Person setzte sich in die Ecke eines Zwingers, in dem ein nicht sozialisierter Wolf lebte. Zuerst versuchte der Wolf zu flüchten, scharrte am Betonboden, sprang hoch und kratzte an der Tür. Als er nicht entkommen konnte, zog er sich in eine Ecke zurück, kauerte sich zitternd zusammen, kotete und urinierte, alles aus Angst vor dem Menschen, der da in seiner Nähe saß. Erst nach ein paar Monaten wagte der Wolf, sich dem Menschen zu nähern, knabberte an seinen Kleidern und schnupperte an ihm. In einer Variante des Versuchsaufbaus bekam der Wolf angstlösende Medikamente; dieses Tier wurde schon nach vier Tagen mutiger und fing an, den Menschen abzuchecken.[5] Draußen in der Wildnis sieht es anders aus, denn dort sind Wölfe nicht gezwungen, den Menschen kennenzulernen. Sie behalten ihre extreme Menschenscheu – und ihre Wildheit.

Trotz aller Geschichten darüber, wie gefährlich der Wolf ist: Eine Untersuchung aller Begegnungen von Menschen und Wölfen in Schweden und Norwegen zeigte, dass die Wölfe in 123 von 125 Fällen flüchteten. In den verbleibenden zwei Fällen blieb der Wolf stehen: Es waren Alpha-Wölfinnen, die ein defensives, aber harmloses Verhalten zeigten, um ihre Welpen zu schützen. Einer der führenden Wolfsforscher, John Linnell, fasst es so zusammen: Die Angst des Menschen vor dem Wolf hat eine gewisse Faktengrundlage, aber angesichts des realen Risikos, angegriffen zu werden, ist diese Angst absolut übertrieben. Diese Aussagen sollte man an jede Kirchentür hängen oder vielleicht heute besser in jedes Einkaufszentrum, zumindest in der Nähe von Wolfsrevieren. Denn oft haben gerade diejenigen, die den Wolf am wenigsten kennen, am meisten Angst vor ihm. Leute, die draußen im Wald nach Spuren gesucht, die nachts Wolfsgeheul gehört haben, solche wie Stefan, die kennen seine Scheu, seine Menschenfurcht, und wissen, dass er Orte meidet, wo es nach Menschen riecht.

Der Wind ist eingeschlafen, der Wald scheint totenstill. Ganz ruhig stehen wir da, geben keinen Laut von uns, warten. So vergeht eine Minute, zwei, drei, schließlich sind es zehn. Stefan hat Mühe, noch weiter zu stehen. Als er auf seine Füße zeigt, sehe ich, er hat nur Sandalen an. »Kalt«, grinst er, ein grobes Understatement in dieser eisigen Dezembernacht. Der Wolf lässt sich nicht mehr hören, und nach einer halben Stunde erklärt Stefan, genug ist genug.

Bevor wir wegfahren, nehmen die anderen zwei starke Edison X100-Taschenlampen aus der Tasche. Achttausend Lumen erhellen den dunklen Wald. »Da ist der Wolf!«, ruft Claes auf einmal und zeigt auf die Hochebene. Stefan und ich drehen uns um, richten unsere Taschenlampen in den Wald, aber der Wolf ist wie vom Erdboden verschluckt. Stefan fasst mich am Ellbogen; zusammen laufen wir auf die offene Fläche, leuchten erneut mit unseren Lampen in den Wald – vergeblich. »Kann sein, dass er in die Senke da gelaufen ist«, mutmaßt Stefan, während wir durch das unwegsame Gelände stolpern. Ich leuchte verzweifelt zwischen die Bäume, doch der Wolf ist weg.

»Glückwunsch! Jetzt ist der Knoten geplatzt«, sagt Stefan, als wir wieder am Auto sind.

»Das war's? Ich will mehr hören«, platze ich heraus, obwohl ich weiß, dass nur die wenigsten jemals einen Wolf im Wald heulen hören. Mats, der im Wald lebt und für die Naturschutzbehörde arbeitet, hat noch nie einen gehört, obwohl er ständig draußen ist, auf Wanderungen, bei Feldstudien oder auf Spurensuche. Selbst Ole Knut, der schon mehrere Hundert Male Wolfsspuren gefunden hat, gibt zu, dass er nur einige wenige Male Wölfe gehört hat.

Auf der Rückfahrt spricht Stefan über die Wilderer und fragt mich: »Hast du den großen Pick-up gesehen, der in dem Stichweg geparkt war, als wir in den Wald fuhren?« Alles Ungewohnte, alles, was nicht zusammenpasst, macht Stefan misstrauisch. Reifenspuren eines Autos im Wald, Fußspuren von Menschen oder, wie in diesem Fall, Autos, die an einer komischen Stelle geparkt sind. Er will nicht ins Detail gehen, aber er vermutet, dass der Pick-up Wilderern gehört, die Wölfe abschießen wollen. Die Verwaltung von Värmland, die den Wolfsbestand überwacht, hat gerade heute Abend einen Versuch verhindert. An die zehn Jäger waren wohl draußen im

Wald, und den Pick-up haben sie dort abgestellt, um den Weg zu versperren.

»Ich habe überhaupt nichts gegen kontrollierte Abschüsse, aber Wilderei finde ich zum Kotzen«, erklärt Stefan. Kein Wunder: Mit Wölfen hatte er noch nie Schwierigkeiten, mit Jägern schon. Nachdem die ersten Wölfe in den Glaskogen gekommen waren, gingen die Elchbestände zurück. Der Hunger der Wölfe hat es mit sich gebracht, dass die Quoten für den Abschuss von Elchen in einigen Wolfsrevieren Norwegens und Schwedens halbiert wurden. Deshalb können viele Elchjäger die Wölfe überhaupt nicht leiden. Stefan ist ein paar Mal bedroht worden: »Ich weiß, was du treibst, pass gut auf dich auf«, hat er zu hören bekommen. Und an seinem Land Rover hat er einmal einen Zettel gefunden, auf dem stand: »Du Mistkerl, ich weiß, wo du wohnst.« Einmal wurde sein Auto blockiert, und ein Jäger schrie ihn an: »Hör endlich auf damit!« Er glaubte, Stefan hätte die Wölfe in »seinem« Wald ausgesetzt. »Ich verstehe diese Aggressivität nicht«, sagt er. »Ist es denn verboten, den Wolf faszinierend zu finden?«, fragt Stefan.

Ihm ist klar, dass hier gewildert wird; mindestens drei Wölfe sind in den letzten paar Jahren abgeschossen worden. Als ich ihn frage, wer dahintersteckt, sagt er mir, es seien tatsächlich einige Norweger darunter. »Und der Mist ist, dass sie es echt draufhaben. Sie spüren die Wölfe mit ihren Schneemobilen auf, kreisen sie ein und schießen sie ab. Schlau sind sie außerdem. Sie halten den Mund und geben damit nicht an.«

Vor ein paar Jahren ist Stefan einer Wolfsfamilie bis an die norwegische Grenze gefolgt. Dort entdeckte er mehrere Schneemobilspuren, die den Wölfen ebenfalls folgten. Nach einer Weile kam er durch den Tiefschnee zu einer Hütte an einem zugefrorenen See. Die Schneemobile standen vor der Tür, aber ihn interessierte, was für Leute das waren. Als er sich der Hütte näherte, kam ein junger Mann heraus. »Hast du dich verlaufen?«, rief er in ziemlich aggressivem Ton auf

Norwegisch. »Was?«, fragte Stefan und stellte sich dumm. »Ob du dich verlaufen hast!«, wiederholte der Mann. »Nein, ich gehe hier nur spazieren. Ein schöner Platz ist das hier«, versuchte Stefan die Lage zu entschärfen. Da schrie ein zweiter Norweger aus der Hüttentür: »Willst du Wolfsfleisch haben?« Stefan ging einfach weiter übers Eis und antwortete: »Nein danke, ich bin Vegetarier.« Er wollte die Männer lieber nicht provozieren, rief aber die Behörde an.

Wenig später hörte er, dass die Norweger ihre Schneemobile starteten und ihm auf den See folgten. Jetzt wird es ernst, dachte er. Zum Glück herrschte Nebel, sodass sie ihn nicht sehen konnten, aber sie folgten in rasendem Tempo seinen Fußabdrücken im verschneiten Eis. Stefan wandte einen Indianertrick an und ging in seiner eigenen Spur zurück dorthin, wo er hergekommen war, und verschwand in einem Waldstück. Die Schneemobile rasten an ihm vorbei. So lag er eine Weile da und wartete, bevor er sich wieder hinauswagte. Als er gerade dachte, jetzt sei er in Sicherheit, hörte er einen Schuss, und die Kugel flog direkt über ihn hinweg. Ein Warnschuss. Er rannte los wie verrückt, bis er auf einen Weg stieß, von wo er einen Kumpel anrufen konnte, der ihn abholte. »Ich hatte keine Angst, ich war nur stinkwütend. Solche Idioten! Die wollten mich einschüchtern«, sagt er. Wenig später waren alle Wölfe auf rätselhafte Weise aus dem Revier verschwunden.

Wie groß ist eigentlich das Problem der Wilderei? Die schwedische Tageszeitung *Aftonbladet* hat in einem Leitartikel davon gesprochen, dass durch die illegale Jagd der Wald »gereinigt« würde. Im Fernsehen hieß es, die Polizei verfolge Hinweise auf Wilderei nicht konsequent genug. Ich habe selbst einen Prozess mitbekommen, bei dem fünf Männer aus Hedmark wegen illegaler Wolfsjagd verurteilt wurden. Sie hatten einen Wolf getötet, und das Bild des toten Wolfs, der neben einigen toten Füchsen aufgehängt war, wurde als Beweismittel vorgelegt. Eine seltsame Show war das: Auf der einen Seite die Juristen im schwarzen Talar, auf der anderen Seite die fünf Wolfsjäger aus irgendeinem Dorf in Trainingshosen und Sweatshirts. Der Hauptangeklagte, den sie den Bürgermeister nannten, wurde zu anderthalb Jahren Gefängnis verurteilt. Wie ein Manifest seines Wolfshasses zeigte er eine Tätowierung am Arm: ein Wolf im Fadenkreuz. Während des Prozesses wurden mehrere Wolfsforscher als Gutachter gehört, und als der bekannteste von ihnen über die Zahlen befragt wurde, sagte er ganz klar, dass mindestens die Hälfte aller toten Wölfe durch Wilderei ums Leben kommen. Mindestens, das wiederholte er, um es besonders zu betonen.

Als wäre das Wolfsgeheul an diesem Abend doch noch nicht genug, beobachten wir auf dem Heimweg, wie ein Meteorit in die Erdatmosphäre eindringt und direkt vor uns verglüht. Wie eine riesige Fackel stürzt er vom Himmel in den Glaskogen.

Der heutige Abend war ein Meilenstein, aber ich habe das Gefühl, ich bin noch nicht fertig mit den Wölfen, auch wenn ich ihnen jetzt schon seit einem Jahr auf der Spur bin. Die Nacht ist dunkel, der Wald noch dunkler. Als ich auf Oslo zufahre, schneit es ein wenig. Eine feine Schneedecke liegt auf der Straße. Im Fernlicht sehe ich zwei Fährten, die die Straße überqueren und im Wald verschwinden. Ich steige auf die Bremse, sehe mir die Spuren an. Wolfsspuren, noch ganz frisch. Aufgeregt rufe ich Stefan an, der sich seiner Sache ganz sicher ist: Die Wölfe sind geflüchtet, als ich angefahren kam. Wäre ich etwas schneller gefahren, hätte ich sie womöglich überrascht und noch zu sehen bekommen.

Bevor ich wieder ins Auto einsteige, stoße ich ein Heulen aus, ganz allein für mich und die Wölfe, nur um es getan zu haben. Lang und hoch steigt es in den schwarzen Nachthimmel auf.

Unberührt

Früher war ganz Europa von einem Teppich aus Wald bedeckt. Als Cäsars Legionen gegen die germanischen Stämme nördlich des Rheins vordrangen, zu Beginn unserer Zeitrechnung, stießen sie auf undurchdringliche Wälder. Acht Tage brauchten sie auf dem Weg nach Norden, sechzig Tage in ost-westlicher Richtung. Ganz Germanien »ist von hässlichen Wäldern und widerwärtigen Sümpfen bedeckt … eine hässliche Natur und ein hartes Klima, weder schön anzusehen noch gut, um darin zu wohnen«, schrieb der römische Historiker Tacitus. Der Urwald beherrschte den Kontinent, nicht die Zivilisation. Fast achtzig Prozent der Fläche waren Wald.[1] Seither haben die Menschen die Wälder abgebrannt, den alten Waldboden gepflügt, ihre Haustiere darauf weiden lassen, und Asphalt und Beton verbrauchen immer mehr Fläche. Nur noch einige Reste sind übrig, kleine, unansehnliche grüne Flecken auf der Karte. Wenn ich durch das Naturschutzgebiet Østmarka wandere, komme ich mir vor, als sei ich wieder in den alten Wäldern unterwegs, wie sie vor dem Zugriff des Menschen waren.[2] Hier wird der Wald in Ruhe gelassen. Die

Bäume dürfen sterben, wenn sie so weit sind, dürfen als graue Leichen aufrecht stehen bleiben, bis sie irgendwann umfallen, nach einem Sturm oder ganz einfach durch ihr eigenes Gewicht. Wenn es große Bäume sind, die umfallen, entstehen kleine Lichtungen, in denen neuer Wald hochkommen kann.

Man sieht Bäume jeden Alters, kleine und hoch gewachsene Fichten und – typisch für solche Wälder – jede Menge Totholz. Was für ein Unterschied zu den einförmigen Wirtschaftswäldern, die durch Flächenabholzungen, Aufforstung und Bestandspflege frisiert sind. Aber auch in der Østmarka sieht man Spuren von Abholzungen; sie fanden statt, bevor der Wald unter Schutz gestellt wurde.[3] Um die kleinen und wenigen Stellen mit urwaldähnlichem Altbestand zu finden, muss man tief in die Østmarka vordringen, zu den unzugänglichsten Tälern und Hügeln.

Obwohl Norwegen und Skandinavien insgesamt als grüne Oase Europas gelten, gibt es hier nicht mehr viel unberührten Wald. Der größte Teil der norwegischen Wälder, ob geschützt oder nicht, ist von menschlichem Tun beeinflusst. Die Altbestände sind abgeholzt und durch Forste ersetzt worden, nur noch 2,5 Prozent des norwegischen Waldes sind älter als 160 Jahre.[4] Die Abholzungen haben ihre Spuren hinterlassen, und wenn man an einem Tag im Frühwinter über die Nordmarka fliegt, sieht die Landschaft aus wie ein Flickenteppich weißer Hochebenen mit relativ kleinen Flecken von grünem Nadelwald. Die norwegische Wildnis ist auf dem Rückzug. Heute sind nur noch zwölf Prozent der Landesfläche – zum Vergleich: Um 1900 waren es noch 48 Prozent – mehr als fünf Kilometer von gravierenden Eingriffen wie Straßen, Wasserkraftanlagen und Staudämmen entfernt. Obwohl in den letzten Jahren der Anteil geschützter Wälder erheblich zugenommen hat, sind nicht mehr als drei Prozent aller produktiven Wälder in Norwegen tatsächlich geschützt. Wie eben die Østmarka.[5]

Ich war hier in letzter Zeit häufiger unterwegs, immer dann, wenn die Abstinenz von Wolf und Wald zu hart wurde und keine Touren mit Stefan geplant waren. Heute bin ich von meinem Job geflüchtet; ich hatte das Gefühl, ich muss raus, raus in den Wald, Wölfe suchen. Zuerst habe ich das Gefühl verdrängt und bin am Schreibtisch sitzen geblieben. Schließlich hatte ich genug zu tun, und wenn ich mich konzentriert beschäftige, vergeht der Drang manchmal. Aber an diesem Wintertag wurde es immer schlimmer, sodass ich nach dem Mittagessen nach Hause fuhr, meinen Rucksack packte, mich ins Auto setzte und an den Waldrand fuhr. Dort angekommen, fühlte ich mich wie der freieste Mensch auf der Welt.

Zuerst besuchte ich ein paar Seen im Süden der Østmarka und kam dann zum Børtervann. Da der Wolf ein Experte darin ist, Kräfte zu sparen, geht er oft den Weg des geringsten Widerstandes und bewegt sich auf Forststraßen, Loipen, Elchpfaden und zugefrorenen Seen. Deshalb findet man so oft Elchkadaver auf dem Eis des Sees, hat mir ein Bekannter gesagt. Die Wölfe jagen ihre Beutetiere aufs Eis, wo der Elch sich so ungeschickt bewegt wie einst Bambi. Er rutscht aus und kann nicht mehr weglaufen, und so wird er eine leichte Beute für das Wolfsrudel. Doch obwohl ich eine ganze Weile auf dem Eis unterwegs bin, finde ich keine Wolfsspuren, nur jede Menge Spuren von Hunden, Langläufern und dem einen oder anderen Elch. Als ich keine Lust mehr habe, auf dem langweiligen See herumzulaufen, gehe ich wieder in den Wald.

Hundert, dreihundert oder fünfhundert Jahre kann es dauern, aber irgendwann steigen die Säfte im Frühjahr nicht mehr ganz nach oben, der Baum treibt keine Knospen und auch keine Blätter mehr aus. Er stirbt. Hier im Naturschutzgebiet gibt es einzelne kahle Stämme, die keine Rinde mehr haben. Graubraun stehen sie da. Bei anderen hängt die Rinde halb herunter. Käfer und Larven haben sich kleine Gänge durchs Holz gegraben, die aussehen, als hätte jemand etwas geschrieben. Es gibt kaum etwas Lebendigeres als einen toten Baum mit all den Moosen, Flechten, Pilzen, Vögeln und Käfern. Gerade die Artenvielfalt ist oft ein Argument, wenn es darum geht, einen Wald unter Schutz zu stellen. Denn von den etwa 44 000 Arten, die in Norwegen leben, finden sich nach Schätzung von Experten sechzig Prozent im Wald.[6] Wenn wir über den eigenen Tellerrand schauen und weltweite Zahlen nehmen, lebt die Hälfte aller Arten unserer Erde in den Regenwäldern, obwohl diese nur sechs Prozent der Fläche bedecken. Man nimmt an, dass achtzig Prozent der gesamten Biodiversität der Erde vom Wald abhängig sind.[7]

Nicht zuletzt leben viele bedrohte Arten in älteren Wäldern, die in Ruhe gelassen werden, und dort sehr viele im Totholz. Von den 2355 »vom Aussterben bedrohten« Arten, die in Norwegen auf der Roten Liste stehen, lebt fast die Hälfte im Wald.[8] Dazu gehört auch der Wolf, *Canis lupus lupus*; er gilt als »stark bedroht«, aber man sollte darüber nicht die vielen anderen Arten vergessen. Die am stärksten bedrohten Arten gehören zu den Pilzen (353 Arten), Käfern (230 Arten), Mücken und Fliegen (128 Arten) und Flechten (124 Arten). Aber wer geht schon für den stark bedrohten Gelbstreifigen Zahnflügel-Prachtkäfer *(Dicerca aenea)*, die Barbarossafliege *(Eutolmus rufibarbis)* oder die Raubfliege *Laphria gibbosa* auf die Straße? Dass wir mehr Mitleid mit großen Raubtieren haben als mit kleinen Insekten, Fliegen, Mücken, Tausendfüßlern und Schnecken, ist vielleicht menschlich. Es fällt uns nun mal leichter, uns mit Säugetieren zu identifizieren als mit unansehnlichen Krabbeltierchen oder einer seltenen Pilzart, so wichtig sie auch für den Kreislauf der Natur sein mögen.

Innen im Wald ist die Schneedecke noch dünn, ich muss zu Fuß weiter ins Naturschutzgebiet vordringen. Die Ski binde ich am Rucksack fest und suche mir einen Weg, der nach Osten führt. Dort kann ich nach Spuren Ausschau halten und viele der in Nord-Süd-Richtung verlaufenden Talsenken durchqueren, in denen die Wölfe ihre eigenen Wanderrouten haben. Wie still und leblos der Wald wirkt! Jetzt, im Winter, ist das vielleicht zu erwarten, aber ich war auch schon im Sommer hier, und wenn ich tief in das Naturschutzgebiet vordrang, fühlte es sich ebenfalls so an, als wäre ich das einzige Lebewesen weit und breit, abgesehen von Massen Roter Waldameisen und nervtötender Fliegen, die mir in den Hemdkragen krochen. Um mich selbst zu testen, versuchte ich, so viele Arten wie möglich zu bestimmen. Bei den Bäumen kam ich ganz gut zurecht – Eberesche, Birke, Fichte, Espe, Kiefer – bei den Moosen, Kräutern und ein paar Röhrenpilzen ging es auch noch, aber bei Flechten und Baumpilzen war ich blank.

Noch schlimmer war es mit den Insekten, da unternahm ich nicht einmal einen ernsthaften Versuch, sie zu bestimmen. Aber wir kommen nicht darum herum, uns mit der artenreichsten Tiergruppe der Erde zu beschäftigen. Insekten sind so etwas wie die verborgene Mehrheit im Tierreich: Drei Viertel aller Tiere sind Insekten, weltweit kennen wir etwa eine Million Arten. Doch wenn wir die Insekten als verborgene Mehrheit bezeichnen, beleidigen wir damit eigentlich alle anderen Kleintiere des Waldes. Denn unter meinen Füßen wimmelt es von Leben: Es gibt an die zwanzig Millionen Rundwürmer, 270 000 Ringelwürmer, 400 000 Maden und 700 000 Springschwänze auf einem einzigen kleinen Quadratmeter Nadelwaldboden.[9]

Selbst wenn es unglaublich viele bekannte Insektenarten gibt, bilden sie nur die Spitze des Eisberges. Insektenforscher vermuten, dass es in Wirklichkeit fünf Millionen Arten sind, mutige Schätzungen gehen von hundert Millionen aus.[10] In Norwegen finden sich immerhin 18 000 registrierte Insektenarten, und ständig werden neue entdeckt. In den letzten paar Jahren sind hundert neue Arten dazugekommen, darunter die Parasitenwespe *Copidosoma longicaudata*, ein gerade fünf Millimeter langes, smaragdgrünes Tierchen, das im Jahr 2010 in Dokka entdeckt wurde. Mit ihren vielen Tausend Arten sind die Insekten die größte Tiergruppe Norwegens – eine Vielfalt, von der die wenigsten wissen und um die sich kaum jemand kümmert.[11] Wie viele Norweger könnten wohl auch nur einige der mehr als viertausend Wespenarten im Land identifizieren? Ganz zu schweigen von den fünfhundert Arten der Pilzmücken, die tatsächlich ganz eng mit dem Lebenszyklus der Pilze verbunden sind?[12] Zum Trost für alle, die manchmal das Gefühl haben, um sie und ihren Job kümmere sich kein Politiker: Es gibt Forscher, die einen Großteil ihres Lebens der Erforschung dieser Pilzmücken widmen.

Eine Art habe ich allerdings sofort erkannt, und sie hat mich immer schon fasziniert: die Rote Waldameise. Von diesen Tieren wimmelt es im Wald, sie sind klein, aber sie sind viele. Man vermutet, dass die Ameisen auf der Erde ebenso viel Biomasse ergeben wie die Menschen. Nur wenige Familien im Tierreich umfassen so viele Arten: Es sind 12 500. In Norwegen hat man bisher 66 Arten ausfindig gemacht, darunter die Rote Waldameise, die Raubameise und die Sklavenhalterameise. Ameisen leben in komplizierten Gesellschaften, und so bin ich auch bei meiner Sommerwanderung in der Østmarka auf einige Ameisenhaufen gestoßen. Diese kleinen Gesellschaften bestehen aus drei Kasten, ähnlich wie bei anderen staatenbildenden Insekten, darunter Wespen und Bienen: Königinnen, Männchen, Arbeiterinnen. Die Königin legt die Eier und garantiert die Existenz des Staates.[13] Die Männchen haben vor allem die Aufgabe, sich mit der Königin zu paaren; danach werden sie getötet oder vertrieben. Kein besonders erstrebenswertes Leben. Eine Ameisenkolonie kann aus einigen wenigen Tieren bestehen – oder aus dreihundert Millionen.

Die Arbeiterinnen sind diejenigen Ameisen, mit denen wir

am ehesten in Kontakt kommen. Es handelt sich um flügellose, unfruchtbare Weibchen. Sie haben die Aufgabe, den Ameisenhaufen zu bauen und zu verteidigen und Nahrung heranzuschaffen. Ihre Kommunikation läuft über Pheromone, also Duftstoffe.[14] Im Übrigen sind sie sehr aggressiv, selbst gegen eine riesige Übermacht. Zum Vergleich: Wenn ein großer Wolf einen Menschen sieht, nimmt er Reißaus. Und was tut die mickrige kleine Waldameise? Sie beißt sich fest. Ameisen geben niemals auf. Sie sind genetisch darauf angelegt, ihr Leben für die Gemeinschaft zu opfern. Der Soziobiologe Edward O. Wilson hat einmal über die Ameisen gesagt: »Karl Marx hatte recht, Sozialismus funktioniert, er hat sich nur mit der falschen Art beschäftigt.« Seiner Ansicht nach leben Ameisen in kommunistischen Gesellschaften – sie können aufgrund ihrer ganzen Biologie gar nicht anders.

Aber warum soll man eigentlich einen ganzen Wald schützen, um die Tiere zu bewahren, die in ihm leben?, fragte ich mich, nachdem ich eine ganze Weile vergeblich nach Wolfsspuren in der Østmarka gesucht habe. Über die Artenvielfalt haben wir schon gesprochen, ein Wort, das von verschiedenen Experten, Naturschützern und Politikern ständig wiederholt und in unzähligen Berichten, Studien und Forschungsartikeln verwendet wird. Warum sollen wir dem Wolf gestatten, sich bei uns wieder anzusiedeln? Wir lassen damit Unsicherheit zu, er greift Schafe, Hunde und Elche an! Und warum soll zum Beispiel ein unansehnlicher kleiner Schmetterling eine Baufirma daran hindern, eine Ferienhaussiedlung zu errichten? Warum verhindert eine seltene Pilzmücke eine rentable Flächenabholzung?

Normalerweise werden drei Hauptargumente ins Feld geführt, wenn es darum geht, ökologisch wichtige Gebiete und Tierarten zu schützen. Zum einen hat jedes Leben seinen Wert, und wir tragen ethische Verantwortung für andere Lebensformen. So argumentierte beispielsweise Haakon Lie,

Förster, Schriftsteller und Naturschützer, als er in den Sechzigerjahren seine Streitschrift über den Urwald herausgab: »Wir sind verantwortlich für das Erbe des Lebens. Denn alles Leben auf der Erde führt in einem ungebrochenen Strom bis zu uns, vom ersten Einzeller vor Millionen von Jahren bis zu den unzähligen Lebensformen unserer Zeit. Wir sind Schwestern und Brüder jedes anderen Menschen und jedes anderen Lebewesens.« Wobei man zugeben muss, dass man mit diesem Argument bei einem eingefleischten Wolfsgegner nur wenig Zuspruch finden wird.

Zum Zweiten haben praktisch alle Arten eine Funktion im Kreislauf der Natur, von den kleinsten Insekten bis zu den großen Raubtieren, also Bär und Wolf, selbst wenn das uns Menschen nicht immer gefällt oder nützt. Nachdem der Wolf in großen Teilen der USA ausgerottet war, nahmen die Bestände an Hirschen einen ungeheuren Aufschwung, nicht zuletzt im Yellowstone-Nationalpark. Es ging ihnen dort sogar viel zu gut, denn sie fraßen jeden einzelnen Trieb, der sich an Salweiden und Espen sehen ließ, was wiederum schlecht für die Biber war. Als man im Jahr 1995 wieder Wölfe im Yellowstone-Nationalpark ansiedelte, sanken die Hirschbestände drastisch, und die Tiere zogen sich in die dichteren Wälder zurück.[15] So gab es wieder mehr Vegetation, was dazu führte, dass sich nicht nur die Biber vermehrten, sondern auch die Vögel. Ein Biologe dort sagte einmal: Wenn du einen Stein über eine Felskante schießt, kann das unter den richtigen Voraussetzungen zu einem Erdrutsch führen. Und wenn du eine einzige Art herausnimmst, wirkt sich das auf andere Arten aus.

Zum Dritten könnten gerade die unansehnlichen oder scheinbar unwichtigen Arten einmal ungeheuer nützlich für uns Menschen sein, auch wenn wir uns das heute nicht vorstellen können. Wir denken darüber kaum nach, wenn wir einmal krank sind, aber aus der Rinde der Salweide entsteht die schmerzstillende Salicylsäure. Chinin stammt ursprünglich aus der Rinde des Chinabaumes, der in Peru wächst. Und viele Mediziner kennen noch die Geschichte des Paares aus der Schweiz, das am 3. September 1969 seinen Mietwagen auf der Hardangervidda abstellte. Die beiden wollten eigentlich nur ein paar Fotos von der schönen Landschaft machen, aber sie nahmen auch eine Plastiktüte Erde mit. Die Probe wurde in das Labor der Schweizer Pharma-Firma gebracht, wo der Mann arbeitete. Drei Jahre später fand man dort heraus, dass sich in der Erde ein Stoff befand, der stark immununterdrückende Wirkung hat: Cyclosporin. Er wird von einem winzigen Pilz produziert, der sich ausgerechnet in der Probe befand. Heute verwendet man diesen Stoff, um Abstoßungsreaktionen nach Transplantationen zu verhindern. Elf Jahre später war das Medikament marktreif entwickelt, und als im Jahr 1982 die erste Herztransplantation in Norwegen durchgeführt wurde, konnte das Cyclosporin, der Stoff aus der Hardangervidda, schon angewandt werden. Ein Stoff, der von einem lange Zeit unbekannten und scheinbar nutzlosen Pilz in der Wildnis produziert wird.

Schwere tote Fichten ragen grau in den Himmel. Hier und da liegen umgestürzte Stämme wild durcheinander, ich muss darüberklettern, um weiterzukommen. Da es keine Wolfsspuren gibt, folge ich den kleinen, spitzen Abdrücken eines Fuchses in den Wald hinein, der immer wilder und undurchdringlicher wird. Der Urwald ist beeindruckend, bewundernswert und schafft eine »seltsame Stimmung«; man bezeichnet ihn auch als »Märchenwald« oder als »Schatzkiste, die man bewahren muss«, einen Ort, an dem »der langsame Herzschlag der Zeit der Landschaft ein zeitloses Gepräge gibt«, wie es in einem Buch so lyrisch heißt. Ich lasse mich nicht allzu leicht von solchen romantisch inspirierten Äußerungen mitreißen, aber ich muss zugeben, dass die Stimmung hier seltsam und magisch ist. In letzter Zeit habe ich Geschmack an den geschützten Wäldern gefunden.

Im vergangenen Sommer bin ich durch die riesigen unberührten Kiefernwälder von Øvre Pasvik in der Finnmark gezogen und zwischen uralten Riesenfichten am Ormtjernkampen in Oppland gewandert. Und erst kürzlich habe ich einige kurze Wanderungen durch den wilden, unzugänglichen Fichtenwald im Delingsdalen unternommen, das gar nicht weit von Oslo entfernt liegt. Ein absurder Kontrast, denn während ich über umgestürzte Fichten kletterte und zwischen schweren Wurzelstücken einen Sumpf durchquerte, in dem ich das Gefühl hatte, in der absoluten Wildnis zu sein, donnerten ein paar Hundert Meter weiter die Schwertransporte auf der E18 vorbei.

Viele stellen den Urwald wie eine Art Kirche dar, einen Ort der großen Gefühle und religiösen Stimmungen. Für die heutigen Naturschützer ist er ähnlich wie für den amerikanischen Autor und Philosophen John Muir der »erste Tempel Gottes«. Aber seit wann sehen wir solche wilden, verfallenen Wälder eigentlich als schön an?

Zwischen zwei Selbstmordversuchen reiste die bekannte britische Schriftstellerin und Frauenrechtlerin Mary Wollstonecraft durch Norwegen, Schweden und Dänemark. Das war im Jahr 1795. Als eine frühe Romantikerin huldigte sie der ungezähmten Natur des Nordens und schrieb, die Kiefern- und Fichtenwälder, die man ganz der Natur überlasse, würden eine »endlose Vielfalt« hervorbringen.[16] Sie erlebte auf dieser Reise eine Wildnis, die auf den britischen Inseln nicht mehr zu finden war. Dort waren nur noch acht Prozent der Fläche mit Wald bewachsen, die großen Raubtiere waren ausgerottet, der letzte Wolf schon 1680 abgeschossen worden. In ihren Briefen bewundert sie die »edlen Wälder, die der Zeit zu trotzen scheinen« und »das spinnenartige Aussehen der alten grauen Kiefern«, ein schönes Bild des Niedergangs, wenn »das gefangene Leben sich davonstiehlt«. Romantikerin, die sie war, identifizierte sie sich mit dieser Landschaft und fand in ihr den Ausdruck ihres eigenen Seelenzustands. Der Tod war für sie ebenso Befreiung wie Last, und als sie Kristiania, das heutige Oslo, verließ, schrieb sie: »Ich kann nicht sagen, warum – aber der Tod in jeder Form fühlt sich für mich wie eine Befreiung an, wie die Entfaltung zu einem Element, das ich noch nicht kenne.« Zwei Jahre nach ihrer Nordlandreise starb sie im Kindbett nach der Geburt ihrer Tochter Mary Shelley, die später den Roman *Frankenstein* schrieb.

Als der junge Botaniker Carl von Linné durch die endlosen Kiefernwälder Nordschwedens reiste, nur fünfzig Jahre vor Wollstonecraft, schrieb er: »Große Kiefernwälder stehen öde und nutzlos da, denn niemand braucht ja Holz, das umstürzt und verrottet.«[17] Ähnlich malte auch Georges-Louis Leclerc de Buffon, ein wichtiger französischer Naturforscher der gleichen Zeit, das Bild einer »deformierten« Wildnis: ein »fürchterlicher Ort voller verrotteter Bäume und Blätter«.[18] Nur die kultivierte Natur ist schön, fand Buffon. Weder für ihn noch für Linné hatte der Urwald irgendeinen Wert oder eine Bedeutung. Linné zog ebenfalls die Kulturlandschaft dem öden Urwald vor, speziell in Skåne. Er pries zwar die Natur, aber die Verherrlichung der unberührten Wildnis kam erst durch die Romantiker auf.

Der deutsche Philosoph Friedrich von Schelling erklärte, man müsse die Natur in ihrer Ganzheit verstehen, als lebenden Organismus, und es bestehe eine Verbindung zwischen dem Menschen und der Natur. »Ich, ich selbst, bin identisch mit der Natur«, erklärte er und bahnte den Romantikern so den Weg. Einer der wichtigsten Botschafter der Romantik in Norwegen, Henrik Steffens, fiel nach eigener Aussage einmal vor einem Baum auf die Knie und betete ihn an, mit rasendem Herzschlag.[19] Ein erdverbundener Bauer oben im Setesdal dieser Zeit hätte das sicher nicht getan. Aber von einem engeren Kreis wurde die Landschaft des Setesdal als großartig und wunderschön dargestellt. Wergeland schrieb vom »Wiegenlied des Waldes«, August Cappelen und Lars Hertervig beschrieben verkrümmte Kiefern tief in einem Urwald, der noch keine Anzeichen menschlicher Eingriffe zeigte. Für sie war der Urwald das Symbol des Überhöhten und Ewigen, wo ständig auch der Gedanke an den Tod auf der Lauer lag. Für den deutschen Maler Caspar David Friedrich ging es immer wieder um die Konfrontation mit dem Tod, denn nur dort konnte man ja das ewige Leben finden. Der Urwald war mystisch, unberührt und schön, so wie ihn auch Wollstonecraft beschrieb. Er war ein überhöhter Ort, der Ehrfurcht weckte, er war *sublim*, ein Begriff, den der englische Naturphilosoph Edmund Burke Mitte des 18. Jahrhunderts aufbrachte. »Das Gefühl des Großen und Sublimen, das uns die Natur eingibt, wenn sie besonders mächtig ist, ähnelt dem Schrecken«, schrieb er. Denn diese Erfahrung des Sublimen, des Erhabenen, ist zweigeteilt. Zunächst sind wir erschüttert und erschrocken, aber im nächsten Moment überkommt uns ein spezielles Gefühl der Euphorie. So bekam der unberührte Wald allmählich einen eigenen Wert, er war nicht mehr deformiert und nutzlos.

Ein greller Schrei hallt durch den Wald, fast als wäre der Waldgott Pan in der Wildnis unterwegs.[20] Eine tote Birke lehnt sich an eine kräftige, schlanke Fichte, sodass die beiden im Wind aneinander reiben. Ich weiß, dass das Geräusch von den beiden Bäumen stammen muss, trotzdem bleibe ich stehen und schaue mich um, denn es klang fast wie Babygeschrei. So stehen die beiden da und lehnen sich aneinander, bis einer umstürzt und zu Humus wird. Nennt es von mir aus Märchenwald, aber allmählich habe ich genug von dieser dichten Vegetation, die mich verfallen und wild umgibt. Auch von der Suche nach Wolfsspuren habe ich genug. Es wird dunkel, und ich habe noch einigen Weg bis zum Auto zurückzulegen. So fange ich an zu traben, um zurück zur Loipe zu kommen. Auf dem Weg durch den hügeligen Wald knickt mir der eine Skistock ab, und als ich auf einen kleinen, schneebedeckten See komme, auf dem es keine Skispuren gibt, werde ich so nervös, dass ich mich kaum hinüberwage aus Angst, ich könnte einbrechen. Der Frühling ist nicht mehr fern, da kann das Eis unsicher sein, und es passiert immer wieder, dass selbst erfahrene Leute ins Eis einbrechen und sterben.

Als ich endlich das Loipennetz von Mosjøen erreiche, bin ich wirklich erleichtert. Aber die Spuren von Langläufern, Hunden, Schlitten und Schneemobilen laufen wie eine Autobahn auf dem See zusammen, sodass ich hier sicher keine Wolfsspuren finden werde. Den Pølsebjerg auf der einen Seite, stakse ich mit nur einem Stock Richtung Parkplatz. Dieser bewaldete Berg mitten in der Østmarka ist ein geschichtsträchtiger Ort, ohne dass noch jemand groß darüber nachdenkt. Während des Zweiten Weltkriegs landeten die Widerstandskämpfer Max Manus und Gregers Gram, die aus dem Exil in England zurückkamen, mit ihren Fallschirmen unterhalb des Gipfels. »Schöne frische norwegische Luft mit Waldgeruch«, schrieb Manus später über den Moment, als sie die Luke des Flugzeugs öffneten. Der Wald war in der Geschichte immer wieder ein Versteck für Deserteure, Räuber, Widerstands- und Freiheitskämpfer. Die Geschichten um Robin Hood sind ja wohlbekannt. Und so war es eben auch während des Zweiten Weltkriegs. Niemand redete von den »Jungs auf den Bergen« oder den »Jungs auf dem See«, es waren die »Jungs in den Wäldern«, auf die man sich verließ. In der Østmarka finden sich bis heute die Verstecke wie an einer Perlenschnur: Drettvann, Søndre Krokvann, Slepptjern und Blåsyna sind nur einige Namen. Die Kurierroute »Timian« (Thymian), heute nicht ganz korrekt auch »Flyktningruten« (Flüchtlingsroute) genannt, schlängelte sich ebenfalls durch das unwegsame Gelände der Østmarka.

Nach solchen Touren gelingt es mir oft, eine Weile nicht mehr an die Wölfe zu denken und ruhig in der Stadt zu sitzen. In der Nationalbibliothek nehme ich mir Zeit, mehr darüber zu lesen, wie sich unser Blick auf den Wald in der Geschichte verändert hat, nicht nur in der Romantik. Aus den reichhaltigen Regalen ziehe ich unter anderem das Buch *Man and the Natural World* des britischen Historikers Keith Thomas. Umweltschutz, die Rettung des Regenwaldes und Artenschutz kommen uns heute vor wie moderne Projekte, aber in diesem Buch untersucht der Historiker, wie solche Ideen schon lange vor der Verherrlichung des unberührten Waldes durch die Romantiker Wurzeln schlugen. Thomas zufolge galt der Wald lange Zeit als Hindernis des zivilisatorischen Fortschritts. In der Literatur des 17. Jahrhunderts galt er als schrecklich, düster, wild, melancholisch und von wilden Tieren heimgesucht. Shakespeare charakterisierte den Wald von Arden in der Nähe seiner Geburtsstadt Stratford-on-Avon als »eine unzugängliche Wildnis, überschattet von Melancholie«. Der englische Philosoph John Locke schrieb von den »vernünftigen und zivilisierten« Stadtbewohnern und den »unvernünftigen, ungebildeten« Waldbewohnern. In der englischen Sprache setzt sich das bis heute fort in dem Wort »savage« für einen »Wilden«. Es leitet sich von dem lateinischen Wort *silva* für Wald ab.

Der Schutz des Waldes hatte zweifellos vor allem praktische Gründe: Man brauchte Holz für Werkzeuge, Häuser und Schiffe – und zum Heizen. Eine unkontrollierte Abholzung hätte dem Wohl der Nation geschadet. In John Evelyns Werk *Sylva* von 1664 findet sich denn auch eine der ersten Schriften zur Verteidigung des Waldes. Die Zerstörung war schon zu weit gegangen, sie musste aufgehalten werden. »Wir kommen eher ohne Gold zurecht als ohne Holz«, erklärte er. Ohne Holz gab es keine Eisen- oder Glasindustrie, auch keine Marine, die Englands Küsten verteidigen konnte.

Ähnlich wie Evelyn begriff auch Jean Baptiste Colbert, Finanzminister unter Ludwig XIV., dass Frankreichs Schicksal auf dem Meer entschieden wurde und dass man Eichenholz brauchte. Er setzte sogar Soldaten gegen illegale Abholzung ein, die im Übrigen mit dem Tode bestraft werden konnte. Ähnlich war es in Schweden, einem weiteren Land, das in hohem Maße abhängig von seiner Marine war. In einem Gesetz aus dem Jahr 1608 wird mit der Todesstrafe bedroht, wer zum dritten Mal illegal eine Eiche fällt. Selbst im waldreichen Norwegen wurde die Abholzung reguliert, illegale Abholzung galt als »unerträglich«, wie eine Expertenkommission dem König im Jahr 1687 darlegte.[21] Der französische Finanzminister ließ sogar als Teil des Rüstungswettlaufs Eichen anpflanzen, nicht zuletzt in Fontainebleau und Compiègne. Bis heute strecken sich Colberts Bäume in den Himmel, als majestätischer Beweis für die Tatsache, dass die Zukunft immer anders aussieht, als man sie sich vorstellt. Die Steinzeit endete nicht, weil keine Steine mehr da waren, und die Zeit der Segelschiffe ging auch nicht zu Ende, weil es zu wenige Eichen gab.[22]

Die Schönheit des Waldes fand auch im 17. Jahrhundert Beachtung. Der britische Dichter Michael Drayton klagte darüber, dass sie dahinschwand. Thomas Tryon erklärte, die Bäume würden Schmerz empfinden, wenn sie gefällt würden. Bäume waren nicht mehr nur ein Gegenstand, den man benutzte, sie galten als edel und schön. Die Dichter konnten sie gar nicht genug preisen: »Das größte und schönste aller Geschöpfe auf Erden«, schrieb William Gilpin. Doch meistens wurde der Kulturwald als schön gepriesen; erst die Romantiker nahmen sich des unberührten und unübersichtlichen Waldes an, wie ich ihn im Naturschutzgebiet der Østmarka vorfinde.

Ein neues Kapitel in der Geschichte des Waldes wurde eingeleitet, als man den Wald von Fontainebleau vor den Toren von Paris unter Schutz stellte. Auf Veranlassung einflussreicher Künstler wie Claude Monet, Auguste Renoir und Théodore Rousseau stellte der französische Staat bereits 1861 Teile dieses Waldes unter Schutz.[23] Hatten früher solchen Maßnahmen hauptsächlich wirtschaftliche Motive zugrunde gelegen, wurde Fontainebleau nur aus ästhetischen Gründen geschützt. Man sollte ihn genießen, nicht nutzen, auch nicht in Zukunft. Wenig später wurden die amerikanischen Nationalparks Yellowstone und Yosemite gegründet, auf Veranlassung von John Muir und nicht zuletzt George Perkins Marsh, zwei frühen Anführern der Umweltschutzbewegung.[24] Der Letztgenannte schrieb das Buch *Man and Nature*, das 1864 erschien, und war der Erste, der ein ganzes Buch der Zerstörung der Natur durch den Menschen widmete. Marsh war »im Wald geboren«, erklärte er. Für ihn waren »gluckernde Bäche, Bäume, Blumen und Wildtiere Personen, keine Dinge«. Vor allem bekümmerte ihn die Abholzung der Wälder, denn wenn es damit so weiterginge, schrieb er, würde es im schlimmsten Fall zum Untergang der Menschheit führen.

Die Gründung des Yosemite-Nationalparks schloss auch die riesigen Mammutbäume von Mariposa ein. Daher stammen die berühmten Bilder der Autotunnel durch Bäume, die man für die Touristen angelegt hat. Als der erste dieser Riesenbäume gefällt wurde, konnte ein ganzes Orchester samt sechs Tanzpaaren auf dem Baumstumpf Platz finden. An der Westküste der USA wachsen die vielleicht bemerkenswertesten Bäume der Erde. Im County Tulare findet sich auch der größte Einzelorganismus der Erde, der Mammutbaum General Sherman, der so viel wiegt wie sechs Blauwale: rund 620 Tonnen. Auf eine Weise wurden die Natur und die Riesenbäume an der Westküste der USA zum Symbol des Nationalstolzes, als Amerika unabhängig wurde. Die USA hatten etwas Ursprüngliches und Unberührtes an sich, das sie von dem dekadenten Europa unterschied.

Auch in Norwegen wurde im 19. Jahrhundert um den Wald gekämpft. In der Umgebung der großen Hafenstädte hatte die großflächige Abholzung eine baumlose Landschaft hinterlassen. 1884 wurde der Buchenwald in Larvik als erster Wald in Norwegen durch Parlamentsbeschluss unter Schutz gestellt. Der Waldbesitzer und Kulturschaffende Axel Heiberg erklärte in einem Vortrag 1897: »Ein waldreiches Norwegen ist ein mächtiges Norwegen.« Jetzt sei es, so sagte er, Zeit, Wälder anzupflanzen: »Pflanz einen Baum, er wächst, während du schläfst.«

Der Blick auf den Wald und seine Bäume hat sich weiter verändert. Der britische Historiker Simon Schama zeigt in seinem Buch *Landscape and Memory,* dass die Liebe erst entbrannte, als der größte Teil der Wälder verschwunden war. In Teilen von Europa wurden Wälder zu einer seltenen, exotischen Erscheinung. Die Zivilisation hatte auf gewisse Weise das Waldesdunkel überwunden und mit ihm die dunkle Irrationalität. Erst jetzt konnte man anfangen, den Wald zu schützen, was dazu geführt hat, dass wir heute in der Østmarka durch verzauberte Wälder wandern können, aber auch durch die tiefen, geschützten Wälder in Gutulia, Femundsmarka, Ormtjernkampen und Øvre Pasvik.

Wie üblich mache ich auf dem Heimweg nach einem Aufenthalt in der Nationalbibliothek einen Abstecher durch den Hydropark. Er ist eine Art Light-Version des Waldes, eine Möglichkeit, wenigstens ein bisschen Natur zu schnuppern. Wie an so vielen anderen Orten in Europa wurden auch in Oslo die ersten Parks von der Oberschicht angelegt. So auch der heutige Hydropark, den der Reeder Mogens Thorsen Mitte des 19. Jahrhunderts auf einem Areal seines riesigen Bellevue-Besitzes gestalten ließ. Private Gärten und vor allem Parkanlagen waren Statussymbole. Sie brachten auf ihre Art den Wald in die Stadt, wenngleich in einer frisierten und getrimmten Ausgabe.

Ich staune immer wieder darüber, dass auf diesem kleinen Flecken mitten in der Stadt viel mehr verschiedene Baumarten stehen als in der Østmarka. Hier gibt es Linden, Eschen, Ulmen, Spitzahorn und Eichen, Baumarten, die wir ebenso in den norwegischen Wäldern finden, aber dazu eben auch exotische Bäume – eine Mode, die sich seit dem 16. Jahrhundert ausbreitete, als die ersten europäischen Entdeckungsreisenden Samen aus fernen Erdteilen mitbrachten. So stehen hier Nussbäume aus Südostasien, Rosskastanien vom Balkan, Weymouth-Kiefern und Ahornbäume aus Nordamerika, Pyramidenpappeln aus dem Nahen Osten und natürlich Magnolien, eine Baumart, die ursprünglich in Amerika und Asien zu Hause ist und den Ehrennamen »lebendes Fossil« trägt, weil sie sich in den letzten hundert Millionen Jahren kaum verändert hat.[25]

In einer Ecke des Parks steht eine riesige Blutbuche mit lang gestreckten nackten Ästen und einer dicken Rinde, die aussieht wie Elefantenhaut. Sie stammt von einem Exemplar in Thüringen ab, das dort im 18. Jahrhundert gefunden wurde. Über hundert Jahre alte Schwarz-Weiß-Fotos zeigen diesen Baum bereits, und auch wenn sich die wenigsten heute an den Reeder Mogens Thorsen erinnern, fasziniert seine Blutbuche uns immer noch. Ich bleibe kurz stehen und denke über diesen seltsamen Baum nach, über seine Standhaftigkeit, sein Alter und seine monströse Form. Dann gehe ich weiter.

Shinrin-yoku

Shinrin-yoku nennen es die Japaner: Baden in Waldluft oder kurz »Waldbaden«. Sie gehen davon aus, dass eine Wanderung im Wald Stress dämpft, den Blutdruck senkt, die Zahl der weißen Blutkörperchen erhöht und insgesamt das Immunsystem stärkt. Die wichtigsten Zutaten zu einem richtigen Waldbad sind Erholung, Bewegung und nicht zuletzt die flüchtigen organischen Stoffe, die die Bäume »ausatmen«. Vor allem an warmen Sommertagen spüren wir ja, wie die Nadelbäume Terpene ausdünsten. Sie reinigen und desinfizieren die Luft, mit ein Grund, warum Sanatorien für Tuberkulosekranke früher so oft in Nadelwäldern gebaut wurden. Vielleicht war das, was der Zoologe und Märchensammler Peter Christen Asbørnsen schrieb, eine Art Waldbaden: »Wenn mir die Welt zuwider ist … geht es mir immer besser, sobald ich eine Wanderung mache. Sie dämpft meinen kleinen Kummer und meine Unruhe.« Auch der Dichter Ludvig Holberg erklärte, im großen Wald von Tersløsegaard auf Seeland sei sein Missmut regelmäßig verschwunden, während er in der Stadt ein echter Menschenfeind sei. Tarjei Vesaas schreibt über den jungen Knut in seiner Novelle *Siste-mann heim* [Der letzte Mann]: Der Wald öffnet sich vor ihm … Er weiß nicht, was es ist, aber er denkt, dass er am liebsten sein ganzes Leben im Wald verbringen möchte. Denn dort fühlt sich sein Leben richtig und wahrhaftig an.«

Der Schwede Mathias treibt das Waldbaden möglicherweise ins Extreme. Ein Video über ihn zeigt den jungen Mann, wie er nackt auf einem Stein unter Birken sitzt und zitternd einen Orgasmus bekommt – nur vom Wald.[1]

Der weltbekannte Biologe Edward O. Wilson hätte wohl in diesem Fall von »Biophilie« gesprochen. In seinem gleichnamigen Buch schreibt er über den dem Menschen innewohnenden Zug zur Natur und ihren Lebewesen. Denn die Geschichte der Menschheit hat ja nicht erst vor zehntausend Jahren begonnen, als die Menschen anfingen, Landwirtschaft zu betreiben und sich in Dörfern anzusiedeln. Sie begann schon ein paar Millionen Jahre früher, als sich der Mensch als eigene Art entwickelte. Tatsächlich, so Wilson, hat die Menschheit 99 Prozent ihrer Zeit als Jäger und Sammler zugebracht. Unsere Vorfahren waren abhängig von ihrem Wissen über die Natur. Sie mussten sich der Landschaft, den Tieren und Pflanzen auf eine ganz andere Weise anpassen als wir. »Das Gehirn des Menschen entwickelte sich in einer biozentrischen Welt, nicht in einer Maschinenwelt … Es kann also gar nicht sein, dass all dieses Wissen ausgelöscht wurde«, fasst der Evolutionsbiologe zusammen. Ich will da nicht zu sehr ins Detail gehen, aber doch darauf hinweisen, dass Wilson von einer Art Co-Evolution spricht, die Gene und Kultur betrifft und zu einem angeborenen Drang geführt hat, »sich mit anderen Lebensformen zu verbinden«.

Wilsons Begriff der Biophilie ist umstritten, und selbstverständlich geht es dabei nicht nur um Biologie und einen genetisch geprägten Hang zur Natur. Der britische Historiker Keith Thomas hat ausführlich beschrieben, wie sich, gelenkt durch religiöse, kulturelle und philosophische Strömungen, unser Verhältnis zur Natur, zu Tieren und Pflanzen verändert hat. Noch im 19. Jahrhundert machten britische Intellektuelle den Buddhismus lächerlich, weil er Respekt vor allen Lebewesen fordert. Dass wir Parks anlegen, Haustiere halten und Zimmerpflanzen pflegen, sind relativ moderne Erscheinungen, die mit unserer Kultur und unseren Genen eher wenig zu tun haben.

Shinrin-yoku klingt zunächst einmal wie irgendeine alberne New-Age-Mode, aber vielleicht hat das Waldbaden doch eine Wirkung. Denn auch für mich fühlt es sich so an, wenn der Wald mich erfasst. Wo Dante sich noch verlief und voller Angst an den Wald dachte, ist er für mich eine Zuflucht, ein Ort, an dem ich mich entspannen kann, wo niemand etwas von mir erwartet oder haben will. Und die Leute, die ich dort treffe, pfeifen auf Titel und Karrieren. Wo Dante noch von einem bösen, grausigen Wolf gejagt wurde, drängt es mich, nach Wolfsspuren zu suchen. Ich bin geradezu süchtig danach. Ein Jahr ist es jetzt her, dass ich zum ersten Mal draußen war und nach Wölfen Ausschau gehalten habe. Allmählich könnte ich einen Haken dranmachen, ich habe Spuren gesehen, Wolfskot eingesammelt, weiß, dass die Wölfe in größter Nähe an mir vorbeigeschlichen sind, und ich habe sogar ihr Heulen gehört. Doch wenn wieder einmal eine Tour ansteht, blase ich Verabredungen ab, vernachlässige meinen Job, lasse das Training sausen und bitte meine Frau, mich beim Abholen der Kinder aus dem Kindergarten zu vertreten. Es ist ein undefinierbares Gefühl der Besessenheit, das irgendwo in der Nähe des Solarplexus sitzt und mich in den Wald hinauszieht. Stefan und Claes kennen es auch, sagen sie. Und wie ich Mats kenne, hat er es ebenfalls. Als Stefan mir eine SMS mit einer Einladung schickt, steige ich sofort darauf ein. Jetzt ist Hochsaison, und in diesem Jahr weiß er genauer, wo sich das Rudel aufhält. Außerdem lassen sich die Welpen, die noch eifrig und neugierig sind, leicht anlocken. Die Verabredung ist dieselbe wie immer: achtzehn Uhr am Campingplatz Glaskogen.

Am nächsten Tag bin ich auf dem Weg nach Schweden, und alles sieht sehr vielversprechend aus. Es ist kalt und windstill, gute Verhältnisse, damit der Ton weit trägt. Als Vorgeschmack hat Stefan mir ein Bild von einem Jungwolf geschickt, der im Moor steht und direkt in die Kamera schaut. Es ist erst vor ein paar Tagen aufgenommen. Damit nicht genug: Ich habe Stefan überredet, auch Mats mitzunehmen. Für mich ist Stefan eine Autorität, wenn es um Wölfe und Wald geht. Blind und folgsam wie ein Schaf folge ich seinen Anweisungen und Empfehlungen, nicke anerkennend, wenn er über die Tiere des Waldes doziert. Obwohl er Autodidakt ist, wirkt er auf mich so, als hätte er den totalen Überblick. Selbst die Namen der kleinsten Kräuter und Blumen erwähnt er mit größter Selbstverständlichkeit. Mein Plan ist, dass Mats, der selbst eine Kapazität in Sachen Wald und Waldtiere ist, ihm ein bisschen auf den Zahn fühlen soll. Denn Mats lässt sich von Autoritäten nicht beeindrucken, weder von religiösen noch von fachlichen. Er ist Skeptiker bis ins Mark, und wenn er in der richtigen Stimmung ist, streitet er gern über alles und jedes.

Ich nehme nicht den direkten Weg zum Glaskogen, sondern fahre den Umweg über Eidskog im Süden von Hedmark, weil ich im Internet von Wolfsspuren dort gelesen habe. Dies ist das Revier unseres Walddichters Hans Børli, aber obwohl es nur zwei Stunden von Oslo entfernt liegt, ist es für mich und viele andere *terra incognita.* Wann hört man schon einmal von Orten wie Skotterud, Tobol und Matrand? Es ist ein Stück Norwegen, das sich gut im tiefen Wald versteckt; geschäftstüchtige Norweger fahren auf dem Weg zu den überfüllten Supermärkten von Charlottenberg, gleich hinter der schwedischen Grenze, daran vorbei. Wald, so weit das Auge reicht; drei Viertel des Kreises Eidskog sind von Wald bedeckt. Auch wenn der Wald heute nicht mehr die wirtschaftliche Bedeutung hat wie vor etwa hundert Jahren, ist er für viele abgelegene Gegenden immer noch wichtig. Holzwirtschaft, Jagd, Beeren und Pilze – aus unserer städtischen Perspektive vergessen wir all dies vielleicht in unserem Eifer, Raubtiere und Wald zu schützen.

Dort angekommen, stelle ich den Wagen ab und gehe ein Stück in die Wildnis. Der Winter hat dem Wald ein weißes Kleid angezogen und auf dem Boden eine dünne Schneedecke hinterlassen. Nach einer Weile komme ich an einen kleinen See. Der Winterhimmel schimmert hellblau, der Wald ist hier eher luftig. Der See beschreibt einen eleganten Bogen, daher der Name Kroktjern, gebogener See. Draußen auf dem Eis finde ich eine Wolfsfährte, dann noch eine und noch eine. Damit nicht genug: Alle laufen am Ufer zusammen. An einigen Stellen ist der Schnee am Ufer ganz heruntergetreten, als hätte hier die Jahresversammlung eines Wolfsklubs stattgefunden. Ich hatte durchaus erwartet, hier Spuren zu finden, aber so viele? Und sind das wirklich Wolfsspuren? Derart viele an einer Stelle? Und wenn ja, warum haben sie sich hier versammelt? Ich rufe Ole Knut an, meinen erfahrenen SNO-Mann, der sogar schon ein Lehrbuch zu dem Thema geschrieben hat. Er schnauft, als er das Gespräch annimmt, auch er ist draußen und sucht im Neuschnee nach Spuren. Aber er kann mir erklären, was ich da gefunden habe. Es ist tatsächlich ein Treffpunkt der Wölfe. Wenn Alpha-Rüde und Alpha-Wölfin sich paaren, verlassen sie oft das Rudel, erklärt er. Die übrigen Wölfe versammeln sich an offenen, übersichtlichen Stellen, beispielsweise an Seen und in Mooren. Ole Knut berichtet mir, dass das Eidskog-Rudel ihm und anderen einige Rätsel aufgibt. Woher kommen diese Wölfe? Sind sie aus dem Rømskog-Revier nach Osten gezogen? Oder handelt es sich um ein sogenanntes Grenzrevier? Immerhin leben etwa die Hälfte aller Wölfe, die in Norwegen registriert sind, zeitweise auch in Schweden. Er bittet mich, nach Haaren und Kot zu suchen, damit er endlich DNA von diesem Rudel bekommt. Nachdem ich noch ein bisschen am See herumgestöbert und weitere Treffpunkte gefunden habe, verschwinden die Spuren im Wald.

Durch offenen Kiefernwald folge ich ihnen weiter. Im letzten Jahr habe ich mir einige Routine angeeignet, ich weiß, wie man die Abdrücke ausmisst, und finde hier und da Kot. Ab und zu bleibe ich stehen und suche nach Urinmarkierungen und Haaren an den Bäumen. Ich zähle die Spuren und stelle fest, dass es wohl fünf Wölfe waren, die hier gelaufen sind. Da ich schon einmal hier war, vermute ich, es waren die Jungwölfe von diesem Jahr und vom Vorjahr. Meine Haltung bleibt analytisch und kühl, ich suche Trittsiegel, bewerte das Alter des Waldes und studiere die Landschaft.

Doch auf dem Weg durch eine Senke mit Fichtenwald schleicht sich die Angst wieder an. Nicht heftig und panisch, sondern diffus und undefinierbar. Ist mir die Gewissheit unheimlich, dass es hier Wölfe gibt? Oder wirkt der dichte Fichtenwald mit den toten, grauen Bäumen auf meine Stimmung ein? Für das Buch *The Experience of Nature* der Psychologen Kaplan und Kaplan wurden Menschen aus verschiedenen Kulturen gebeten, Landschaftstypen einzuschätzen. Dichter Wald rangierte dabei relativ weit unten. Inzwischen gibt es eine Vielzahl von Studien dazu, auch in Skandinavien, die alle zu der gleichen Schlussfolgerung führen: Dichte Wälder und Wälder mit vielen toten Bäumen sind nicht besonders beliebt. Offene, parkähnliche Wälder mit großen Bäumen und übersichtlichem Waldboden dagegen stehen sehr hoch oben auf der Rangliste. Wie kommt das?

Der Handschuh liegt im Ring, die Schritte sind abgemessen. Ein akademisches Duell zwischen Biologen, Gesellschaftswissenschaftlern und Humanisten ist im Gange. Es geht um die Frage, ob Kultur oder Genetik unsere Vorlieben in Bezug auf verschiedene Landschaftsformen prägen. Vielleicht liegt die Wahrheit aber auch in der Mitte. Einzelne Biologen behaupten, für unsere fernen Vorfahren sei es oft darum gegangen, zu sehen und selbst nicht gesehen zu werden. Aus diesem Grund würden wir bis heute den übersichtlichen Wald bevorzugen, der uns ein Gefühl der Sicherheit und Kontrolle gibt. Das Gehirn belohnt uns mit einem guten, harmonischen Gefühl. Ganz einfach gesagt, sind wir genetisch auf die Vorliebe für halb offene Landschaften geprägt. Deshalb hat dieser Denkansatz den Namen Savannen-Theorie.

Ein umstrittener und teilweise sogar ins Lächerliche gezogener Ansatz kommt von dem deutschen Förster Peter Wohlleben. Er schreibt in seinem Buch *Das geheime Leben der Bäume,* dass Bäume Schmerz empfinden, bei Durst hochfrequente Schreie ausstoßen und für ihre Kinder sorgen. Dass wir in manchen Wäldern Unbehagen empfinden, kommt, so Wohlleben, daher, dass die Bäume in einem dichten Fichtenwald in ständiger Bereitschaft sind und Duftstoffe absondern, die »Alarm« signalisieren. Nach seinen kontroversen und teilweise auch nicht naturwissenschaftlich belegten Aussagen nehmen Menschen diese Duftsignale auf, erkennen den Gesundheitszustand des Waldes und fühlen mit ihm. Daher unser Unbehagen.[2]

So kommen wir wohl nicht um den viel diskutierten Urwald herum, der unübersichtlich ist und in dem viele tote Bäume stehen und liegen. Bilder von Wäldern mit abgestorbenen, umgestürzten Bäumen wirken, so verschiedene Studien, wenig attraktiv auf Menschen, ein Paradox angesichts unseres Eifers, immer mehr Wälder unter Schutz zu stellen. Man muss es einfach so sagen: In einer relativ neuen Befragung zeigte sich, dass Fotos von Urwäldern mit einem kurzen Begleittext zur Bedeutung toter Bäume für die Artenvielfalt wesentlich höher eingestuft wurden als dieselben Fotos ohne diesen Text. Das kann bedeuten, dass Menschen in der Lage sind, verschiedene Arten von Wald lieben zu lernen. Wenn das Bewusstsein für die Bedeutung alter Wälder steigt, werden sie auch als schöner eingestuft, als eine Art »Märchenwald«. Das darf man natürlich nicht verallgemeinern, denn persönliche Präferenzen spielen ebenfalls eine wichtige Rolle. Wer im Eidskog aufgewachsen ist, mag dichten Fichtenwald wahrscheinlich eher als jemand, der aus der Finnmark kommt und auf der schönen, aber fast waldlosen Varanger-Halbinsel groß geworden ist.

Die Senke endet bei einem weiteren See, wo ich wieder niedergetrampelte Stellen finde, die auf einen Wolfstreffpunkt hinweisen. Als ich über den zugefrorenen See gehe, bemerke ich plötzlich eine ganz frische Wolfsspur. Ich sehe mich um, fühle mich beobachtet. Die Fährte führt über den See und verschwindet im Wald. Ich folge ihr ein Stück weit, muss aber bald aufgeben, denn der Waldboden ist hier fast schneefrei, obwohl wir erst Mitte Februar haben. Ein roter Schimmer am Himmel erinnert mich daran, dass der Vormittag fast um ist; ich muss zurück zum Auto, wenn ich meine Verabredung im Glaskogen einhalten will.

Auf dem Rückweg überquere ich eine offene, abgeholzte Fläche. Hier gibt es Baumstümpfe, Zweige, junge Kiefern und Büsche. Ich mag diese Abholzungsflächen nicht besonders, doch im Moment bin ich ganz erleichtert. Hier bekomme ich wieder Luft, hier sehe ich weiter. Auf der Höhe höre ich sogar die beruhigenden Geräusche der Zivilisation, Autoverkehr und Hundegebell. Ab und zu wird es mir denn doch zu viel mit dem Wald. Ich bin halt nicht wie Lars Monsen, der monatelang im Wald lebt, selbst gefangene Forellen isst und im Zelt schläft. Oder wie Stefan und Mats, die manchmal wochenlang in der Wildnis unterwegs sind. Mir reichen ausgedehnte Tagestouren. Zu viel Wald und Enge überfordern mich, da nehmen die Gefühle überhand.

Ich gehe über die freie Fläche, wieder hinein in den dunklen Wald und zum Kroktjern. Mächtige Kiefern umgeben den zugefrorenen See. Die Sonne glüht über den Baumwipfeln an einem klaren, winterblauen Himmel. Als ich über den See gehe, muss ich an Fridtjof Nansens pathetischen Ausspruch denken, dass »der Ruf der Wildnis unter all unserem Tun zittert und das Leben tiefer, reiner und edler macht«. Hier ist es fast so, als glaubte ich daran.

Sechs Uhr, ich treffe mich mit Mats, Stefan und Claes am Campingplatz von Glaskogen zu einer Art norwegisch-schwedischer Verbrüderung. Nachtsichtgeräte, starke Taschenlampen, Kamera. Warme Sachen, hohe Stiefel, Axt (vielleicht müssen wir uns einen Weg durch umgestürzte Bäume bahnen). Energydrinks, Kartoffelchips. Wir packen alles in Stefans Land Rover und fahren in den Wald.

Mats und Stefan stimmen sich sofort aufeinander ein. Sie reden über Auerhähne, Habichte, Hasen, Weißspechte, Ornithologen-Apps, Wölfe und Forstwirtschaft. Doch obwohl sie beide Waldleute sind, nähern sie sich dem Wald auf unterschiedlichen Wegen. Bei Stefan ist es eine tiefe Liebe und Neugier auf das Leben im Wald, die ihn hinaustreibt. Der Schwede geht Wolfsspuren nach, hilft beim Beringen von Wanderfalken, sucht nach den Eiablageplätzen von Schlangen, nach gefährdeten Insekten und seltenen Fröschen. Er mag auch den unberührten Wald und findet, Teile unserer Wälder sollten unbedingt in Ruhe gelassen werden. Mats teilt viele von Stefans Interessen für die Tiere und genießt es, im Wald unterwegs zu sein, aber er findet dort nicht nur Erholung, sondern für ihn ist der Wald auch ein Wirtschaftsgut. Da müssen Bäume gefällt werden, da muss junger Wald ausgedünnt werden, die Schafe brauchen eine Weide, und ab und zu will er einen Elch schießen. Er braucht das Geld, um den Hof instand zu halten. So gesehen herrscht eine gewisse Spannung zwischen ihnen, wenn sie diskutieren. Mats steht auch den Wölfen nicht uneingeschränkt positiv gegenüber. Und als wir eine Abholzungsfläche überqueren, ärgert er sich nicht darüber so wie Stefan, sondern denkt über die Wirtschaftlichkeit und den praktischen Nutzen nach, die sich ergeben, wenn man den Wald in einem Rutsch abholzt.

Nach einer Weile kommen wir an einen lang gestreckten, breiten See, der von Nadelwald umgeben ist. Über der dunklen Landschaft wölbt sich ein sternenklarer Himmel. *Same procedure as last time:* Stefan stellt sich hin, legt die Hände an den Mund und stößt ein kräftiges Geheul aus, das über die värmländischen Wälder dröhnt. Dann sind wir still und lauschen. Noch einmal. Keine Antwort, es bleibt still. »Hört ihr das?«, sagt Stefan auf einmal. Wir lauschen. Erst höre ich gar nichts. Hat Stefan mit seinem außerirdischen Gehör ein schwaches Wolfsgeheul wahrgenommen? »Ein Raufußkauz«, flüstert Stefan. Diese Käuze hören extrem gut, sie haben vielleicht das beste Gehör von allen Eulen. Der Ruf wird lauter, jetzt höre ich eine Art melodisches Jodeln im Wald. Mats lacht leise. »Den höre ich jeden Morgen vor meinem Schlafzimmerfenster«, sagt er. Linné hat dem Raufußkauz den Beinamen *funereus* gegeben, was »todbringend«, »unheilvoll« bedeutet. So viel Aberglaube ist mit den Eulen verbunden; sie gelten als Boten des Bösen, aber auch als klug, weil sie aussehen, als trügen sie eine Brille. Der Ruf des Waldkauzes weist angeblich auf einen bevorstehenden Todesfall hin. Bei vielen Redensarten in den skandinavischen Sprachen ist allerdings nicht mehr ganz klar, ob sie sich auf Wölfe oder Eulen beziehen – zu ähnlich sind sich die Wörter »ulv« und »ugle«.

Jetzt ist es wieder ganz still im Wald, bis wir auf einmal Motorengeräusche hören. »Lauft!«, ruft Stefan, als hätte er den Leibhaftigen gesehen. Und so rennen wir zurück in den dunklen Wald, Claes, Mats, Stefan und ich. Draußen auf dem Eis ist ein schwerer Geländewagen zu sehen, der schwankend weiterfährt, während ein starker Scheinwerfer sein Licht über das Eis schickt wie ein Leuchtturm am Meer. Auch aus dem einen Seitenfenster leuchtet jemand mit einer starken Taschenlampe.

»Jäger. Die sind hinter den Wölfen her«, stellt Stefan gestresst fest, als wir uns wieder ins Auto setzen. Ich habe eine Idee, ziehe einen Aufkleber mit dem Spruch »Echte Männer schießen Wölfe« aus der Tasche und klebe ihn an die Scheibe. Wenn uns irgendwelche schwedischen Haudraufs anhalten, haben wir so vielleicht eine Chance, uns rauszureden.

Aber kann das denn sein? Besteht wirklich die Gefahr, dass wir mit Jägern aneinandergeraten, hier im sicheren, durchregulierten Schweden, fragen Mats und ich.

»Sie verfolgen und bedrohen uns«, erklärt Stefan. »Wenn sie unser Autokennzeichen sehen, veröffentlichen sie es in einem geschlossenen Forum im Internet. Dann wird der Besitzer des Wagens ›besucht‹, sie verfolgen ihn und fragen, was er da draußen im Wald macht.« Stefan und Claes sind »Wolfskuschler«, und damit stehen sie für manche Värmländer in einer Reihe mit Pädophilen und Vergewaltigern. Nicht einmal Stefan und Claes lassen sich gern so nennen, so negativ besetzt ist dieses Wort. »Wolfskuschler sind Leute, die die Jagd auf Wölfe komplett ablehnen, da gehören wir nicht dazu«, präzisiert Stefan.

»Und du hast wirklich Angst vor denen?«, frage ich den Schweden, der allein und ohne jede Furcht mit Raubtieren Kontakt aufnimmt.

»Ach was«, sagt er. »Aber meine Frau. Schließlich haben sie schon einmal auf mich geschossen. Und dann erzählt er Mats die Geschichte, die ich bereits kenne, von den norwegischen Wilderern und dem Warnschuss, den sie auf ihn abgefeuert haben. Es ist ein bisschen wie in dem schwedischen Film *Jägarna*, wo ein paar Dorfbewohner losziehen, um illegal Elche zu jagen, und am Ende geschieht ein Mord. Das kann doch alles gar nicht sein, hier im idyllischen Värmland mit seinen kleinen, rot gestrichenen Hütten, seinen glitzernden Seen und den schönen, endlosen Wäldern. Während Stefan erzählt, werden die Lichter von dem Wagen auf dem zugefrorenen See immer kleiner. Offenbar hat man uns nicht bemerkt.

Mats, der für die norwegische Naturschutzbehörde arbeitet, kann von ähnlichen Zuständen in Norwegen berichten, von aufgeschlitzten Reifen und harten, unversöhnlichen Streitigkeiten. Aber was die Wölfe angeht, sind er und Stefan nicht auf einer Wellenlänge. Während Stefan von der Hetzjagd auf Leute spricht, die sich für die Wölfe interessieren und sie faszinierend finden, weiß Mats von Schikanen gegen Leute, die den Wolf ablehnen.

Wenn Stefan von der Bedeutung biologischer Vielfalt spricht, davon, dass die Wälder groß genug für alle Tiere sind, auch für den Wolf, dann sind die beiden sich einig. Aber Mats schaut das Problem auch von außen her an. Er hat, im Widerspruch zu dem ungeschriebenen Gesetz der SNO, das da lautet, keine Stellung für oder gegen den Wolf zu beziehen, eine Chronik für ein Diskussionsforum im Radio geschrieben. Darin hat er sich kritisch über Biologen geäußert, die seiner Meinung nach die Bedeutung des Raubtiers für die biologische Vielfalt zu hoch einschätzen. Es gibt viele gute Gründe dafür, dass der Wolf sich hier wieder ansiedeln sollte, schrieb er, doch die biologische Vielfalt ist ein schlechtes Argument. Der Wolf bereitet vielen Weidetieren Probleme, und diese Weidetiere sind wichtig für die Bewahrung von Pflanzen, Insekten und Pilzen. Die Behauptung, der Wolf sei vom Aussterben bedroht, ist Unsinn angesichts der großen Bestände in unseren Nachbarländern. Denn selbst wenn der Wolf in Norwegen auf der Roten Liste steht, sieht es weltweit ganz anders aus. »Eines ist jedenfalls klar: Die Natur und die biologische Vielfalt in Norwegen kommen bestens ohne große Raubtiere zurecht«, schloss er seinen Beitrag.

Wenig später konnte er am eigenen Leib erfahren, wie emotional die Wolfsdebatte geführt wird. Ein paar Stunden nach der Ausstrahlung seines Beitrags hatte er bereits sechshundert Kommentare bekommen. Leicht schockiert musste er feststellen, dass er in ein Wespennest gestochen hatte. Ein Kommentar lautete, die norwegische Natur käme auch bestens »ohne Schafe, Mats Finne und Menschen insgesamt zurecht«. Mats wurde kritisiert, er vertrete Eigeninteressen, weil er Waldbesitzer und Schafzüchter ist. Er schaue nur auf sein eigenes Portemonnaie. Und in den Kommentaren stritten Wolfsgegner und Wolfsaktivisten über die Gefährlichkeit der Wölfe, die Elchbestände, den Wildverbiss in den Wäldern und über Stadtbewohner/Landbewohner, die keine Ahnung von gar nichts haben.

»Ich finde es ja vollkommen in Ordnung, wenn Wölfe legal geschossen werden, aber Wilderei ist etwas Schreckliches«, platzt Stefan heraus. Das hat er schon ein paar Mal gesagt. »Kontrollierte Jagd ist okay, denn dann werden die richtigen Tiere aus dem Bestand genommen. Aber wenn sie Alpha-Rüden oder Alpha-Wölfinnen illegal abschießen, wandern sofort neue Wölfe ein und übernehmen das Revier. Das hilft doch niemandem!«, erklärt er und fügt hinzu, dass die Wilderei auch dazu führen kann, dass genetisch wichtige Tiere verschwinden.

Es gibt viele Geschichten darüber. Ganze Rudel, denen Stefan gefolgt ist, sind verschwunden. In Värmland ist der Widerstand gegen die Wölfe groß, genau wie in Hedmark auf der anderen Seite der Grenze. Selbst die Polizei ist nicht ganz sauber. Für Stefan ist das alles nur lästig, er will in Ruhe durch die Wälder ziehen, ungestört von Debatten, Streit und Jägern. Aber was sagt eigentlich Claes dazu, der schweigend auf der Rückbank hockt?

»Hast du Angst vor den Jägern?«, frage ich ihn.

»Ich scheiß auf diese Typen, die sollen nur kommen«, erwidert er. »Aber das Auto ist auch nicht auf meinen Namen zugelassen, sondern auf den meiner Frau.« Er lacht.

Wir kommen an mehreren abgeholzten Flächen vorbei. Riesige Haufen aus Zweigen und Stämmen sind auf den nackten, baumlosen Arealen gestapelt. Wenngleich die Verwaltung von Värmland im Internet vom Wildnischarakter dieses Naturschutzgebiets und von den Naturschönheiten spricht, die Arbeiter haben dem Wald schwer zugesetzt. Nur ein halber Quadratkilometer ist vor Abholzung geschützt, die restlichen 29 können von den Waldbesitzern ganz normal genutzt werden. Dass der gesamte Glaskogen als Naturschutzgebiet ausgewiesen ist, kommt einem fast wie ein Witz vor.

»Seht euch das an, überall wird abgeholzt. Ich komme hierher, seit ich ein Kind war. Damals war das hier alles Naturwald, siebzig bis achtzig Jahre alte Bäume standen da. Jetzt gibt es nur noch diese mickrigen Stämmchen«, klagt Stefan. »Es gibt noch viel Wald, aber was für welchen?«, fragt er rhetorisch. »Biotope verschwinden, Arten sterben aus.«

Wieder versucht Mats auszugleichen. Er findet es ja ebenfalls traurig, wenn man schönen alten Wald abholzt, und er selbst hat vor Kurzem einen großen Teil seines eigenen Waldes unter Schutz gestellt. Aber als Waldbesitzer hat er eben auch einen praktischen Blick auf das Problem. »Oft ist die Flächenabholzung die einzige Möglichkeit, damit es sich noch lohnt«, erklärt er. Für ihn ist der Wald auch eine Ressource, die genutzt werden muss. Da kann es manchmal wie Luxus wirken, wenn man ständig von der Bewahrung der biologischen Vielfalt spricht.

Der Schwede erzählt von seinem Aufenthalt in Borneo. Dort war es viel schlimmer, meilenweit ist er an Palmölplantagen vorbeigefahren, die durch einen dünnen Streifen Wald vor den Blicken der Touristen geschützt sind. Der Regenwald wurde komplett verdrängt. Und als er in Uganda war und gesehen hat, was dort mit den Regenwäldern geschieht, da hat er innerlich geweint, sagt er. Die Hälfte des Regenwaldes dort ist innerhalb von zwanzig Jahren verschwunden. Dann ist die Erde ausgetrocknet, und jetzt wächst da nur noch Gras.

Ich weise meine Mitfahrer auf das Buch *Kollaps* des amerikanischen Wissenschaftsautors Jared Diamond hin und erinnere sie daran, was für weitreichende Folgen verschiedene Formen der Waldpolitik haben können. Diamond vergleicht zwei Staaten in der Karibik, Haiti und die Dominikanische Republik, also die beiden Hälften der Insel Hispaniola. Als die ersten Europäer dorthin kamen, ging es den Wäldern der Insel an den Kragen. Heute ist ein großer Teil des Waldes verschwunden, aber wenn man sich ein Satellitenbild des Grenzgebiets zwischen den beiden Staaten ansieht, wird Diamonds These so deutlich sichtbar, dass man fast lachen muss: Im Ostteil, also in der Dominikanischen Republik, gibt es tiefe dunkelgrüne Streifen in der Landschaft, also Wälder. Im Westen, in Haiti, ist alles verbrannt und kahl. Haiti hat noch ein Prozent Wald, in der Dominikanischen Republik sind es 28 Prozent. Warum haben die beiden Länder eine so unterschiedliche Politik verfolgt?

Die Antwort ist komplex, sagt Diamond, weist aber auf Joaquín Balaguer hin, den früheren Präsidenten und Diktator der Dominikanischen Republik.[3] Während seiner drei Amtszeiten (die erste ab 1960, die letzte bis 1996) ließ er große Waldgebiete schützen und hatte auch keine Skrupel, diesen Schutz gewaltsam durchzusetzen. Als die Schutzgebiete nicht respektiert wurden und die reichen Landbesitzer illegale Abholzungen in den Reservaten unternahmen, griff er zu drastischen Maßnahmen. In einer der berühmtesten Aktionen in der Geschichte des Umweltschutzes setzte er 1967 die Armee ein, um den Frevlern Einhalt zu gebieten. Es kam sogar zu Schießereien, und mehrere Waldarbeiter wurden getötet. Doch wie nicht anders zu erwarten, hatte die Aktion eine starke präventive Wirkung.

In Haiti hatten die Duvalier-Diktatoren François (Papa Doc) und Jean Claude (Baby Doc) nur wenig mit dem Wald im Sinn. Das Ergebnis sieht man heute.

Mit dieser Geschichte im Hinterkopf ist es verlockend, noch einmal auf den britischen Historiker Simon Schamas und sein Werk *Landscape and Memory* hinzuweisen. Er beschreibt darin unter anderem den Blick der deutschen Nationalsozialisten auf den Wald. Für die Nazis war der Wald Teil der deutschen Identität, ein Symbol, das sich unter anderem in der Schlacht im Teutoburger Wald manifestiert, die um Christi Geburt stattfand. Nachdem ich davon gelesen hatte, reizte es mich, den sagenumwobenen Wald selbst in Augenschein zu nehmen. Es ist ein luftiger Buchenwald, aber mit dichtem Buschwerk im Unterholz. Dort stand ich dann und las, wie die germanischen Stämme unter der Führung des Feldherrn Arminius drei römische Legionen in einen Hinterhalt lockten. Die Germanen, die sich in diesem Wald versteckten, verletzten und töteten Tausende römische Legionäre.

Es hat viele Schlachten zwischen Römern und Germanen gegeben, aber diese Schlacht, von der manche Historiker sagen, sie habe den Zug der Römer nach Norden für alle Zeit gestoppt, wurde aus späterer Sicht überhöht. Bei der Gründung des Deutschen Reiches und vor allem unter der Nazi-Herrschaft wurde sie zum Symbol der Überlegenheit der germanischen Rasse, und sie wurde eng mit der unberührten Natur verknüpft, die durch den Wald repräsentiert wird. Hermann Göring wurde zum Reichsforstmeister ernannt, und in den eroberten Gebieten, mit denen sich das nationalsozialistische Deutschland »Lebensraum« verschaffen wollte, sollten »teutonische« Arten wir Adler, Elch und selbstverständlich auch der Wolf gedeihen. Das galt beispielsweise für den Wald von Białowieża in Polen. Die Nazis wollten dort jagen, und das taten sie dann auch auf ihre eigene Weise: Tausende von Russen und Polen wurden in diesem Wald ermordet. Keine

Regierung auf der Welt hat, so Schama, den Schutz der Wälder ernster genommen als ausgerechnet die Nazis. »Die Ausrottung von Millionen Menschenleben stand offenbar nicht im Widerspruch zu der leidenschaftlichen Bewahrung von Millionen Bäumen«, schreibt er.[4]

Die Fichten ragen in den sternenklaren Nachthimmel wie spitze, schartige Zähne. Wieder leuchtet vor uns ein See im Mondlicht auf. In der Ferne verschleiert leichter Dunst den Horizont. Auf dem Weg hierher haben wir kaum Wolfsspuren gesehen, aber Stefan ist optimistisch. Wir laufen auf den See und stellen uns auf. Er lockt, wir locken, unsere Rufe hallen über den See. Dann stehen wir unbeweglich da. Ich habe schon so viele erfolglose Touren hinter mir, dass ich gar nichts mehr erwarte. Erst hören wir nur das Rauschen der Bäume. Dann jedoch breitet sich ein sphärisches Heulen in der Nacht aus, erst schwach und vereinzelt, dann heult ein weiterer Wolf, ein dritter und sogar ein vierter. Und am Schluss noch weitere zwei, die im Chor heulen. Das hier ist anders als alles, was ich bisher erlebt habe. Tiefes Heulen mischt sich mit hohen, fast außerirdischen Tönen. Andächtig stehen wir da wie bei einem Nachtgottesdienst.

Jetzt erst begreife ich, warum Stefan und Claes immer wieder in den Wald ziehen, um zu jagen oder nach Wölfen zu suchen. Das hier macht all die ergebnislosen Touren wett, die schlaflosen Nächte, die Pläne, das Warten, die Stunden im Auto. Es ist ein heftiges Erlebnis, und es wäre leicht, jetzt nach Klischees zu greifen und von einer Begegnung mit der Urnatur zu sprechen, die nicht von den Menschen und ihrer Zivilisation besudelt ist.

Wieder dröhnt ein Heulen durch die Nacht und den pechschwarzen Wald. Das ganze Rudel ist beteiligt. Oft heulen die Wölfe so vor oder nach der Jagd, als wollten sie mit diesem Ritual ihren Zusammenhalt stärken. Dann ein tieferes Heulen. »Das ist ein Rüde, einer von den Jungen aus dem vorigen Jahr«, sagt Stefan. »Wahrscheinlich der Babysitter.« Denn die Jungwölfe vom Vorjahr passen häufig auf die kleinen Geschwister auf, wenn die Eltern, der Alpha-Rüde und die Alpha-Wölfin, auf der Jagd sind oder sich zurückziehen, um sich zu paaren. Diese Babysitter halten sich gern an offenen Plätzen auf, wo sie mehr Kontrolle über die Kleinen haben.

Stefan zeigt auf eine Landzunge, die sich in den See hinausstreckt, und erklärt uns, dahinter halte sich das Rudel auf, vielleicht nur zwei- bis dreihundert Meter von uns entfernt. Helles, jaulendes Heulen klingt über den See. »Das sind die Welpen aus diesem Jahr«, sagt Stefan und nimmt sein Nachtsichtgerät. »Die sind neugierig und wollen gern wissen, wer hier steht und heult. Könnte durchaus sein, dass sie gleich übers Eis kommen. Das wäre nicht ungewöhnlich.« Wir spähen hinüber, aber der Dunst breitet sich weiter aus und legt sich wie ein Schleier über den See, sodass wir kaum noch etwas erkennen können. Nach einer Pause heulen die Wölfe wieder; eine Kakofonie von geradezu psychedelischen Tönen dröhnt über das Eis. »Jetzt reden sie mit uns. Wer seid ihr? Wo seid ihr?«, erklärt Stefan. Sechzehn Mal hören wir die Wölfe heulen. »Das ist die ultimative Wildniserfahrung«, platzt Mats heraus, der sonst so besonnene Waldbesitzer.

Ich muss an den Philosophen, Naturschützer, Wissenschaftler und Autor Aldo Leopold denken. Im Jahr 1949 schrieb er seinen einflussreichen Bestseller *A Sand County Almanac.*[5] In einem der Essays, die in diesem Buch enthalten sind, verteidigt er das Leben ohne Rücksicht auf seinen Nutzen. Während einer Jagdtour in den Bergen hörten Leopold und seine Begleiter ein tiefes Heulen, dessen Echo von den Felswänden widerhallte. »Es war der Ausbruch eines wilden Kummers und der Verachtung für alles Böse auf der Welt«, schreibt er. Wenig später sahen sie einen Wolf, der seine Welpen suchte. Sie schossen auf den Wolf, er stürzte, und als sie sich ihm näherten, sah er im Blick des Wolfes »eine gewaltige grüne Flamme, die starb«. In diesem Essay philosophiert Leopold darüber, dass im Heulen dieses Wolfes eine Einsicht verborgen lag, »die die Berge schon lange kennen, die aber nur selten von den Menschen wahrgenommen wird«. Man müsste denken wie ein Berg, sagt er, und betont, dass dieses Raubtier Teil eines großen Ganzen war, eines Ganzen, das man nicht verändern dürfe in unserem kurzsichtigen Streben nach Sicherheit, Wohlstand, Bequemlichkeit und langem Leben. »In der Wildnis liegt die Befreiung der Welt«, schreibt er am Schluss und zitiert Henry Thoreau.

Obwohl sich die Vorstellung vom Schutz des Waldes und der Tiere zu seiner Zeit bereits verbreitet hatte, gilt Leopolds Essay als erste Verteidigungsschrift für den Wolf. Er machte den Weg frei für den Schutz des Wolfes einige Jahrzehnte später und letztlich auch für die Wiederansiedlung der Wölfe im Yellowstone-Nationalpark.[6] Tatsächlich hatte Leopold als Erster den Vorschlag dazu gemacht. Doch es gab auch schon Ende des 19. Jahrhunderts Jäger, die das Verschwinden des Wolfs nicht nur positiv beurteilten, darunter die schwedische Jagdlegende Gustav Schröder. Er äußerte sich zwar zunächst glücklich, dass die Wölfe aus den Wäldern verschwunden waren, weil man jetzt endlich die Hunde frei laufen lassen konnte. Aber nach ein paar Jahren schrieb er nachdenklich, seit die Wölfe weg seien, gäbe es immer mehr Füchse, und das sei gar nicht gut für Waldvögel und Hasen – ein Zusammenhang, über den immer noch geforscht wird. Und dann schrieb Schröder etwas Seltsames: »Es wäre wohl am besten, wenn die Wölfe zurückkämen.« Das ist ein ungeheuer seltener Standpunkt zu jener Zeit.[7]

Während die Wölfe im Großen und Ganzen unerwünscht blieben, richteten die Schweden schon früh Bärenreservate ein, und bereits im Jahr 1909 wurde der Nationalpark Sonfjället ausgewiesen. Nachdem die Biber in Schweden komplett ausgerottet worden waren, fürchteten manche, dem Bären könnte dasselbe Schicksal drohen.

Die Wölfe sind verstummt. Stefan heult noch einmal, Claes und Mats ebenfalls, obwohl sich Mats anhört wie ein kranker Fuchs. Ich heule auch, und es klingt noch schlimmer als bei Mats. Wir alle heulen, versuchen es immer wieder, aber sie antworten nicht mehr, und wir bekommen sie auch nicht zu sehen. Das Wolfsrudel ist jetzt ganz still. »Vielleicht haben sie gemerkt, dass wir gar keine Wölfe sind«, vermutet Stefan. Wir bleiben noch ein bisschen auf dem Eis stehen und spüren in die Dunkelheit und den Wald hinein.

Dann fahren wir zurück zum Campingplatz. Die Tour ist zu Ende, ein trauriges Gefühl breitet sich aus. Stefan umarmt mich kräftig, als sähen wir uns zum letzten Mal. »Glückwunsch«, sagt er zu mir. Er denkt wohl, jetzt ist es vorbei, jetzt höre ich auf und mache einen Haken an meine rastlose Suche nach den Wölfen. Mit zwanzig Jahren Erfahrung im Hintergrund weiß er, das heute Nacht war einzigartig, eine echte Seltenheit, selbst für Leute, die sehr oft im Wald unterwegs sind. Und er hat ja recht.

Jetzt kann ich einen Schlussstrich ziehen, das habe ich schon gedacht, als ich draußen im Wald dem Wolfskonzert zugehört habe. Eigentlich passt es so auch perfekt zu meinem Plan. Ein Jahr auf der Jagd nach dem Wolf ist genug. Es soll ja nicht ausarten, diese Touren sind durchaus eine Belastung für das Familienleben, den Job und meine Kontakte zu Freunden. Doch als wir da auf diesem vereisten Parkplatz stehen, erzählt Stefan auf einmal von anderen fantastischen Erlebnissen in der Wildnis. Von Wölfen, die sich an ihn angeschlichen haben, von einem Wolf, der nach vielen Stunden des Wartens direkt vor seinem Versteck auftauchte, von nahen Begegnungen, bei denen er die Tiere fotografiert hat. Tausende Fotos von Wölfen hat er gemacht, auf dem Handy hat er eines von einer Wölfin und drei Jungen, die im Morgengrauen im Moor herumstreifen.

»Könnte ich nicht mal mitgehen, wenn du dich im Wald versteckst?«, frage ich, ohne darüber nachzudenken, als ich mich ins Auto setze, ganz gegen meinen eigentlichen Plan. Ich habe die Wölfe gehört, jetzt will ich sie sehen. Und wenn es nur zwei flüchtig aufleuchtende Augen im Dunkeln sind oder eine Schwanzspitze. Stefan schaut mich misstrauisch an, dann lacht er los. »Du bist vom Wolfsvirus infiziert«, stellt er fest und macht eine kurze Denkpause. »Ich glaube, du bist zu ungeduldig und rastlos. In so einem Versteck musst du still sitzen, sechs, sieben Stunden am Stück. Ohne zu pinkeln, ohne die Beine auszustrecken oder die Arme zu bewegen. Das schaffst du nicht.«

»Ach, hör auf, das kann man doch lernen«, sage ich, lache entwaffnend und bin doch überrascht, wie gut er meine Schwächen kennt. Ja, ich bin rastlos und ungeduldig. Ich knirsche schon mit den Zähnen, wenn meine Kinder morgens eine Minute zu lange brauchen, um sich anzuziehen. Deshalb haben meine Freunde mich auch noch nie zu einer Angeltour eingeladen. Stefan sagt weder Ja noch Nein, meine Frage bleibt in der Luft hängen. Ich muss nach Hause. Auf den kurvigen Waldwegen fahren Mats und ich in unseren Autos ein Wettrennen durch den Glaskogen. Es ist fast Mitternacht, aber ich kann mich nicht entspannen, kann nicht aufhören, über die Wölfe und den Wald nachzudenken. Es wird noch viele Touren geben. Der Wald ist eine Droge. Ich bin dabei, so zu werden wie Mats und Stefan. Der Wald, das bin ich.

Am nächsten Morgen melde ich mich bei Stefan. »Das Seltsame ist ja, als ich wach wurde, habe ich gleich gedacht: Ich will raus in den Wald. Ich will Wölfe sehen.«

Stefan antwortet: »Infiziert. Haha.«

Entzugserscheinungen

Zwei Wochen sind vergangen, zwei Wochen ohne Wolfstouren. Gefühlt ist das eine lange Zeit. Der Drang, durch die Wildnis zu ziehen, wird nicht gestillt, wenn ich still und langweilig in der Stadt sitze und Bücher über Wald und Wölfe lese. Eigentlich sollte ich arbeiten, mich am Schreibtisch festketten, aber der Wald ruft nach mir. Oder weniger der Wald als die Wölfe. Ich möchte sie aufspüren, hören und ihnen folgen. Was als fixe Idee mit durchaus akademischer Distanz anfing, hat sich zu einer Leidenschaft ausgewachsen. Damit bin ich nicht allein. Ich höre immer wieder von Leuten, die damit angefangen haben, den Wölfen zu folgen, und nicht wieder aufhören können. »Wolfsabstinenz« nennt Stefan dieses Phänomen. Tatsächlich ertappe ich mich immer öfter dabei, dass ich meinen Blick auf den Wald als Ganzes vernachlässige.

Ich habe die Wölfe heulen gehört und ihre Spuren gesehen, aber etwas fehlt noch. Wenn ich Freunden und Bekannten von meinen Touren erzähle, fragen sie oft: »Und hast du sie denn gesehen?« Dann antworte ich, dass ich sie gehört habe, und berichte von dem tiefen Erlebnis, das sphärische Heulen im dunklen Wald zu hören. Ich argumentiere, dass dieses Erlebnis viel größer und mächtiger ist, als wenn man einen Wolf sieht – Stefan sagt das auch immer wieder. Er muss es ja wissen, schließlich ist er den Wölfen schon mehr als zweihundert Mal begegnet. Doch der Wunsch, einen Wolf in freier Wildbahn »live« zu sehen, lässt mich nicht in Ruhe. Ich ärgere mich regelrecht, wenn ich Tierdokumentationen im Fernsehen sehe, in denen Wölfe gezeigt werden. Außerdem höre ich alle möglichen Geschichten wie zum Beispiel die von dem schneereichen Winter, als ein Wolfsrudel über den Osensjøen in Hedmark zog und die Schaulustigen hinpilgerten, um sie zu sehen. Natürlich ist viel Glück dabei im Spiel. Ein Freund von mir hat auf dem Weg zu seiner Hütte in Trysil zufälligerweise einen Wolf gesehen, der direkt vor seiner Nase über die Straße lief. Und fast täglich lese ich von Leuten, die unverhofft einen Wolf gesehen haben, entweder auf einer Wiese oder am Rand einer Landstraße.

Ja, ich bin neidisch; ich erhoffe und wünsche mir einen näheren Kontakt als bisher. Hemmungslos nerve ich Stefan mit SMS darüber, dass ich »aaarggh Wolfsabstinenz« erleide, dass ich raus will, dass mir der Glaskogen fehlt, dass ich wieder mit auf Tour gehen und mit ihm im Wald in einem Versteck sitzen möchte. »Böses Gefühl«, schreibt er zurück. »Ich verstehe, wie du dich fühlst.« Aber was Verabredungen angeht, weicht er mir aus. Im Moment gibt es nur wenige Wölfe, die Wochenenden sind voll. Ich spreche mit Ole Kristian, der mich seinerzeit mit Stefan in Kontakt gebracht hat. Gib Ruhe und hör auf zu nerven, rät er mir und fordert mich auf, mehr Rücksicht zu nehmen. Stefan hat eine Familie mit kleinen Kindern, seine Frau braucht ihn. Doch das alles prallt an mir ab, die Entzugserscheinungen sind zu stark, und ich weiß ja, dass Stefan genauso gern losziehen will wie ich. Er hat mir versprochen, dass wir wieder etwas zusammen machen, dass er mich mitnimmt, wenn er sich wieder in ein Versteck begibt. Schließlich bekomme ich meinen Willen: »Samstag können wir deine Geduld auf die Probe stellen. Komm rechtzeitig vor halb fünf früh, denn dann müssen wir los. Wir werden von fünf bis elf still sitzen, keine Pinkelpause. Bring einen guten Hocker und dunkle Kleidung mit. Die Wölfe sind sehr wachsam. Wir werden den Stadtmenschen Reidar mal durchtesten, haha.«

Sieben Kiefern. Ein offenes Moor, ockerbraun und rötlich gefärbt von Gräsern und Heidekraut. Ein bewaldeter Berghang. Das ist unsere Aussicht, und seit zwei Stunden tut sich absolut gar nichts. Neben mir sitzt Stefan unbeweglich auf seinem tarnfarbenen Hocker. Wir haben uns einen leichten, ebenfalls tarnfarbenen Poncho übergezogen, um mit der Umgebung zu verschmelzen. Über dieses Moor führt ein Weg, den die Wölfe öfter nehmen, Stefan hat sie hier schon ein paar Mal gesehen. Unser Codewort, wenn einer von uns einen Wolf im Moor sieht, lautet »Schsch«. Aber wir müssen wachsam sein, sagt Stefan mahnend, die Wölfe sind wie Gespenster. Ihr graues Fell verschwimmt mit der Umgebung; selbst wenn sie direkt vor einem stehen, sind sie schwer zu erkennen. Und als wäre das nicht genug, sind sie auch noch schlau und extrem schwer zu überlisten.

Um der Aufmerksamkeit der Wölfe zu entgehen, gibt es ein paar Tricks, die Stefan mir erklärt: Wir sitzen seitwärts, den Wind gegen uns, Gesicht und Hände verborgen. Außerdem müssen wir absolut regungslos sitzen, was mir sehr schwerfällt: Die Nase juckt, die Beine schlafen ein, ich muss pinkeln. Doch ich reiße mich zusammen und verdränge das Gefühl, mich jetzt sofort bewegen zu müssen. Schließlich hat Stefan ja vorsichtig angedeutet, dass ich, alter Stadtmensch, der ich bin, nicht so lange still sitzen kann, dass ich zu ungeduldig und rastlos bin. Mag sein, dass das stimmt, denke ich wieder, aber man kann doch alles lernen.

Die Minuten vergehen im Schneckentempo und werden zu Stunden. Wolfsstunde hat Ingmar Bergman diese Zeit zwischen Nacht und Morgengrauen genannt und berichtet, dass zu dieser Zeit die meisten Menschen sterben – »zu der Zeit, wenn der Schlaf am tiefsten ist und die Albträume am schlimmsten sind. Es ist die Stunde, wenn die Schlaflosen ihre schlimmsten Ängste erleben, wenn Spuk und Dämonen die größte Macht besitzen.« Schweigend beobachten wir, wie der pechschwarze, schweigende Wald heller und lebendiger wird. Zuerst hören wir eine einsame Stockente rufen, dann folgen die Trompetenstöße eines Kranichs, die wie ein Echo durch die Dämmerung hallen. In der Ferne ruft ein Birkhuhn übers Moor. Dann erwachen die Raben, ein Schwarm dunkler Vögel schwebt übers Moor. Unter ihren metallischen Schreien erzittert der Wald. Solange die Vögel da sind, brauchen wir eigentlich keine Wölfe, sie sind wirklich unterhaltsam. Dann hören wir kräftige Flügelschläge, die Luft über uns vibriert. Zwei der Raben fliegen direkt über unsere Köpfe. Sie sind größer, als ich gedacht hätte, ihre Flügelspanne beträgt mehr als einen Meter. Sie patrouillieren durch den Wald, hat Stefan gesagt, der mich eindringlich bittet, nach unten zu schauen und das Gesicht sowie die Hände im Versteck zu behalten. Wenn sie uns entdecken, können sie ihre Artgenossen und andere Tiere im Wald warnen, nicht zuletzt die Wölfe.

Tatsächlich stehen Raben und Wölfe in enger Verbindung. Die Vögel warnen die Vierbeiner vor Gefahren und bekommen dafür ihren Anteil an der Beute. Genau deshalb geht Stefan so früh los, um seinen Platz eingenommen zu haben, bevor die Raben ihre Patrouillenflüge machen.

Der Rabe ist ebenso sehr von Mythen umgeben wie der Wolf. Ein Rabe hielt während der Sintflut im Auftrag Noahs nach Land Ausschau, in der altnordischen Mythologie waren die Raben Hugin und Munin Helfer des Gottes Odin, der mit ihnen und seinen beiden Wölfen Geiri und Freki in den

Kampf zog. Wenn man auf dem Weg in die Schlacht Raben und Wölfe sah, war das ein Vorzeichen für einen Sieg. Der Name Wolfram ist – einer Theorie zufolge – eine Verbindung von Wolf und Rabe.[1]

Ab und zu nicke ich kurz ein, es war eine kurze Nacht. Auf regennassen Straßen bin ich spät am Abend in Arvika angekommen, und statt mich dann noch ein bisschen hinzulegen, musste ich mit Stefan an einer seltsamen Rettungsaktion teilnehmen. Er stand nämlich an der leeren Landstraße, einen Eimer und eine Taschenlampe in der Hand. Erst verstand ich gar nicht, was er da machte, dann sah ich, dass Kröten, Frösche und Salamander über den nassen, schlüpfrigen Asphalt krochen und sprangen. Hier und da lagen schon verletzte oder totgefahrene Tiere. Es ist zwar erst März, aber ein paar warme Wochen haben die Amphibien aus dem Winterschlaf geweckt. Vor etwa vierhundert Millionen Jahren sind ihre Vorfahren vom Meer aufs Land gekrochen, aber in regennassen Nächten ziehen sie los. Sie machen sich auf den Weg zu den Gräben, in denen sie sich paaren, ihre Eier ablegen und sich auf diese Weise fortpflanzen wollen. Und wenn eine Straße ihren Weg kreuzt, wird sie zur tödlichen Barriere.

Wie ihre Vorfahren sind sie an das Leben im Wasser und an Land angepasst. Für ihren Lebenszyklus ist das Wasser nach wie vor essenziell; dort verbringen sie die Zeit vom Ei bis zur Larve und weiter bis zum vollständig entwickelten Tier. Dieses zweigeteilte Leben ist der Grund für den Namen »Amphibien«, der aus dem Griechischen stammt und so viel bedeutet wie »Leben auf beiden Seiten«. Mit den Amphibien, genauer gesagt mit einem großen, salamanderähnlichen Geschöpf namens *Ichthyostega,* ging es im Devon los. Er hielt sich in den Sümpfen auf und war der Ursprung der landlebenden Wirbeltiere, von den Dinosauriern bis hin zu den Vögeln und schließlich den Säugetieren. Sowohl wir Menschen als auch die Raubtiere stammen von ihm ab.

Stefan und ich flitzten über die Straße, und er hob einen kleinen Salamander hoch, einen *Triturus vulgaris* mit den typischen roten Punkten am Bauch. Im Schein der Taschenlampe entdeckten wir weitere Tiere auf der Fahrbahn. Eines nach dem anderen sammelte er sie ein und legte sie vorsichtig in den Eimer. Einen gewöhnlichen Frosch, *Rana temporaria*, stellt mir Stefan vor, und eine Kröte, *Bufo bufo*. Von den annähernd 7500 Amphibienarten, die es auf der Welt gibt, lebten nur ungefähr ein Dutzend in Skandinavien.[2] Als wechselwarme Tiere halten sie es im Norden nicht gut aus.

Der Schwede strich über den buckeligen Rücken der Kröte. »Giftdrüsen«, erklärte er mir. Die Kröte hat nicht sehr viele Feinde, denn ihr Gift, das Bufonin, ist so stark, dass selbst größere Tiere wie beispielsweise Hunde richtig krank werden können, wenn sie versuchen, eine Kröte zu fressen. Bufonin hat auch eine halluzinogene Wirkung, deshalb gehört es eigentlich in jeden Hexentrank.

Als der Eimer halb voll war, ging Stefan zum Graben auf der anderen Straßenseite und schüttete ihn aus. Das macht er, wenn man ihn lässt, stundenlang, jedes Jahr aufs Neue. Sobald es regnet, ist Stefan unterwegs und rettet Amphibien. An manchen Abenden ist die Straße bedeckt mit ihnen, aber er bringt es nicht übers Herz aufzuhören, sondern macht weiter bis tief in die Nacht. Nach Arne Næss' Ökophilosophie, die Wilsons Biophilie nicht unähnlich ist, hat jedes Leben einen eigenen Wert. In Tvergastein unter dem Hallingskarvet, wo Næss eine Hütte besitzt, hat der Neunzigjährige sogar Kanäle gegraben, um einige winzige Pflanzen zu retten.

Ich erkannte mich in Stefans Fürsorge für die Tiere wieder. Ein paar Würmer, die sich ebenfalls auf die Straße verirrt hatten, erinnerten mich an meine Kindheit. Damals taten mir die Regenwürmer leid, ich hob sie auf und warf sie in den Graben. Heute habe ich ein dickeres Fell, der Tod gehört zum Leben, zum Lauf der Natur. Ich lasse die Würmer liegen, ein

Fehler, wie ich eigentlich wissen müsste. Regenwürmer sind wichtig für den Boden. In 24 Stunden kann ein Regenwurm kiloweise Erde verdauen. Dabei wird totes Material verarbeitet, die Erde bekommt Luft. Aber es ist mit den Würmern wie mit vielen anderen Kleintieren: Wir sprechen vom Regenwurm, von der Mücke und der Wespe und vergessen darüber, dass es 27 Arten von Regenwürmern, zweitausend Arten von Mücken und mehr als Tausende Arten von Wespen allein in Norwegen gibt.[3]

Ein großer Parteigänger der Regenwürmer war Charles Darwin; vierzig Jahre lang studierte er dieses blinde, taube, kopflose Gliedertier. 1881 erschien sein Buch *Worms*[4]. Darwin führte komplizierte Experimente mit den Regenwürmern durch, spielte ihnen auf dem Klavier und auf dem Fagott vor und stellte so fest, dass sie auf Töne nicht reagierten, aber sehr wohl auf Erschütterungen. Wenn er beispielsweise das tiefe C auf dem Klavier anschlug, zogen sich die Würmer in ihre Löcher zurück. Der Vater der Evolutionstheorie war der Ansicht, dass wir dem kleinen Wurm, der unsere Erde durchpflügt, sehr dankbar sein müssen. Darwin scherzte, er habe das Buch über die Regenwürmer zu Ende schreiben müssen, bevor er sich ihnen anschließe. Eine hellsichtige Aussage, denn ein Jahr nach dem Erscheinen des Buches starb er.

Das Moor liegt leblos da. Keine Wölfe, keine Rehe; trotzdem hat die Langeweile noch nicht überhandgenommen. Im Gegenteil, es liegt eine tiefe Ruhe darin, wenn man so in den Wald starrt, den Morgennebel beobachtet, der wie ein Schleier darüberliegt, und die Sonne, die ihn allmählich verdrängt. Und über allem klingen die Rufe der Raben. Natürlich ist es eine Geduldsprobe, so im Versteck zu sitzen. Eine Geduldsprobe, die Jäger seit Jahrtausenden absolvieren, ebenso wie Naturfotografen, die auf den optimalen Moment warten. Man muss still sitzen, geduldig sein, darf nicht aufgeben. Und man braucht Glück, sonst kann es einem ergehen wie dem Dokumentarfilmer des norwegischen Fernsehens, der drei Wochen im Versteck vor einer Bärenhöhle in Pasvik saß und darauf wartete, dass die Bärin und ihre Jungen im Frühjahr herauskämen. Taten sie aber nicht, denn die Bärin hatte im Laufe des Winters die Höhle gewechselt. Stefan redet oft über einen Mann, der noch schlimmer ist als er, einen Rentner, der inzwischen dauerhaft im Wald lebt und wochenlang im Versteck sitzt. Vor Kurzem, hat Stefan mir auf dem Weg hierher erzählt, hat dieser Mann eine Woche in einem Moor gesessen. In dem Moment, als er gerade seine Sachen zusammenpacken wollte, tauchten zwei Wölfe auf, liefen ein bisschen durchs Moor und paarten sich dann direkt vor seiner Nase. »Und er hat alles fotografiert. Ich bin ganz neidisch, denn eine Paarung habe ich noch nie mitbekommen. Er hat sogar den Penis gesehen«, sagt er.

Die Aussicht mit den sieben Kiefern, dem Moor und dem Vogelspektakel im Hintergrund könnte eine neue Variante von Soft TV sein. Einfach eine Kamera ins Moor stellen und eine Woche stehen lassen. So bringt man den Leuten den Wald ins Wohnzimmer, sie können die Morgendämmerung erleben, die Rufe der Raben, die Langeweile. Denn in der Natur passiert eigentlich enttäuschend wenig, wird mir wieder einmal klar. Die meiste Zeit ist es ganz einfach still.

Es ist hell geworden. Stefan hat jetzt nichts mehr dagegen, dass wir ein bisschen miteinander reden. Ich bekomme sogar die Erlaubnis zum Pinkeln, denn eigentlich hätten die Wölfe längst da sein müssen, wenn es hier welche zu sehen gäbe. In der Ferne jagen die Raben einen anderen Vogel. Stefan nimmt sein Fernglas zur Hand. »Ein Seeadler«, stellt er fest. Unerschrocken stoßen die Raben auf den Adler nieder und vertreiben ihn. Am Ende sitzt er allein in einer Kiefer weit draußen im Moor.

Auf einmal fliegt ein großer Vogel direkt über unsere Köpfe.

Instinktiv strecke ich den Arm aus und deute darauf. Noch ein Rabe, stelle ich enttäuscht fest. Obwohl Stefan im Grunde genommen die Hoffnung aufgegeben hat, noch einen Wolf zu sehen, flüstert er ärgerlich: »Nicht zeigen! Dann kann alles vorbei sein. Ein unbekannter Laut, eine Bewegung, mehr braucht es nicht, um die Tiere zu verschrecken und alles zu verderben.« Er sieht mich nachsichtig an und erzählt von Touren, die durch Amateure wie mich zum Misserfolg wurden. Als er in Botswana Krokodile fotografieren wollte, hatte er sich mit dem Boot ganz langsam einem Tier genähert, das auf einem Baumstamm ruhte. In dem Moment, wo er auf den Auslöser drücken wollte, streckte eine Frau die Hand aus und rief: »Look, a crocodile!« Eine Zehntelsekunde später war das Tier verschwunden. »Ich hätte sie am liebsten in den Fluss geworfen«, brummt Stefan. Nach einer Pause berichtet er von weiteren verpatzten Touren und erklärt mir, dass er aus gutem Grund am liebsten allein im Versteck sitzt und dem Wald beim Erwachen zusieht. Wenn dann etwas schiefgeht, ist er selbst schuld.

Diskret ziehe ich mein Handy heraus. Viertel vor elf. Wir haben viele Vögel, sieben Kiefern und ein Moor betrachtet, aber dafür habe ich mir nicht die halbe Nacht um die Ohren geschlagen. Ich will Wölfe sehen, etwas anderes interessiert mich nicht. Oder besser gesagt, alles andere ist zweitrangig. Doch die Wölfe sind wieder einmal wie vom Erdboden verschluckt. Stefan legt die Hände an den Mund und stößt ein paar Heullaute aus, die durch den Wald dröhnen. Es ist der letzte verzweifelte Versuch, Kontakt aufzunehmen. Die Chancen, um diese Zeit noch einen Wolf zu sehen, sind verschwindend gering; längst haben sich die Tiere in ihr Tageslager zurückgezogen. Aber er gibt zu, dass er auch noch den Rest des Tages hier sitzen könnte, und um elf Uhr schlägt er mir vor, noch zu bleiben. Sechs Stunden im Wald sind eigentlich keine Zeit für ihn.

Er erzählt mir, wie sehr er jeden einzelnen Augenblick in der Natur genießt. Wie schön es ist, den Wind in den Bäumen zu sehen, den Nebel, der eine verwunschene, mystische Stimmung schafft. Ich erwähne den Begriff der Biophilie und rede feierlich über die Liebe zu allem, was lebt, seien es kleine Insekten, die zum Licht oder zu einem feuchten Fleck krabbeln, oder ein Wolf, der einen Elch jagt. Beide tun es, um zu leben, zu überleben.

Und die Liebe zu diesem Leben ist alles, was zählt, philosophiere ich, Stadtmensch, der ich nun mal bin, hier draußen im Wald. Stefan sieht mich skeptisch an. Er hat es nicht so damit, seine Naturerlebnisse zu intellektualisieren. Ihm reicht es, die Natur zu genießen, zu betrachten und zu untersuchen, ohne viele Worte.

Als ich darauf hinweise, dass der Biologe Edward O. Wilson auch vom Gegenteil der Biophilie sprach, von der Biophobie – die Angst vor Schlangen gehört dazu –, wird Stefan wach. Denn Schlangen sind seine große Leidenschaft, deshalb hat er sogar getestet, ob seine Kinder sich vor ihnen fürchten. »Wahrscheinlich hältst du mich für verrückt«, sagt er, als er erzählt, wie er seinem ältesten Sohn Viktor, als dieser ein Jahr alt war, eine Giftschlange gezeigt hat. Er hat ihm die Schlange vor die Nase gehalten, als wäre sie ein Stöckchen. Erst hat der Kleine danach gegriffen, aber als die Schlange anfing, sich zu bewegen, fuhr er erschrocken zurück. Denselben Test hat Stefan auch mit seinem kleinen Sohn Hugo gemacht, mit dem gleichen Ergebnis. »Den meisten Menschen ist die Angst vor Schlangen angeboren«, sagt er. »Sie existiert schon, seit wir in Höhlen gelebt haben.«

Mit den Wölfen ist es anders. Viktor war schon mit im Wald und hat ein paar Mal Wölfe gehört und gesehen, erzählt der Schwede. Und er hat sich nie gefürchtet. Bereits als Dreijähriger hat Viktor mit im Wald übernachtet und sogar mitgeheult, sodass er ein nahes Wolfsrudel anlockte. Tatsächlich findet er Wölfe ganz normal und geht davon aus, dass sie überall sind, weil er sie schon so oft gehört hat.

Wir bleiben noch eine Stunde im Wald sitzen. Seltsamerweise macht es mir nichts aus, es ist ganz meditativ hier draußen im Moor. Aber mitten am Tag ist die Chance, Wölfe zu sehen, gleich null. Also packen wir zusammen und ziehen durch das weiche, nasse Moor mit unseren Rucksäcken und unseren Klappstühlen heimwärts. Auf dem Weg sehen wir jede Menge Kothaufen von Wölfen mit Haaren, Haut und Knochenstücken von Elchen: ein Beweis, dass hier wirklich oft Wölfe vorbeikommen.

Stefan sagt mir, dass die Saison für ihn fast zu Ende ist. Denn die Beobachtung von Wölfen ist in der Tat ein »Saisongeschäft«, im Frühling und Frühsommer antworten die Wölfe nur selten auf sein Heulen. Dann werden die Welpen geboren, und die Wölfe halten sich versteckt. Deshalb wird es jetzt eine Weile dauern, bis wir wieder zusammen auf Tour gehen, erklärt er mir auf dem Weg nach Arvika.

Die nächsten Wochen träume ich nachts von Wölfen. Entweder verfolgen sie mich, oder sie laufen ruhig neben mir her. Allmählich nimmt die Besessenheit Formen an. Ich versuche vergeblich, meine Träume zu deuten, und stoße dabei auf ziemlich obskure Seiten im Internet. Man kann sehr viel in solche Wolfsträume hineininterpretieren, aber durchgehend sind sie mit einem Dualismus verknüpft: Auf der einen Seite ist der Wolf ein Symbol für das Böse, für Schläue und Gier, auf der anderen Seite repräsentiert er Durchhaltevermögen, Klugheit, Stärke und nicht zuletzt Selbstständigkeit. Auf einem Markt in Spanien finde ich kitschige T-Shirts mit aufgedruckten Wölfen, die ihren mystischen, stolzen Blick über eine bläuliche Waldlandschaft schweifen lassen. Die Aufschrift lautet »BORN TO BE FREE«. Bei mir zu Hause im Bücherregal stehen Barry Lopez' Buch *Von Wölfen und Men-*

schen und die dicke »Wolfsbibel« *Wolves,* herausgegeben von David Mech und Luigi Boitani. Tatsächlich habe ich in letzter Zeit ziemlich viele Bücher über Wölfe gelesen, sei es über ihr Verhalten oder über die Mythen, die sich um sie ranken.

In Märchen, Religion, Literatur und Mythen kommt nämlich kaum ein Tier so häufig vor wie der Wolf. In der Bibel steht er für das Böse und Unredliche, so im Matthäus-Evangelium, wo die Heuchler und falschen Propheten als »Wölfe im Schafspelz« bezeichnet werden. In der altnordischen Mythologie repräsentierte Fenrir das Chaos. Als er seine Ketten zerreißt, beginnt Ragnarök, der Weltuntergang. In der Edda wird beschrieben, wie Fenrir den Gott Odin verschluckt. Und Fenrir ist nicht allein, es gibt noch zwei weitere Wölfe, die im Weltuntergangsszenario eine Rolle spielen: Skoll verschluckt die Sonne, Hate den Mond. Die gierigen Wölfe verschlingen alles und reißen die Menschheit in den Untergang. Was die Märchenwelt angeht, so kennt fast jeder das Grimmsche Märchen »Rotkäppchen«, in dem der Wolf als Symbol für die gefährliche Sexualität steht, die das Mädchen besiegen muss. Für die Sami in der Finnmark war der Wolf der Höllenhund. Bei ihnen hieß es im Vaterunser nicht »und erlöse uns von dem Bösen«, sondern »erlöse uns vom Satanshund«.[5]

Im nationalsozialistischen Deutschland war der Wolf ein viel benutztes Symbol. Adolf Hitler nannte seine »Elitesoldaten« der SS »mein Wolfsrudel«. Denselben Namen bekamen die gefürchteten deutschen U-Boote. Hitlers Hauptquartier in Ostpreußen hieß »Wolfsschanze«. Und die 1938 gegründete Stadt, in der die Volkswagen produziert wurden, nannte er Wolfsburg. Übrigens bedeutet der Name Adolf so viel wie »edler Wolf«.

In der Popkultur gibt es ebenfalls viele Beispiele, ich will hier nur ein paar erwähnen: Der große böse Wolf steht in den Disneyfilmen für Bosheit und Gier; so ist er beispielsweise auf der Jagd nach den drei kleinen Schweinchen. In *Herr der Ringe* reiten die bösen Orks auf blutrünstigen wilden Wölfen. Und in der dritten Staffel der Fernsehserie *Fargo* wird der Schurke Peter Vargas (man beachte den Namen, der ebenfalls »Wolf« bedeutet) mit dem Wolf assoziiert: Er ist hässlich, unberechenbar, intelligent und gierig. Ein Mitglied seiner Gang trägt bei seinen Schandtaten eine Wolfsmaske.

Trotz seines miesen Rufs wird der Wolf aber auch bewundert. In Italien ist er das Nationaltier, denn eine Wölfin nahm sich der römischen Stadtgründer Romulus und Remus an. Im Japanischen kann das Wort für Wolf, *ōkami,* auch mit »großer Gott« übersetzt werden. Im Japan der Shogun-Zeit hielten die Wölfe den Wildbestand kurz und beschützten so die Ernte der Bauern.[6] Auch im alten Skandinavien wurde der Wolf geachtet: Ulf/Ulv ist bis heute ein beliebter Männername. In der *Völsunga saga* wird berichtet, dass Krieger sich in Wolfsfelle hüllten, um die Kraft und die Wildheit der Tiere zu übernehmen. Und in der Mythologie gab es nicht nur den zerstörerischen Fenrir, sondern auch die schon erwähnten Begleiter des Gottes Odin, Geiri und Freki. Ebenso identifizierten sich viele nordamerikanische Urvölker, die ja typische Jäger- und Sammlergesellschaften bildeten, mit dem Wolf. Und in der heutigen Popkultur hat der Wolf durchaus auch seine hellen Seiten, beispielsweise in Gestalt des klugen Leitwolfs Akela, der sich im *Dschungelbuch* des ausgesetzten Kindes Mogli annimmt.

Während ich weiterforsche, stoße ich auf das Buch *Der Wolfsmann* von Sigmund Freud, witzigerweise ausgerechnet auf einem Wertstoffhof. Darin ist von Freuds adeligem Patienten, dem Russen Sergej Pankejeff die Rede, der auch der »Wolfsmann« genannt wird. Schon als Vierjähriger träumt er von sieben weißen Wölfen, die in einem Walnussbaum sitzen. Ganz ruhig und unbeweglich sitzen sie da und starren ihn an. Voller Angst, gefressen zu werden, erwacht der Junge. Als Pankejeff im Erwachsenenalter wegen seiner Depressionen von Freud behandelt wird, greift der Psychoanalytiker diesen bedeutungsvollen Traum auf. Für einen Nichtpsychologen sind es gelinde gesagt ein bisschen viele Deutungen und Symbole, die Freud in diesen Traum legt und die er in dem mehr als dreihundert Seiten umfassenden Buch beschreibt. Eine davon ist diese: Die Wölfe stehen für Pankejeffs strengen Vater, den der Sohn sehr fürchtet. Doch damit nicht genug: Die Furcht in diesem Traum steht auch für den unbewussten Wunsch des Jungen, von seinem Vater sexuell befriedigt zu werden.

Freud griff auch in anderen Texten zu der Wolfsmetapher, und in seinem Werk *Das Unbehagen in der Kultur* zitierte er das lateinische Sprichwort »Homo homini lupus est« – Der Mensch ist dem Menschen ein Wolf.[7] Freud bezeichnet es als Wunschdenken, wenn man den Menschen als zartes Wesen mit großem Liebesbedürfnis sieht, das nur dann gewalttätig wird, wenn es angegriffen wird. Stattdessen beschreibt er eine große innere Neigung zum Plündern, Ausnutzen, Quälen und Töten im Menschen. »Homo homini lupus est«, schließt Freud seine Überlegungen. »Wer hat nach allen Erfahrungen des Lebens und der Geschichte den Mut, diesen Satz zu bestreiten?« Er war der Ansicht, dass dieser aggressive Trieb jede Gemeinschaft bedroht, weil er spaltet, zerstört, trennt und nicht zusammenführt. Und wieder ist es der Wolf – dieses Geschöpf, das nicht ahnt, welche Rolle es im Bewusstsein und in der Symbolwelt des Menschen spielt –, der das Unbeherrschbare, Aggressive repräsentiert. Ein ungerechter Stempel, wenn man bedenkt, dass nur wenige Arten im Tierreich eine so starke Zusammenarbeit unter den Rudelmitgliedern zeigen.

In den folgenden Wochen versuche ich vergeblich, Kontakt mit Stefan aufzunehmen. Schließlich bekomme ich doch eine Antwort: Er schreibt mir, im Moment gebe es viele andere

Tiere. Er hat im Auftrag von Forschern Giftschlangen in Nordschweden markiert, auf Öland hat er 156 Vogelarten gesehen, darunter sieben neue, und er hat zwei gefährdete Insektenarten beobachtet. Die Wölfe erwähnt er mit keinem Wort, berichtet mir aber, dass er im Moment ständig zum Vänersee fährt, um die sehr seltene und stark gefährdete Blattfußkrebsart *Limnada lenticularis* zu sehen. Später schreibt er mir, an der Wolfsfront sei es im Moment totenstill. Das gefällt mir gar nicht, denn ich will raus! Ich will noch nicht aufgeben. Oder besser gesagt: Ich kann es nicht.

Nur nicht aufgeben

Der dichte Fichtenwald liegt schwer hinter den gepflügten, schwarzbraunen Äckern. Vor zehntausend Jahren war hier noch Meer, deshalb sieht man die markante Landschaftsgrenze zwischen dem nackten, bewaldeten Gneis und dem fruchtbaren Boden aus Sediment und Moränensand. Der Frühling ist in den Wald von Kirkebygda in der Østmarka eingezogen. Die blühenden Blaubeerbüsche duften nach Honig, der Waldboden ist weiß von Blüten. Jetzt ziehen die Bäume Nahrung und Feuchtigkeit aus ihren Wurzeln. Wenn wir im Frühjahr eine Birke schlagen, blutet der Stumpf, weil die Wurzeln nicht wissen, dass der Baum fort ist, und weiterpumpen: Wasser und Glukose, aufgesparte Energie, die der Baum nutzen würde, um Knospen und Blätter auszutreiben.

In den Wipfeln über mir vollzieht sich ein lebenswichtiger Vorgang: die Fotosynthese. Jedes einzelne Blatt besitzt bis zu einer Million ovale Spaltöffnungen oder Stomata. Diese Öffnungen kann man mit bloßem Auge nicht erkennen, aber unter dem Elektronenmikroskop sehen sie aus wie die Augen eines Wals, die sich öffnen und schließen. Durch die Poren findet ein Luftaustausch statt, und in einem geradezu heiligen Vorgang für alles Leben auf der Erde sorgt der grüne Farbstoff Chlorophyll dafür, dass Wasser zu Wasserstoff und Sauerstoff gespalten wird. Der Sauerstoff wird als Abfallprodukt ausgeschieden. Dann reagiert Kohlendioxid mit den Wasserstoffatomen und wird zu Glukose, die ihrerseits in alle möglichen Arten von Zucker und Stärke umgewandelt werden kann. Es ist ein endloser Kreislauf, der sich Jahr für Jahr wiederholt und sich in den Baumwipfeln seit Hunderten von Millionen Jahren vollzieht.

Die Blätter, die in diesem Frühlingswald austreiben, lassen mich daran denken, dass die ersten Landpflanzen gar keine Blätter hatten. Nackte grüne Triebe streckten sie in die Luft; die Fotosynthese vollzog sich im Chlorophyll von Stängeln und Zweigen. Erst vor etwa vierhundert Millionen Jahren, viele Millionen Jahre nach der Entstehung der ersten Landpflanzen, entwickelten sich Blätter, diese sinnreichen Sonnenfänger, die für das heutige Leben an Land so unglaublich wichtig sind. Zuerst waren diese Blätter klein und primitiv, aber dann entwickelten sie sich weiter und wurden größer. Eine Theorie, die diesen Vorgang erklärt, lautet: Die ersten Bäume und Pflanzen wuchsen in einer Atmosphäre, die zehn Mal mehr CO_2 enthielt als heute, doch mit der Zeit machten sich die Pflanzen selbst das Leben schwer. Sie erschöpften nämlich die Vorräte an CO_2, sodass sie riskierten, aus Mangel an diesem Gas zu ersticken. Um mehr CO_2 einfangen zu können, entwickelten sie immer größere Blätter mit immer mehr Spaltöffnungen. Außerdem hatten die größeren Blätter einen weiteren offensichtlichen Vorteil: Sie konnten mehr Sonnenlicht speichern.

Und wie ich schon gesagt habe: Mit immer mehr Pflanzen, die mehr CO_2 aus der Atmosphäre aufnahmen, sank die Konzentration dieses Gases vom Ende des Devon bis ins Karbon um drastische neunzig Prozent. Heute kehren wir diesen Prozess um, indem wir Kohle verbrennen, die aus den prähistorischen Wäldern stammt. Das CO_2, das in Wurzeln, Stämmen und Zweigen heute ausgestorbener Farne, Schachtelhalme und Bärlappbäume gebunden war, gelangt wieder in die Atmosphäre, und damit trägt es zur globalen Erwärmung bei.

Die Fotosynthese selbst, die im Blatt vor sich geht, entstand im kleinen Maßstab bereits vor 3,5 Milliarden Jahren, also weit im Archaikum. Lange Zeit war die Erde von Bakterien beherrscht, die sich von Sulfat ernährten, sogenannten anaeroben Bakterien. Nach einiger Zeit entwickelten sich fotosynthetisierende Cyanobakterien, die Sauerstoff produzierten.[1] Fast drei Milliarden Jahre dauerte es, bis der Sauerstoffgehalt der Atmosphäre einen Wert angenommen hatte, bei dem größere Organismen lebensfähig sind. Die Folgen waren, ohne zu übertreiben, enorm für das Leben auf der Erde. Denn ohne ausreichenden Sauerstoff hätte das Leben niemals die komplexen biologischen Formen angenommen, die wir heute kennen. Es gibt also gute Gründe, die Birken in der Østmarka mit einer gewissen Ehrfurcht anzusehen.

Obwohl die Fotosynthese so essenziell wichtig für das Leben auf der Erde ist und die Grundlage für fast alle Nahrung bildet, die wir und alle anderen Tiere zu uns nehmen, gab sie der Forschung lange Rätsel auf. Denn wie wächst eigentlich ein Baum? Eine weitverbreitete Ansicht in der Antike und im Mittelalter war, dass der Baum Erde »isst«. Erst Anfang des 17. Jahrhunderts stellte der Belgier Jan van Helmont diese Ansicht infrage. Er pflanzte eine Weide in einen großen Kübel mit Erde. Bevor er das tat, wog er Baum und Erde getrennt. Dann pflegte er den Baum fünf Jahre lang und wog ihn wieder. Inzwischen war der Baum 74 Kilo schwerer geworden, die Erde aber nur 54 Gramm leichter. So konnte van Helmont nachweisen, dass der Baum die Erde nicht verzehrt hatte, und zog daraus den – allerdings falschen – Schluss, dass das Wachstum des Baumes nur durch das Hinzufügen von Wasser gesteuert wurde. Von der CO_2-Aufnahme der Bäume wusste man noch nichts. Im Übrigen glaubte van Helmont wie so viele seiner Zeitgenossen, Leben könne spontan entstehen. Er hinterließ eine seltsame Schrift darüber, wie man aus Weizen und schmutziger Wäsche Mäuse herstellen könne.

Im 18. Jahrhundert bewies der Brite Joseph Priestley, dass die Bäume Gas freisetzen. In einem seiner Experimente zündete er in einem luftdichten Behälter eine Kerze an. Die Kerze ging aus. Er setzte eine Maus in den Behälter; sie erstickte. Doch als er eine Pflanze *und* eine Maus hineinsetzte, entstand genug Sauerstoff, sodass die Maus überlebte. Zwei wichtige Voraussetzungen zum Verständnis des Pflanzenlebens kamen hier zusammen: Pflanzen setzen Sauerstoff frei und brauchen Wasser, um zu wachsen. Nach einer Reihe von Durchbrüchen im 19. Jahrhundert wurde klar, dass Pflanzen das CO_2 aus der Luft aufnehmen. Damit wurde die Fotosynthese zu einem festen Begriff.

Vom Feldrand aus gehe ich in den Wald. Die Entzugserscheinungen aufgrund meiner Wolfsabstinenz durchdringen alles, was ich tue. Wochenendwanderungen mit der Familie führen uns meistens in die Østmarka, wo ich nach Spuren Ausschau halte. Eine romantische Wochenendtour mit meiner Frau endete in einem schwedischen Wolfsrevier. Ständig lese ich Texte über Wölfe statt über den Wald. Und hier in Kirkebygda bin ich, weil in der letzten Woche dort mehrfach ein Wolf gesichtet wurde. Erst gestern schlich das Raubtier in aller Ruhe ein paar Wanderern nach. Zwei Frauen kletterten aus Angst vor Isegrim auf einen Brandwachturm und mussten von dort »gerettet« werden. Skandobs und die Tageszeitung von Enebakk haben ausführlich darüber berichtet. So läuft es jedes Mal: Jede Lokalzeitung, die etwas auf sich hält, muss über Wölfe schreiben, entweder weil Wanderer einen Wolf auf einer Waldlichtung gesehen haben (und einen dicken Kloß im Hals hatten) oder weil jemand im Auto an einem Wolf vorbeigefahren ist (und gar keine Angst hatte).

Dass ich, der »Lehrling«, ständig allein in Wolfsrevieren unterwegs bin, hat gute Gründe. Mats ist es offenbar leid, dass ich ihm damit auf die Nerven gehe. Er hat mir gesagt, es sei ihm »scheißegal«, was ich von ihm erwarte, und dass er keine Lust hat, mich mitzunehmen, wenn Schafe von Wölfen gerissen worden sind oder wenn es irgendwo Spuren gibt. In letzter Zeit tut sich auch mit Stefan nicht viel, er scheint nicht gerade erpicht darauf, mit mir Kontakt zu halten. Natürlich weiß ich, dass weder Frühling noch Sommer gute Zeiten für Wolfsbeobachtungen sind, trotzdem … Wahrscheinlich hat er genug von »dem Norweger«, wie er und seine Kumpels mich nennen. Beim letzten Mal, als wir im Moor waren, wirkte er ziemlich gereizt. Vielleicht habe ich zu viele dumme Fragen gestellt, oder meine Wanderausrüstung war nicht in Ordnung, oder ich habe, ohne es selbst zu bemerken, zu viel Krach oder Bewegungen gemacht, die ihn störten. Was weiß ich. Im Übrigen sind die Touren mit ihm für mich immer mit vielen Vorgesprächen, SMS und nicht zuletzt Fahrerei verbunden. Stefan, Claes und ihre Freunde sind schon seit mindestens zwanzig Jahren zusammen unterwegs, und ich bin ein Neuling, ein Greenhorn. Nicht mal richtig heulen kann ich. Auch wenn Stefan immer freundlich und entgegenkommend ist, komme ich mir manchmal vor wie der Nerd-Wolf in der Cartoonserie *Animal nerds* von Gary Larson. Da gibt es eine Szene, in der sich drei Wölfe hinter einem Busch verstecken und einem Hirsch auflauern. Ein vierter Wolf kommt dazu, ebender Nerd-Wolf, und verdirbt alles, indem er ihnen laut zuruft: »Hey! Hallo, Jungs, was läuft denn so?«

Mental habe ich mich darauf eingestellt, dass ich weder mit Mats noch mit Stefan weitere Wanderungen unternehmen werde und dass mein Weg zu den Wölfen bald zu Ende sein wird.

Angesichts der Aktivität auf Skandobs rechne ich nicht damit, in der Wildnis allein zu sein. Und wie erwartet sitzen auf einem Brandwachturm zwei grün gekleidete Typen, trinken Kaffee aus der Thermosflasche und halten Ausschau. So richtige Waldleute. Ich trage schwarze Nikes, eine blaue Trekkinghose, einen leuchtend hellblauen Rucksack und eine Seglermütze. So ganz habe ich den Dresscode noch nicht geknackt, aber ein paar Lehren habe ich bereits gezogen: Wenn man Leute in einem Wald draußen auf dem Land trifft, muss man ein Gespräch anfangen. So macht man das auf dem Land. Es reicht nicht, sich kurz zuzunicken, wie man es in den Wäldern in der Nähe von Oslo macht. Und im Übrigen ist es ohnehin besser, nicht einfach so durch den Wald zu spazieren, auch wenn überall das Jedermannsrecht gilt.

Die zwei grün gekleideten Typen erzählen mir, dass sie genau wie ich hoffen, einen Wolf zu sehen. Bekannte, die in der Nähe wohnen, haben ihnen den Tipp gegeben, dass es hier Wölfe gibt. Wobei von den Bekannten noch keiner einen Wolf gesehen hat, bemerken sie trocken. »Einer von ihnen war ein Jahr lang arbeitslos und hat die ganze Østmarka nach Wölfen abgesucht, aber ohne Ergebnis«, sagt der größere der beiden Grünröcke, und der andere nickt bestätigend. »Ist doch alles Zufall. Jemand bringt den Müll raus, und da steht der Wolf am Gartenzaun.«

Nach diesem Gespräch vergeht mir der Mut. Ja, letztlich ist alles Zufall, und die Wölfe sind bestimmt längst verschwunden, denke ich. Der Rüde, den ich gerade suche, taucht wahrscheinlich heute Abend im Lørenskog auf, zehn Kilometer weiter nördlich. Wölfe wandern weite Strecken in sehr kurzer Zeit, und die Østmarka ist groß. Da kann man sich leicht verpassen, selbst wenn dieses Revier eher zu den kleineren gehört. Die Chance, zur gleichen Zeit am gleichen Ort zu sein, also gerade heute Abend und hier, ist minimal. Ich kehre um.

Auf dem Weg zum Auto treffe ich Geir, einen stämmigen

Kerl in orangefarbener Jagdweste, mit Jagdmesser, Handykopfhörer im Ohr und grüner Hose. Schon wieder. Vor ihm laufen zwei Hunde, ein Elchhund und ein Dackel. Nach einem kräftigen Händedruck – so macht man das im Wald – reden wir über das Verhalten der Wölfe, und obwohl ich eigentlich nicht über Wolfspolitik reden will, wird sie schnell zum Thema. Ich muss einen kühlen Kopf bewahren, den Akademiker und Stadtmenschen in mir zum Schweigen bringen und sehr diplomatisch sein. Wenn ich ihn provoziere und sage, dass Wölfe tolle Tiere sind, dass es genug Elche für uns Menschen und die Wölfe gibt und dass wir in diesem Land jedes Jahr eine Million Schafe schlachten (da kommt es auf ein paar Tausend von Wölfen gerissene Schafe vielleicht nicht so an …) – dann kriege ich womöglich Probleme. Deshalb gebe ich mich verständnisvoll, nicke, sage, dass ich die Ängste verstehe und dass es doch wohl ein Menschenrecht ist, Jagdhunde ohne Leine durch den Wald laufen zu lassen. Meinen Großstadtakzent verstecke ich hinter einer breiteren Aussprache, so wie ich es von Mats gelernt habe. Außerdem kommt mir zugute, dass ich tatsächlich auf dem Land aufgewachsen bin, wenn man denn Bærum noch als Land bezeichnen kann. Das einzig Dumme ist meine Seglermütze, die nun wirklich überhaupt nicht in den Wald passt. Eigentlich sollte ich, auch wenn ich mir damit vorkäme wie eine Parodie, die grün-gelbe Mütze der Einkaufskooperative tragen, die mir Mats zum vierzigsten Geburtstag geschenkt hat, hübsch verpackt zusammen mit einem Paar Arbeitshandschuhe.

Ich will um jeden Preis Wölfe sehen, egal ob ich dafür mit Wolfskuschlern oder Wolfshassern zusammen sein muss – solange es nette Leute sind. Und Geir, der in den sozialen Medien als größter Feind des Wolfs in der Østmarka bezeichnet wird, ist ein netter Kerl. Er ist Jäger, will seine Hunde frei laufen lassen und mag keine Wölfe in der Nähe seines Hauses, um es einmal vorsichtig auszudrücken. Wölfe machen die

Kontrolle des Hirschbestandes schwierig, und manche Leute haben Angst, noch durch den Wald zu wandern, sagt er. Misstrauisch fragt er mich, was ich eigentlich hier mache. Ich plappere einiges darüber, dass mich der Wald fasziniert, dass mich die Wölfe faszinieren, dass ich sie näher kennenlernen möchte und so weiter. Ganz zahnlos bin ich schließlich nicht. Wir streiten ein bisschen. Ich nehme ihm das Argument ab, dass Wölfe Elche und Schafe reißen und dass das ein Problem ist, aber das Geschwätz einiger Wolfsgegner, dass Wölfe auch Kinder und Großmütter fressen könnten, ist nun wirklich albern. Geir stimmt mir in diesem Punkt zu, und die Stimmung hier draußen am Waldrand von Kirkebygda ist wirklich gut. Wer hätte das gedacht? Ich habe das Gefühl, als könnte man die Stadt-Land-Kontroverse und die ganze Wolfsdebatte auf einen Schlag begraben. Kumpelhaft zeigt Geir mir ein paar Bilder, die er mit dem Handy aufgenommen hat, und sagt mir, wo der Wolf am Tag zuvor unterwegs war. »Da drüben ist er übers Feld gelaufen und dann hier im Wald wieder rausgekommen. Da habe ich ihn geknipst«, erzählt er und zeigt mir die unscharfen Bilder von einem grau gefleckten Wolf, der neugierig in die Kamera blickt. Ein Wolf, der offenbar lange nicht so scheu ist wie die Tiere im Glaskogen-Revier, wo wir die Autotüren nicht zuschlagen dürfen, ganz stillstehen müssen und uns höchstens flüsternd verständigen können, um die Wölfe nicht zu verschrecken.

Nach zehn Minuten stockt das Gespräch. Geir geht weiter in den Wald, während ich zum Auto zurückkehre und nach Oslo zurückfahre. Der Sonnenuntergang färbt den Himmel rosarot über dem frisch ausgeschlagenen Maiwald. Allein dieser Anblick lohnt schon die Tour.

Als ich am nächsten Morgen aufwache und mein Telefon einschalte, habe ich eine SMS. Mein Magen krampft sich zusammen, die SMS ist von Geir, meinem neuen Bekannten. »War eine halbe Stunde mit den Hunden unterwegs zu Vidar

Helgesen. Haben mit dem Wolf getanzt, und als der Mond aufging, heulte er, dass ich am ganzen Körper Gänsehaut bekam.« Eine halbe Stunde blieb der Wolf auf der Wiese, schreibt er weiter, dann ist er zurück in den Wald gelaufen. Auf dem Handyfoto sieht man einen ungewöhnlich zutraulichen Wolf, der ruhig im Gras liegt. Er sieht aus wie ein Elchhund, der sich nach beendeter Jagd ausruht. Das Bild ist auf der Wiese aufgenommen, auf der ich gestern Abend stand. Verdammt, verdammt, verdammt! Der Wolf muss gekommen sein, kurz nachdem ich den Wald verlassen hatte. »Du hättest mich sehen sollen, wie ich mit einem Freund telefonierte, dabei mit den Hunden herumlief und filmte. Nicht gerade wildnistauglich«, schreibt Geir in einer weiteren SMS. »Also sind die Wölfe doch nicht nur böse«, schreibe ich. »Ich komme heute Abend.« Doch ich kriege keine Antwort.

Die Sonne verschwindet hinter den Baumwipfeln und färbt den Maihimmel zartblau. Die Frühlingsluft ist frisch und duftet nach altem Laub und Gras. Es ist spät am Abend, ich bin wieder in Kirkebygda, sitze an eine Espe gelehnt auf einem kleinen Berggipfel, der von Blüten bedeckt ist, und schaue übers Land. Nach dem gestrigen Beinahe-Zusammentreffen mit dem Wolf bin ich wieder an dieselbe Stelle gegangen. Es ist die vierte Tour ins Østmarka-Wolfsrevier in einer Woche. Diesmal trage ich Grün, wie es sich für einen echten Waldmenschen gehört. Da die Blätter der Espe allmählich aufgehen, denke ich an die Behauptung, das Espenlaub würde zittern, weil das Kreuz Jesu aus Espenholz gefertigt war.

Es gibt noch mehr solche Baummythen. Angeblich bringen die herzförmigen Blätter der Linde Glück, während die Ulme vor Hexerei schützt.[2] Vor allem der Eberesche wurden magische Eigenschaften zugeschrieben; ein kleines Holzkreuz von diesem Baum sollte vor allem Bösen schützen. Hexenbesen, eigentlich ein Pilz, der sich auf Birken ansiedelt, wurde übers

Bett gehängt, um vor Albträumen zu bewahren. Wacholderkränze hängte man zu Weihnachten an die Wand, um sich gegen böse Mächte zu schützen. Haselnüsse förderten die Fruchtbarkeit, aber man durfte sie nicht am Sonntag pflücken, und wenn eine Frau eine Nuss mit zwei Kernen aß, ein sogenanntes Vielliebchen, bekam sie sicher Zwillinge. Bei Shakespeare wird die Eiche mehr als dreißig Mal in Verbindung mit Festigkeit und Stärke erwähnt. Bäume mit seltsamem oder abnormem Aussehen galten oft als mystisch und übernatürlich. Die Esche war ein solcher Baum – sie galt als Baum des Bösen, ein Hexenbaum.

Der Aberglaube in Verbindung mit Bäumen führte zu einer ganzen Reihe von Verhaltensregeln. Der richtige Zeitpunkt für das Fällen von Bäumen, so der römische Historiker Plinius, war dann gekommen, wenn Sonne und Mond in einer Linie mit der Erde standen – das sogenannte Interlinium. Der römische Senator Cato gab folgende Anweisungen: »Wenn du Ulmen, Kiefern … und alle anderen Bäume fällst, tu es bei Neumond oder mitten am Tage, jedoch auf keinen Fall bei Südwind.« Außerdem sprach man den Bäumen heilende Wirkung zu. Vor allem Kinder mit Muskelschwäche wurden durch die Baumkrone oder durch Löcher im Baum gezogen, besonders durch Ahorn oder Vogelbeere. Man nannte diesen Vorgang »Schmiegen«.

Unter meiner Espe, während ein Flugzeug auf dem Anflug auf Gardermoen blinkend über mich hinwegfliegt, versuche ich zu verstehen, warum diese Wanderungen für mich so wichtig sind und immer häufiger und intensiver werden. Ein Grund ist, dass ich Nervereien und Erwartungen entkommen will, aber ich spüre auch einen großen Drang, die Natur besser zu verstehen und zu interpretieren. Als Geologe studiere ich oft die Landschaft und versuche, ihre Geschichte zu begreifen, doch durch Mats und sicher auch durch Stefan, der es ins Extreme treibt, sind mir ernsthaft die Augen für alles Lebendige geöffnet worden: für die Tiere und die Pflanzen der Erde, ihre Biosphäre.

In der Essaysammlung *Svensk mark* [Schwedische Erde], die ich als zerlesenes altes Buch in der Hütte meiner Urgroßmutter fand, schreibt der schwedische Schriftsteller und Botaniker Sten Selander darüber, wie wertvoll es ist, die Natur zu verstehen und nicht nur zu benutzen. Denn die meisten Menschen denken seiner Ansicht nach nicht über die »unendlich reichen Offenbarungen des Lebens auf der Erde« nach, die viel faszinierender sind als das eintönige Leben in einer Großstadtstraße. Wir alle können einen schönen Sonnenuntergang oder die Aussicht von einem Berg genießen, meinte Selander, aber die Natur hat uns viel mehr zu bieten. Und diejenigen, die ihre Augen offen halten, freuen sich an den Details der Natur, an allem, was auf der Erde kreucht und fleucht. Es ist, als würde man ein neues, unbekanntes Gewächs kennenlernen, schreibt der Botaniker, oder als würde man die Lebensweise eines Insekts endlich verstehen. Selander pries die Neugier, die Romantik der Entdeckerfreude und Wissbegierde, die, so seine feste Überzeugung, die Welt reicher macht. Vielleicht ist es das, was mir passiert ist. Die Natur und alles, was sich darin gemeinsam mit uns bewegt – Bäume, Kräuter, Blumen und Tiere –, erscheint, wenn ich es einmal so schwülstig ausdrücken darf, unendlich viel reicher, wenn ich es immer mehr deuten und begreifen kann.

Ich blicke über das Feld. Genau hier hat sich gestern in der Abenddämmerung der Wolf gezeigt. Heute Nacht werde ich nicht weggehen, ich will sitzen bleiben und geduldig übers Land schauen, bis ich den Waldrand nicht mehr erkenne. Stunden vergehen. Ich schicke ein Heulen in die Nacht. Es klingt nicht wie bei Stefan, aber immerhin gar nicht so schlecht. Ich warte, doch alles bleibt still. So sitze ich einfach da und schaue zu, wie der Himmel dunkler wird und der Waldrand im Mondlicht verschwimmt. Man darf einfach nicht aufgeben.

Das Fest

Der Wald ist wie das Meer. In der Nacht hält er die Wärme fest, am Tag kühlt er die Luft ab. Während ich spät an einem Vormittag im September durch den Wald bei Svarverud laufe, steigt Wasser aus den Wurzeln der Bäume auf, den Stamm hinauf und weiter durch die Zweige, mit unvorstellbarer Kraft, bis es durch die Spaltöffnungen der Blätter gepumpt wird. So sorgen die Pflanzen dafür, dass sie nicht überhitzen, genau wie wir, wenn wir schwitzen, um unseren Körper abzukühlen. Hunderte Liter Wasser kann ein Baum an einem einzigen Tag ausschwitzen, und auf diese Weise befeuchten und kühlen die Bäume die Luft um sich herum. So verhindern sie Trockenheit und halten den Waldboden feucht.[1] Umgeben von hohen, atmenden Birken und Nadelbäumen, die die Sonne abhalten, suche ich nach Pilzen. Angeblich gibt es so etwas wie einen sechsten Sinn, einen Pilzsinn, bei dem eine Art ganzheitliches Verständnis für Terrain, Wetter, Vegetation und Jahreszeit den Menschen (manche Menschen) zu den besten Pilzstellen führt. Wenn es geschieht, hat man das Gefühl, in die Welt der Pilze einzutauchen, in der nichts anderes mehr zählt. Es ist so ähnlich wie bei meinen Wolfstouren, nur dass diese Jagd sich noch heftiger anfühlt.

Ein Stück weiter im Wald finde ich große Mengen Steinpilze, und auch Pfifferlinge gibt es dort auf dem Boden. Während einzelne Steinpilze schon zu einer schleimigen weißen Masse zerfallen sind, leuchten die Pfifferlinge förmlich aus dem saftig grünen Moos. Ich ziehe sie vorsichtig aus dem Boden und schaue mir das dünne Netz aus weißen Fäden an, das ihnen folgt, das sogenannte Myzel. Zu glauben, was über der Erde wächst, sei der ganze Pilz, ist so, als würde man denken, ein Penis sei der ganze Mann.[2] Jeder einzelne Pilz, den ich im Wald finde, sei er giftig oder essbar, ist nur ein Fortpflanzungsorgan eines riesigen Myzel-Netzes, das sich in der dunklen Erde unter meinen Füßen hinzieht. Von diesem Myzel, das neunzig Prozent des Organismus ausmacht, entwickeln sich Fruchtkörper, die die Sporen weiterverbreiten.

Pilze haben verschiedene Funktionen: Sie zersetzen totes Material, und es ist auffällig, wie viele Pilzarten in einer Symbiose mit Bäumen leben. Das Myzel wickelt sich um die Wurzeln und bildet ein sogenanntes Mykorrhiza, das dem Baum hilft, Feuchtigkeit und Nährstoffe aufzunehmen. Zum Lohn wird der Pilz von dem Baum mit Glukose versorgt.

Was sind eigentlich Pilze? Heute ordnet man sie einer eigenen Artengruppe zu. Sie enthalten kein Chlorophyll wie die Pflanzen, und im Unterschied zu den Tieren haben sie eine äußerliche Verdauung. In der Naturwissenschaft hat man lange darüber nachgedacht, ob sie zum Pflanzen- oder zum Tierreich gehören. Carl von Linné ordnete sie in der zwölften Ausgabe seiner *Systema naturae* von 1767 den Tieren zu, genauer gesagt den Würmern, wo sie eine eigene Familie namens *Chaos* bildeten. Er hatte einen Brief von dem deutschen Botaniker Otto von Münchhausen (!) bekommen, der behauptete, in Hunderten Versuchen habe sich erwiesen, dass sich Pilzsporen zu Insekten weiterentwickeln.

Erst 1897 wurden die Pilze korrekt als eigene Artengruppe definiert, und zwar von dem Norweger Olav Johan Sopp. Er war der Leiter des Labors in den Ringnes-Brauereien und hieß eigentlich Johan Oluf Olsen, änderte seinen Namen aber wegen seiner Leidenschaft für Pilze.[3] Erst sechzig Jahre nach Sopp kam der Ökologe Robert Whittaker zu demselben Schluss und konnte ihn auch wissenschaftlich begründen. Später teilte Whittaker alle Lebewesen in fünf »Reiche« ein: Bakterien, Protisten, Tiere, Pflanzen und Pilze.[4]

Zwar können die meisten, mich eingeschlossen, nur ein Dutzend Pilzarten beim Namen nennen, aber es gibt etwa zehntausend verschiedene Arten in Norwegen. Weltweit rechnet man mit nicht weniger als 5,1 Millionen Pilzarten, eine Zahl, die in den letzten Jahrzehnten drastisch gestiegen ist, weil sich die Mittel der Dokumentation verbessert haben. Der größte Organismus der Erde ist ein Pilz: ein Hallimasch, der eine Fläche von zehn Quadratkilometern bedeckt (das entspricht 160 Fußballfeldern). Er lebt in Oregon in den USA.[5]

Die Vorfahren der heutigen Pilze tauchten schon früh an Land auf.[6] Unter anderem in Saudi-Arabien wurden pilzähnliche Fossilien gefunden, sogenannte *Prototaxites,* die bis zu acht Meter hoch wurden. Bereits vor 430 Millionen Jahren eroberten sie das Land, wo es zu dieser Zeit noch keine Bäume gab – man stelle sich diese Wälder aus Pilzen nur vor! Die Monsterpilze hatten keine Fruchtkörper und waren hart wie die heutigen Baumpilze.[7] Vor 360 Millionen Jahren verschwanden sie, vermutlich verdrängt durch die Bäume, die jetzt groß genug wurden, um Wälder zu bilden.

Mit einem Beutel voller Steinpilze und Pfifferlinge gehe ich zu dem weißen Wohnhaus von Svarverud. Der Hof ist für mich eine Art Haltestation, da er ziemlich genau zwischen Oslo und dem Glaskogen liegt. Denn ich will endlich mal wieder auf Wolfstour. Vor zwei Tagen hat mir Stefan unaufgefordert sechs Tonaufnahmen mit Wolfsgeheul geschickt, und schon hänge ich wieder am Haken. In diesem Sommer hat er schon zwanzig Touren unternommen und ist zweitausend Kilometer durch den Glaskogen gewandert, schreibt er. Und jetzt endlich, ganz zufällig, hat er die Wölfe getroffen. Es ist, als würde man einem Alkoholiker einen Drink anbieten oder einer Gruppe Kinder eine Schüssel mit Süßigkeiten vorsetzen. Ich muss wieder in den Glaskogen und hoffe ganz einfach, dass die Erlebnisse der kommenden Nacht alles Vorhergehende übertreffen werden.

Eigentlich haben die langen Sommerferien den schlimmsten Wolfshunger gestillt, und ich dachte, jetzt reicht es mir. Ich habe die Wölfe heulen gehört, habe alle Tricks von Stefan ausprobiert, und als eine Art Finale war ich in Langedrag, wo es ein bekanntes Wolfsgehege gibt. Ich weiß, dass Stefan Tierparks hasst und Mitleid mit den eingesperrten Tieren hat, aber ich sah eine andere Möglichkeit. Ich musste einfach endlich ein paar lebende Wölfe sehen. Nachdem ich beobachtet hatte, wie die »zahmen« Wölfe ihrem »Besitzer« das Gesicht schleckten, und nachdem ich sie heulen gehört hatte, bezahlte ich eine erhebliche Summe, um zu den »wilden« Wölfen zu kommen, die hinter hohen Netzen untergebracht sind. Das versprach nahen Kontakt. Eine Stunde warteten wir, der Wärter und ich, aber die Wölfe kamen nicht ans Netz, zum ersten Mal seit 36 Jahren, wie er mir sagte. Das Einzige, was ich sah, war der Kopf eines Wolfs, der flüchtig hinter einem Busch hervorlugte.

Im Haus finde ich Mats am Telefon vor, in ein Gespräch vertieft, in dem es ausgerechnet um Wölfe geht. Ein durchziehender Wolf ist in der Nähe eines Hofs beobachtet worden, mehrere Personen haben sein Geheul gehört, bekomme ich mit. Mats versucht den gestressten Schafzüchter zu beruhigen. Wenn er die Schafe jedes Mal reinholen will, sobald jemand einen Wolf sieht, erklärt er ihm, dann lohnt sich die ganze Schafhaltung nicht mehr. Während er spricht, denke ich an das letzte Mal, dass ich hier auf dem Hof war. Das war beim alljährlichen Sommerfest.

Sie hatten eine Bühne aufgebaut, eine Badewanne mit Eis war voll mit Bier-, Wein- und Sektflaschen, der Grill glühte. Von einer Feuerschale leckten die Flammen in den dunklen Augusthimmel. Die Stimmung war gut, aber es gibt ein sicheres Rezept, wenn man auf dem Land in Norwegen die Stimmung verderben will: Man muss nur über die Wölfe reden. Und die Gäste bei den Svarverud-Festen sind eine Mischung aus Akademikern aus Oslo, Mats' Familie und Nachbarn. Und als ich im Laufe des Abends mit einem Elchjäger ins Gespräch kam, einem Typen mit Bart und harten Fäusten, der das Outdoorleben, seine Hunde und die Jagd liebt, konnte ich mich nicht zurückhalten und fragte ihn, was er von Wölfen hält. »Willst du dir mal die Salamander am Seegrund anschauen?«, fragte er nur halb im Spaß und nickte Richtung Nøavann.

Seit ich angefangen habe, nach Wölfen Ausschau zu halten, ist die Wolfsdebatte richtig heißgelaufen. Eigentlich will ich da nicht mitmachen, überlasse das Streiten anderen und lasse mich lieber von den Tieren, ihrer Biologie, ihrem Verhalten und ihrer Mystik faszinieren, aber manchmal kann ich einfach nicht den Mund halten. Ich will hören, was die Leute denken, und wenn sie alberne Argumente vorbringen, sei es für oder gegen den Wolf, dann werde ich sauer. Ich finde es schrecklich, dass diese Debatte von Gerüchten, Unwissenheit, falschen Behauptungen und missionarischem Eifer auf beiden Seiten bestimmt wird.

Der Elchjäger ließ eine kräftige Tirade vom Stapel: »Ihr Stadtleute kommt hierher, vielleicht einmal im Monat, und denkt, ach, das ist ja spannend, da sind Wölfe im Wald. Und dann fahrt ihr wieder heim. Wir, die wir hier leben, wir müssen damit klarkommen, dass dieses Raubtier sich nah bei unseren Häusern aufhält. Als meine Kinder noch klein waren und ein Wolfsrudel ausgerechnet hier sein Revier hatte, da habe ich ein paar Mal Wolfsspuren direkt neben unserem Briefkasten gefunden. Ich habe mich geweigert, mich davon verschrecken zu lassen, und die Kinder durften weiterhin allein zur Schule gehen, aber wohl war mir dabei nicht«, fügte er hinzu. »Und außerdem bin ich ja schließlich Jäger. Ich kann die Hunde nicht mehr in den Wald lassen, und die Elche sind auch weniger geworden.«

Ein Hasenjäger griff unsere Diskussion auf. »Magst du Wölfe?«, fragte er mich verblüfft.

»Also, ich habe nichts dagegen, dass man den Bestand kontrolliert und sie bejagt, aber ich finde schon, die Wölfe gehören zur norwegischen Natur«, antwortete ich. Damit war ich unten durch, und mein ganzes Gerede über Biodiversität und weltweiten Artenschutz prallte an ihnen ab.

»Ich verstehe nicht, warum wir einen finnisch-russischen Wolfsstamm hier in Norwegen schützen sollen. In Russland gibt es genug Wölfe, dort gibt es sogar Abschussprämien«, ärgerte sich der Elchjäger.

»Der norwegische Wolfsstamm war immer ein Randbestand des finnisch-russischen, das lässt sich mit Genanalysen der ausgestopften Tiere aus Museen zeigen«, sagte ich. »Zum Beispiel wurde 1862 ein Wolf mit finnisch-russischen Genen östlich von Oslo abgeschossen, in Aurskog-Høland. Es ist also nichts Neues, dass Wölfe von Russland nach Norwegen einwandern, so sind sie nun mal.« Ich wies darauf hin, dass nicht nur die Wölfe wandern, alle Tiere tun das, wenn sie nach einem Partner oder nach Beute suchen, ohne dass wir über Nationalität und Grenzen reden. Aale ziehen bis in die Sargassosee, um zu laichen. Küstenseeschwalben fliegen von ihren Brutplätzen in Nordeuropa und Nordamerika bis in die Antarktis und zurück – keine Vogelart zieht weiter als sie. Und in der Serengeti wandern jedes Jahr Millionen von Gnus, Zebras und Gazellen über die Landesgrenzen, um auf den grasreichen Flächen im Norden Futter zu finden.

»Und ist das ganze Gerede über die Gefahr, die vom Wolf ausgeht, nicht albern?«, fragte ich. »Darüber können wir uns doch sicher einigen. Manchmal hat man den Eindruck, als würden einzelne Politiker ihre Aussagen auf Grimms Märchen stützen und nicht auf die Forschung.« Aus dem Augenwinkel sah ich, dass Per sich näherte, der wie ich in Bærum aufgewachsen ist und in Oppsal lebt. Ein Stadtmensch also, höchstwahrscheinlich mit mir einer Meinung. Nicht gut, dachte ich, jetzt kriegen wir hier zwei Fronten. In dem Moment sagte Per: »Du meinst, Wölfe sind nicht gefährlich? Hast du gewusst, dass Russen und Deutsche während des Ersten Weltkriegs an der Ostfront eine Waffenruhe vereinbart haben, weil die Wölfe ihnen so zusetzten? Und wie sieht es mit den Kirow-Wölfen aus, die während des Zweiten Weltkriegs 22 Kinder getötet haben? Wie kann man denn nur behaupten, Wölfe seien nicht gefährlich?« Per ist ein unverbesserlicher Querulant und außerdem ein Hobby-Kriegshistoriker.

Ich hätte seine Liste mühelos ergänzen können, schließlich habe ich ja auch ein bisschen was gelesen. In Frankreich wurden vom 13. bis zum 20. Jahrhundert 7600 Menschen von Wölfen getötet.[8] Im finnischen Turku/Åbo wurden Ende des 19. Jahrhunderts im Laufe von drei Jahren mehrere Kinder getötet.[9] Und in neuerer Zeit gibt es Nachrichten darüber, dass mehrere Hundert Kinder in Indien – vor allem in der Region Hazaribagh – von Wölfen getötet worden sind.[10]

»Bei Wildtieren kann man nie ganz sicher sein, aber es geschieht ungeheuer selten, dass ein Wolf Menschen angreift«, wandte ich ein und erklärte, dass die wenigen Fälle oft auf Wölfe zurückgehen, die mit Tollwut infiziert sind, auf Kreuzungen zwischen Wolf und Hund oder auf Wölfe, die an Menschen gewöhnt sind und ihre Scheu verloren haben.[11] Und im

Krieg, wenn das Wild vertrieben wurde und es nur wenige Haustiere gibt, können hungrige Wölfe auch auf Menschen losgehen, sowohl auf lebende als auch auf tote. Im selben Atemzug erwähnte ich die Joggerin Candice Berner, die 2010 am Chignik Lake in Alaska von einem Wolfsrudel getötet wurde. Das letzte Mal, dass in Norwegen etwas passiert ist, liegt zweihundert Jahre zurück. Für mich zeigt das, wie selten Wolfsangriffe sind.

»Haha, und da sagst du, Wölfe sind nicht gefährlich. Jetzt widersprichst du dir aber«, erklärten der Elchjäger und Per wie aus einem Munde, während im Hintergrund die Musik dröhnte.

»Also ehrlich«, sagte ich und ertappte mich selbst dabei, wie ich einen belehrenden Ton annahm. »Es gibt derzeit etwa 300 000 Wölfe, und es gibt fast keinen Fall, in dem ein Mensch durch Wölfe zu Schaden kam. Wenn man das in Betracht zieht, ist es geradezu ein Kunststück, sich von einem Wolf umbringen zu lassen.« Mir war jedoch absolut klar, dass Statistiken leider wenig gegen Furcht und Angst bewirken. Wenn jemand Flugangst hat, kann man ihm noch so viele Tabellen zeigen, aus denen hervorgeht, wie ungefährlich das Fliegen ist, es nützt einfach nichts. Der Gedanke, dass etwas passieren *könnte,* dass das Undenkbare doch geschehen könnte, setzt sich fest und verursacht ein sehr, sehr mulmiges Gefühl im Bauch. Das habe ich ja selbst schon erlebt, wenn ich in Wolfsrevieren unterwegs war.

Wir schwiegen.

»Mücken und Wölfe«, erklärte Per und stand auf. »Beide gehören ausgerottet.«

»Und Kriebelmücken«, fügte der Elchjäger hinzu.

»Kriebelmücken sind schlimmer als alles andere«, waren sie sich beide einig und lachten laut.

Der Elchjäger und ich blieben sitzen und schauten in die Flammen des Lagerfeuers in der Feuerschale. Er erzählte von einem Wintertag vor einigen Jahren, als er im Svarverudskogen war und mit seinem Hund trainierte. Auf einmal sah er ein Tier, das über das Moor schlich.

»Erst dachte ich, es ist ein Elchkalb, dann wurde mir klar, es war ein Wolf. Ein ziemlich großer, schwerer Wolf sogar. Ich bin kein Freund der Wölfe, aber sie sind wahnsinnig faszinierend, intelligente und tüchtige Jäger«, sagte er. »Hast du schon mal einen gesehen?«

»Nein, aber ich habe sie heulen gehört, zwei Mal«, antwortete ich etwas kleinlaut und berichtete dann von meinen Nachtwanderungen in Schweden.

»Du spinnst ja, stundenlang durch die Nacht zu fahren, bloß um ein paar Wölfe heulen zu hören. Typisch Stadtmensch. Da höre ich ja lieber meinen Hunden zu«, bemerkte er.

»Das ist kein Vergleich«, verteidigte ich mich. »Wolfsgeheul zu hören ist ein echt heftiges Erlebnis. Echtes Wildnis-Feeling.« Aber ich fand kein Gehör.

Die Diskussion mit ihm ging mir an diesem Abend nicht mehr aus dem Kopf. Unser Blick auf die Wölfe und den Wald passte einfach nicht zusammen. Für einen Akademiker wie mich, der in der Stadt lebt, ist die Natur etwas, was genossen und gepflegt werden sollte. Biologische Vielfalt ist wichtig, und schon der Gedanke, dass es Wölfe in unseren Wäldern gibt, hat seinen eigenen Wert. Der Elchjäger will die Wildnis nutzen. Er will dort jagen, die Hunde sollen frei laufen und trainieren. Wenn das nicht mehr geht, erklärt er der Natur den Krieg. Viele, die auf dem Land leben, fühlen sich von der Verwaltung, dem Staat und der Mehrheitsgesellschaft überfahren. Und sie übertragen einen Teil ihres Frusts auf den Wolf, ein Raubtier, von dem viele da draußen finden, man habe es ihnen »aufs Auge gedrückt« und jetzt würde es von der Mehrheitsgesellschaft beschützt.

Dass der Wunsch, sich den Wölfen zu nähern, typisch Stadtmensch sei, wie der Elchjäger gesagt hat, ist ein Klischee.

Studierte Stadtbewohner gehen in die Wälder und stellen überrascht fest, dass das Leben dort anders ist als in der Stadt und dass es dort, schau an, Wölfe und andere Lebewesen gibt. Wow! Und schon kann man darüber nachdenken, wie dunkel und wild doch der Wald ist und dass darin Wölfe herumschleichen. Der Schriftsteller Karl Ove Knausgård hat darüber im Zusammenhang mit einer Ausstellung im Munch-Museum gesprochen, die sich um den Wald drehte. »Der Wald ist ja etwas Wildes, nicht wahr. Ein Garten ist nicht wild, den haben wir unter Kontrolle. Wir leben überhaupt in einer sehr kontrollierten Umgebung. Aber der Wald ist wild. Und gefährlich. Wenn man weit genug hineingeht, nicht wahr … bedrohlich. Und ich glaube, so sieht es auch in unserem Inneren aus. Eigentlich sind wir wild, in unserem Inneren gibt es sehr viel Wildheit, die wir aber zu kontrollieren versuchen … Wir sind zivilisiert, doch die Wildheit ist immer noch da.«[12] Als ich Mats und den Elchjäger mit diesem Zitat konfrontiere, ist ihre erste Reaktion: »Ist ja schon interessant, wie Stadtleute den Wald sehen. Für uns ist der Wald weder mystisch noch gefährlich. Er ist ein Ort, wo wir fischen, Beeren sammeln, jagen, unsere Hunde trainieren, mit den Kindern wandern. Unser Zuhause. Der Ort, an dem wir leben.«

Nach einem längeren Telefongespräch ist es Mats offenbar gelungen, den Schafzüchter zu beruhigen. Wir setzen uns in die Küche und reden darüber, was den Sommer über passiert ist. Im Mai musste Mats mehr als zwanzig Schafe in Askim inspizieren, die von Wölfen gerissen worden waren. Der Vorfall wurde in den Zeitungen ziemlich stark ausgebreitet. »Es war ein makabrer Anblick«, hat Mats in einem Interview gesagt und darauf hingewiesen, dass für ihn das Schlimmste die Trauer des Bauern war. Auf Fotos sah man, dass die toten, verstümmelten Schafe überall herumlagen. Die Natur ist blind, roh und brutal. Oder um es mit den Worten des Dichters Alfred Lord Tennyson zu sagen: Sie hat rote Zähne und Klauen. Tiere töten. Tiere fressen ihre Beute. Und fertig.

Das »Wolfsmassaker« von Askim war nur einer von mehreren Vorfällen in der Gegend. In Sarpsborg wurde ein Hockeyprofi in seinem eigenen Garten von einem Wolf erschreckt, und ganz Norwegen staunte über das Foto eines Wolfs, das ein zehnjähriges Mädchen namens Live auf dem Schulweg in Ås aufgenommen hatte. Aus Aurskog meldete die Boulevardpresse mit riesigen Lettern, dass der Hund des ehemaligen Fußballprofis Bård Bjerkeland angegriffen worden sei. »Trump dreht durch, fünftausend Kinder pro Tag sterben an Ruhr, und Bård Bjerkelands Hund wurde von Wölfen angegriffen«, schrieb ich in einer SMS an Mats. »Tja, Aurskog ist kein Ort für Feiglinge«, schrieb er zurück. Doch Mats hat wirklich Mitleid mit den Schafzüchtern. »Versetz dich doch mal in seine Lage«, sagt er zu mir. »Du kümmerst dich das ganze Jahr um deine Schafe, und selbst wenn im Herbst viele von ihnen geschlachtet werden, hast du sie gern und sorgst für sie. Da muss es schrecklich sein, wenn die ganze Herde oder ein Teil der Tiere von Wölfen oder anderen Raubtieren getötet wird.«

Bevor wir richtig ins Gespräch kommen, hat sich ein Schaf in den Hühnerstall geschlichen. Erst brüllt Mats das Schaf an, es soll sich zum Teufel noch mal verpissen, dann sieht er ein, dass das Tier ihn wahrscheinlich nicht versteht, und läuft hinaus. Er zerrt das Schaf, das scharf auf Kraftfutter war, aus dem Hühnerstall, assistiert von fünf Gänsen, ungefähr zehn Hühnern und einem kläffenden Hund. Kaum haben wir uns wieder hingesetzt, rennt er erneut hinaus. Einer seiner Leute soll den Randstreifen an der Forststraße mähen und hat dazu eine Frage. So geht es hier immer.

Der Angriff in Askim war schlimm, aber nicht so schlimm wie das »Schafsmassaker« in Hadeland, eines der schlimmsten in den letzten Jahren. Sogar Ministerpräsidentin Solberg kam mitten im Wahlkampf mit dem Hubschrauber aus Oslo angeflogen – und wir reden hier nicht von einer Überschwemmung oder einem großen Erdrutsch, der ein Dorf mitgerissen hatte, sondern von einer 32 Kilogramm schweren Wölfin, die in einer Schafherde Amok gelaufen war.

»Dieser Wolf muss abgeschossen werden«, schimpfte Solberg mitten in der hitzigsten Wolfsdebatte und erklärte: »Das Tier hat offenbar ein Verhaltensmuster entwickelt, bei dem es nicht mehr nur etwas zu fressen sucht, sondern die Schafe misshandelt. Es ist ein schrecklicher Anblick.« Ein Bauer sprach von einem »Mittelding zwischen Krise und Katastrophe«. Und ein Hofbesitzer aus Heradsbygd schrieb einen Leserbrief, der in der Lokalpresse von Oppland und Hedmark abgedruckt wurde: »Es geht doch nicht nur um Wölfe und anderes Raubzeug … Es geht um zerstörte Menschenleben, Pleiten, Alkoholismus, kaputte Ehen, Kinder, die ihr Zuhause verlieren … Man wird allmählich verrückt.« Die Wölfe wurden als Tötungsmaschinen, Lustmörder und destruktive Räuber bezeichnet, denen man im Grunde eine moralische Verantwortung für ihr Tun unterstellte. Aber Raubtier ist Raubtier. »Wölfe sind nicht grausam und nicht gut, sondern so verständnislos, wie die Natur nun einmal ist«, schreibt Petra Ahne in ihrem Buch über die Wölfe. Sie töten nicht aus Spaß oder Lust, sondern aus Instinkt. Ob es nun ein Schaf betrifft oder zehn.

Dass Wölfe mehr Schafe töten, als so ein kleiner Wolfsmagen verdauen kann, kommt vor und wird von dem Zoologen Hans Kruuk als »surplus killing« – Überschusstöten – bezeichnet. So etwas gibt es nicht nur bei Wölfen, sondern auch bei anderen Raubtieren, wenn sie die Chance dazu bekommen. Kruuk beschreibt einen Fall, wo mehr als 230 Möwen bei einem Fuchsangriff in Nordengland getötet wurden. Und in der Serengeti wurden 82 Gazellen von einer kleinen Gruppe Hyänen gehetzt und verstümmelt. In beiden Fällen war die

Nacht ungewöhnlich dunkel gewesen, sodass weder die Möwen noch die Gazellen flüchten konnten, weil ihnen in der Finsternis die Orientierung fehlte. So wurden sie zu einer leichten Beute. Kruuk schreibt, dass alle Raubtiere einen angeborenen Tötungsinstinkt haben. Das gilt für den Fuchs im Hühnerstall ebenso wie für den Löwen in einer Straußenfarm. Oder eben für den Wolf in einer Schafherde. Ein Tier jedoch übertrifft alle anderen, was das Thema *surplus killing* angeht, schreibt Kruuk. Und das ist der Mensch, der schlimmste Raubmörder in der gesamten Tierwelt. Und wir Menschen, so argumentiert der Zoologe moralisch, müssten es als denkende Wesen mit Bewusstsein doch eigentlich besser wissen.

So wurde der Wolf zum Wahlkampfthema, und vor allem die Populisten wurden nicht müde zu fordern, dass die Wölfe in Norwegen ausgerottet werden sollten. Doch so einfach ist das nicht. Wir könnten die Wolfstämme in Norwegen verfolgen, einkreisen und abschießen, wir könnten jedes einzelne Tier ausrotten. Aber Norwegen ist keine Insel im Atlantik, und wir haben nun einmal keine Kontrolle über die Tiere, die unsere Grenzen überschreiten. Solange die Schweden es zulassen, dass ihr kräftiger Wolfsbestand jedes Jahr Junge bekommt, werden Wölfe über die Grenze kommen und Schafe angreifen. Und Bauern werden verzweifeln, und die Debatte wird weitergehen, ohne dass sich das Problem lösen ließe. Außer, wir bauen einen hohen Zaun von Svinesund im Süden bis nach Grense Jakobselv im Norden. Einen Zaun von 2800 Kilometern Länge.

Es ist einfach eine Tatsache, dass die allermeisten Wölfe, die nach Westen in die norwegischen Wolfsreviere wandern, aus Schweden kommen. Das lässt sich durch die praktisch komplette genetische Übersicht über den skandinavischen Wolfsbestand nachweisen. Auch die Hadeland-Wölfin kam aus einem schwedischen Revier, ebenso wie die meisten anderen »Todeswölfe«. Gleichzeitig wandern GPS-markierte Jungwölfe aus den norwegischen Revieren in östlicher Richtung, also nach Schweden.[13] Dafür gibt es keine gute Erklärung, vielleicht versuchen die norwegischen Wölfe, in das Kerngebiet vorzudringen, das in Schweden liegt. Deshalb kann man nicht behaupten, dass mehr Wölfe in Norwegen automatisch zu mehr getöteten Schafen führen.[14]

In der Dämmerung verlasse ich Svarverud, und auf dem Weg zum Auto kommt mir ein schwarzer Labrador knurrend entgegen, mit aufgestelltem Nackenfell und eingeklemmter Rute. Manchmal spinnt er, hat Mats über seinen Hund gesagt. Ängstlich springe ich ins Auto. Zum Teufel, wie ich solche Hunde hasse, denke ich aus gutem Grund. Zwei Mal bin ich von Hunden gebissen worden. Eigentlich ist es paradox, dass jemand, der im Zusammenhang mit Hunden immer unsicher und ängstlich ist, freiwillig mit Wölfen zu tun haben will. Schließlich sind die Tiere ja eng miteinander verwandt. Auf einmal klingt Geheul vom Hof. Es sind Mats' schwarze Huskys, und ich verstehe, was der Elchjäger gemeint hat. Wenn ich es nicht besser wüsste, würde ich denken, es handelte sich um Wolfsgeheul.

Hund und Wolf sind so eng verwandt, dass sie sogar fortpflanzungsfähige Nachkommen miteinander zeugen können. Der Hund, *Canis lupus familiaris,* gilt als eine der 38 Unterarten des Wolfes.[15] Keine andere Tierart, weder Schaf noch Pferd, Ziege oder Kuh, wurde so früh vom Menschen domestiziert wie der Wolf. Neuere Funde deuten darauf hin, dass diese Domestikation schon vor 40 000 Jahren begonnen haben könnte, und nicht nur einmal, sondern mehrmals auf verschiedenen Kontinenten.[16] Die Vorfahren, die den heutigen Wölfen sehr ähnlich waren, wurden durch Zucht zu etwa vierhundert Hunderassen weiterentwickelt, von der riesigen Dänischen Dogge bis zum Pekinesen – hier kann man der Evolution bei der Arbeit zuschauen. Man sollte den Hund also vielleicht nicht den »besten Freund des Menschen« nennen, sondern den »ersten Freund des Menschen«.[17]

Als ich an den Hunden vorbeifahre, halte ich kurz an, öffne das Autofenster und heule die beiden Huskys an. Sie starren mich dämlich an und trauen sich nicht zu antworten.

Auf dem Weg durch die dunklen Wälder nach Schweden denke ich weiter über unser Verhältnis zum Wolf nach – zu diesem sozialen Raubtier, das sich so früh mit dem Menschen zusammentat. »Es ist ja kein Wunder, dass der Wolf Hass hervorruft. Hässlich ist er mit seinem struppigen, graugelben Fell … Der Charakter des Wolfs ist ebenso widerwärtig wie sein Aussehen. Er ist blutrünstig, raubgierig und feige.« So charakterisiert ihn der Schriftsteller Kristian Gløersen in seinem Buch *Dyreliv i Norge* (Tierleben in Norwegen, 1894). Wie schon erwähnt, wird in unserer Kulturgeschichte nicht unbedingt ein positives Bild vom Wolf gezeichnet. Es gibt aber einige paradoxe Erscheinungen: Selbst wenn der Wolf für Bauern und Hundebesitzer eine Plage sein kann, ist er für den Menschen weniger gefährlich als der Bär, das zweite sagenumwobene Tier. In den letzten dreißig Jahren sind 31 Menschen in Schweden und Norwegen von Bären verletzt worden, zwei wurden getötet. In den meisten Fällen handelt es sich um Jäger.

Die beiden Todesopfer waren Schweden. In Norwegen ist es mehr als hundert Jahre her, dass ein Mensch von einem Bären getötet wurde. Der letzte war der dreizehnjährige Ziegenhirte Johan Sagadalen, der einen Schädelbruch erlitt, als er 1906 in Hallingdal eine Bärin überraschte.[18] Doch der Wolf wird viel mehr gehasst als der Bär. Liegt es daran, dass Bären weniger Elche reißen? Dass sie die Hälfte des Jahres verschlafen? Dass sie nur sehr selten Hunde angreifen? Oder ist das Bild des Bären in Legenden und Märchen einfach positiver als das des Wolfs? Der Teddybär hat da sicher viel bewirkt, und Kuschelwölfe gibt es nicht. In alten Bärenkulten heißt es, der

Bär habe »die Kraft von zwölf und den Verstand von zehn Männern«. Da kann der angeblich so gierige Wolf doch nur verlieren.

Und natürlich können wir uns die Frage stellen: Ist der Bär gefährlich? In einem Sommer war ich in den riesigen Kiefernwäldern von Øvre Pasvik in der Finnmark mit einem Bärenforscher unterwegs. Wir fanden ein Bärenversteck unter einer großen Kieferwurzel und Knochenreste eines Wolfs. Der Forscher sagte zu mir, Bären seien eigentlich gar nicht gefährlich. Bleib ruhig stehen, genieß den Anblick und zieh dich friedlich zurück, lautete sein Rat. Oder mach es wie ein Kollege, der beim Blaubeersammeln auf einen Bären traf: Sing ein finnisches Volkslied, dann gibt der Bär mit Sicherheit Fersengeld.

Eine Stunde später bin ich mit Stefan auf dem Weg in den Glaskogen. Da dieser Teil des Waldes mit einer Schranke abgesperrt ist, müssen wir zu Fuß weiter. Ein kleiner Regenschauer ist gerade über uns hinweggezogen, der Wald ist schwer und feucht nach einem niederschlagsreichen Herbst, und am Weg entlang murmelt ein Bach. Jetzt sind wir allein mit dem Wald, ohne Blechpanzer um uns herum. Stefan ist sehr zuversichtlich. Als ich ihm im Auto einen Energydrink reichen wollte, sagte er, den brauche er nicht. Wenn die Wölfe noch am selben Ort sind, was er sicher annimmt, müssen wir nicht die ganze Nacht herumfahren und uns mit Koffein dopen. Während mein Sommer unerträglich still war, genau wie der vorherige, hat Stefan sich in dieser Zeit anderen Tierarten gewidmet. Natur findet er immer fesselnd, egal worum es geht. Ein Fest, eine Einladung zum Abendessen, ein Fernsehabend – all das macht ihn unruhig, er will raus. Raus in den Wald, ihn erforschen und neue, seltene Arten aufspüren. Er zählt mir die Höhepunkte dieses Sommers auf.

Zuerst war er in Jämtland, hat dort in einem Versteck gesessen und zugesehen, wie ein Vielfraß und ein Bär sich um die Beute stritten. Dann ist er nach Öland gefahren, um Hirschkäfer zu beobachten, Europas größte Käferart, bei der das Männchen lange Oberkiefer hat, die Hirschgeweihen gleichen. Echt heftig, ein richtiger Kick, sagt Stefan und berichtet, dass sich diese Käfer nur noch an wenigen Stellen in Schweden finden; in Dänemark sind sie komplett ausgestorben. Der Hirschkäfer lebt in alten Eichenwäldern, und man weiß, dass eine alte Eiche Hunderte von Insektenarten beherbergen kann. Voller Begeisterung erzählt er auch, dass er im Juli ein Sibirisches Schwarzkehlchen gesehen hat, eine sehr seltene Vogelart. Dafür hat er eine hektische Nachtfahrt in den Norden des Landes auf sich genommen.

Last but not least hat er in diesem Sommer endlich den Kiemenfußkrebs zu sehen bekommen, den Carl von Linné 1761 zum ersten Mal beschrieben hat und der sich seit mehr als 400 Millionen Jahren nicht verändert hat – ein Urzeittierchen, wie Stefan es nennt. Mindestens dreißig Touren zum Vänersee hat er in den letzten fünf Jahren unternommen, ohne ihn zu finden. Aber in diesem Sommer hat er ihn in einem kleinen Teich gesehen – ein großer Moment. Auch dieser kleine Kerl ist in seiner Existenz stark gefährdet. Stefan zeigt mir Bilder. Das Tierchen sieht aus wie ein ganz gewöhnlicher Krebs, nur eben in mikroskopischer Größe. Er schwebt in einer dünnen, durchsichtigen, linsenförmigen Haut, die an ein Plastiketui erinnert. Je seltener, desto besser, sagt Stefan. Dann bleibt er plötzlich stehen und streckt die Arme von sich, um mir zu signalisieren, dass ich still sein soll. Er lauscht und späht in den Wald. Ein schottisches Sprichwort sagt ja: Der Tag hat Augen, die Nacht hat Ohren. Mit seinem empfindlichen Gehör hat Stefan ein Geräusch wahrgenommen. Ein Tier bewegt sich in unmittelbarer Nähe, flüstert er mir zu. Könnte das ein Wolf sein? Ein paar Minuten bleiben wir ganz still stehen und lauschen, ohne noch etwas zu hören. Wir gehen weiter, die Steinchen auf dem Weg knirschen unter unseren Schuhsohlen. Ein frischer Kothaufen liegt auf dem Weg und bestätigt uns, dass die Wölfe hier sind.

Wir bleiben wieder stehen. Der Wind hat sich gelegt, der Nebel über dem Wald hebt sich. Perfekte Voraussetzungen, um Wölfe zu hören. Wie so viele Male zuvor legt Stefan die Hände an den Mund und stößt kurze, kummervolle Heuler aus. Alles bleibt still. Er bittet mich mitzuheulen, und in diesem Moment, vielleicht zehn Sekunden nachdem wir aufgehört haben, beginnt der Chor. Eine Kakofonie von sphärischem Geheul klingt durch die Nacht. Es ist zu schön, um wahr zu sein. Treffer beim ersten Versuch!

»Das sind Jungwölfe, unten im Moor, vielleicht zwei- oder dreihundert Meter vor uns«, stellt Stefan fest, der einen Blick auf die Karte auf seinem Smartphone geworfen hat. Nach einer Weile heulen wir wieder, und auch diesmal antwortet das Rudel. Da unten liegt ein Rendezvous-Platz, ein Treffpunkt, erklärt mir Stefan. Dort halten sich die Jungen auf, wenn die Eltern auf Jagd sind. Und der Wolf, der in unserer Nähe herumschleicht, ist der Babysitter, ein Jungwolf vom letzten Jahr. Stefan reicht mir das Nachtsichtgerät und sagt, ich solle ihm folgen. Durch den grünen Schleier der Linse spähe ich den Weg hinunter und in den Wald, aber da gibt es nichts zu sehen. Wieder heulen wir, und die Wölfe antworten. Am Ende sind sie so aufgeregt, dass sie sogar einer Fliege antworten, die an ihnen vorbeisummt. »Ich habe schon mal erlebt, dass sie der Glocke eines Eiswagens antworteten«, erzählt Stefan. Wenn es erst einmal angefangen hat, braucht es nicht viel, um ein Wolfsrudel am Heulen zu halten.

So vergehen Stunden auf diesem schwedischen Waldweg unweit der norwegischen Grenze. Die Wölfe heulen, wir versuchen, sie irgendwo zu erspähen. Während wir dort stehen und warten und wieder einmal zu den Fichtenwipfeln hinaufblicken, die sich in den dunklen Himmel strecken, erzählt Stefan, dass er den ältesten Baum der Welt gesehen hat, Old Tjikko, eine 9550 Jahre alte Fichte. Da stehen wir also mitten im Wald, die Wölfe heulen im Moor unmittelbar vor uns, und wir reden über Fichten.

»Ehrlich, den hast du gesehen?« Ich klinge wahrscheinlich, als redeten wir über einen alten gemeinsamen Bekannten.

»Den ältesten Baum der Welt, sage ich doch«, betont Stefan.

»Na ja, wahrscheinlich sind die Bristlecone-Kiefern in den USA ja doch älter, denn Old Tjikko ist ja nur ein Klon«, wende ich ein, als würde ich ihm das Erlebnis nicht gönnen.[19] Ich habe von den kleinen, struppigen Fichten im Fulufjället in der schwedischen Provinz Dalarna gelesen und auch Fotos gesehen. Vor ein paar Jahren war es eine Mediensensation, dass der bis dahin älteste Baum der Erde entdeckt wurde. Der Finder war der umstrittene schwedische Forscher Leif Kullman. Er hat sich tief in die Wurzeln hinuntergegraben, Proben genommen und datieren lassen. Dann hat er den Baum nach seinem Hund benannt, einem alten Golden Retriever.

»Die Fichte selbst ist gar nicht so alt«, erkläre ich. »Denn wenn die Sommer kalt sind, fruchtet die Fichte nicht mehr, sondern schlägt neue Wurzeln aus ihren Trieben. Auf diese Weise klont sie sich über mehrere Generationen hinweg, die genetisch gleich sind.« In den USA gibt es ganze geklonte Espenwälder, die 80 000 Jahre alt sind. Auch die Espe bildet Wurzelableger, sodass sich ein einziger Baum über Hunderte Quadratmeter ausdehnen kann. Im Fishlake National Forest in Utah gibt es eine solche Riesenespe, die eine Fläche von 400 000 Quadratmetern bedeckt und 40 000 Stämme hat.

Stefan ist ein Sammler. Er sammelt Arten, Erlebnisse und spezielle Phänomene, die er in sein gelbes Notizbuch schreiben kann. So war es auch mit Old Tjikko. Er hat zwar Leif Kullman eine Mail geschickt und ihn gebeten, ihm den Standort des Baumes zu nennen, aber der Professor sagte Nein. Stattdessen erzählte er von all den Anfragen, die ihn schon erreicht hatten. Die Japaner wollten ein Stück Holz haben, um daraus eine Creme zu machen. Einige Heiler meinten, der Baum habe magische Kräfte. Doch Stefan akzeptiert kein Nein, er hat sich sämtliche Fotos von dem Baum im Internet angesehen und sich dann vorgetastet, bis er den Standort so ungefähr kannte. Dann ist er zusammen mit Claes ins Fulufjäll gezogen, und nach ein paar Stunden Suche bei fürchterlichem Regenwetter haben sie den Baum gefunden.

»Ob der Baum selbst oder der heute existierende Klon so alt ist, spielt eigentlich keine Rolle«, erkläre ich. »Der Baum ist aus ganz anderen Gründen wichtig. Denn es ist in jedem Fall eine Sensation, wenn eine Fichte seit mehr als 9500 Jahren da steht. In diesem einen Baum ist die gesamte Geschichte der wichtigsten skandinavischen Baumart gespeichert. Klassischerweise heißt es immer, die Fichte habe Skandinavien von Osten her erobert, und zwar vor drei- bis viertausend Jahren.« So halte ich Stefan einen kleinen Vortrag, und die Fichten sind stumme Zeugen. »Und deshalb ist die Kullman-Fichte so etwas Besonderes. Da es sonst keine ähnlich alten Fichten in Schweden und Finnland gibt, behauptet Kullman, dass die Fichte nicht nur von Osten, sondern auch von Westen gekommen ist, will sagen, von Norwegen. Es kann also sein, dass die Fichte zusammen mit Birke und Kiefer in einzelnen eisfreien Nischen an der norwegischen Küste ›überwintert‹ hat, wie zum Beispiel auf Andøya. Das wäre eine kleine Sensation für alle, die sich für Bäume interessieren, denn diese Hypothese stellt die Lehrbuchmeinung infrage, dass die Fichte ausschließlich von Osten her eingewandert ist. Wenn es tatsächlich so eine Art Überwinterung gegeben hat, dann heißt das, einzelne Baumarten waren in der Lage, ganz nah an der Eisgrenze die Eiszeit zu überleben. Und solche Erkenntnisse führen dazu, dass Professoren auf Universitätskorridoren ganz still aneinander vorbeigehen, während sie ansonsten in Fachzeitschriften aufeinander einprügeln.«

Man muss allerdings dazusagen, dass Kullmans Hypothesen umstritten sind. Er weigert sich, seine Proben von Old Tjikko herauszugeben, um sie von anderen datieren zu lassen, was auch für eine Reihe weiterer spektakulärer Funde gilt. Andererseits hat man in letzter Zeit weitere Funde gemacht, die Kullmans Hypothesen stützen. Aus Seen auf Andøya haben die Forscher Erdproben mit 22 000 Jahre alter Kiefern-DNA und 17 000 Jahre alter Fichten-DNA geholt. Diese Funde bestätigen Kullman und legen den Schluss nahe, dass Fichte und Kiefer auf der Nordspitze von Andøya überwintert haben, die während der letzten Eiszeit eisfrei blieb. Die Funde wurden in der renommierten Zeitschrift *Science* veröffentlicht.

Damit nicht genug: Die Forscher fanden auch 10 300 Jahre alte Fichten-DNA auf dem Grund des Sees Rundtjønny in Meråker, einem Ort in Trøndelag. Sie enthielten eine einzigartige DNA-Sequenz, die man in Fichten weiter südlich oder östlich noch nicht gefunden hat – ein Paradox, wenn die Fichte tatsächlich von Osten gekommen wäre. Aber wie kann man aus alldem einen Zusammenhang herstellen? Möglicherweise ist die Fichte trotzdem ein früher Einwanderer, und es hat außerdem einzelne Bäume in den Bergen gegeben, bevor die waldbildenden Fichten von Osten her kamen.

»Stell dir das bloß mal vor, Stefan«, flüstere ich. »Vor ein paar Tausend Jahren sah der Wald hier ganz anders aus. Ein Wald fast ohne Fichten, jener Baumart, die große Wälder bildet und die wir heute als etwas Ur-Skandinavisches ansehen, typisch für Norwegen.«

Es ist magisch hier draußen, alles andere wäre untertrieben. Das Wolfsgeheul dröhnt durch den dunklen Wald, die Wolken fliegen über den Nachthimmel. »Hörst du?«, flüstert Stefan, und ich lausche wieder. »Da bewegt sich etwas«, fügt er hinzu, nimmt das Nachtsichtgerät und sucht. Gleichzeitig heulen wir weiter, und die Wölfe antworten uns, aber jedes Mal von einer anderen Stelle im Moor.

Stunden vergehen. Am Ende sagt Stefan, dass es jetzt reichen muss. »Aber …«, wende ich ein, »sie sind doch nur ein paar Hundert Meter von uns entfernt. Wollen wir ihnen nicht ins Moor folgen? Sie mit unseren starken Taschenlampen suchen?«

Doch Stefan erklärt mir, dass wir sie nicht mehr stören dürfen. »Sie müssen freiwillig auf uns zukommen«, sagt er.

»Aber sie sind so nahe, das ist doch eine Riesenchance«, insistiere ich wütend.

Stefan bleibt glasklar: Wir dürfen ihnen nicht folgen.

Später, im Auto, fühle ich mich ganz mutlos. »Das ist die Wolfsdroge, ich kenne das«, tröstet mich Stefan. Diesmal ist er es, der heimwill, während ich noch bleiben möchte. Es fühlt sich falsch an, den Glaskogen jetzt zu verlassen. Es hat so gut angefangen, die Wölfe haben geheult, und man hat ein Rascheln im Gebüsch gehört, aber das war es dann auch. Ich spüre es am ganzen Körper: Ich will einen wilden Wolf sehen.

»Es fühlt sich an wie ein Coitus interruptus«, platze ich heraus.

Stefan lacht. »Du kommst schon noch an die Reihe«, sagt er.

»Ach, du weißt doch selbst, wie schwierig das ist. Dein Freund, den ich im Winter getroffen habe, der hat noch nie einen Wolf gesehen. Wie viele Male ist er mit dir draußen gewesen?«

»Ach, du meinst Daniel, ja? Ungefähr fünfzig Mal«, erwidert Stefan.

»Fünfzig Mal!« Ich klinge sicher ganz verzweifelt. »Na, dann muss ich wohl noch ein paar Jahre weitermachen.«

Hibaku jumoku

Kurz vor acht am Morgen des 6. August 1945 öffneten sich die Luken des Bombers Enola Gay, und 43 Sekunden später explodierte die Atombombe »Little Boy« über Hiroshima. In einem Umkreis von 1,6 Kilometern vom Explosionsort der Bombe war die Stadt vollkommen zerstört, niemand hatte dort überlebt. Doch das stimmt nicht ganz: Trotz der Hitze von über 1500 Grad und der intensiven radioaktiven Strahlung überlebte ein Eukalyptusbaum, gerade 740 Meter vom Ort des vernichtenden Einschlags entfernt. Der Baum steht heute noch da. Er hat zusammen mit 170 weiteren Bäumen in der Stadt das Inferno überlebt. Die Japaner nennen sie Überlebensbäume: *hibaku jumoku.* Jeder einzelne trägt eine Erinnerungsplakette.

Hibaku jumoku – zum Glück braucht es viel, um den Wald in die Knie zu zwingen, denke ich, als ich auf dem Heimweg nach Oslo an viel zu vielen Abholzungsflächen vorbeifahre. Die dreizehn Kilometer auf kurvigen Forststraßen lege ich in Rekordzeit zurück. Allmählich weiß ich, wie man das macht, Stefan hat mir gezeigt, dass ich einfach Gas geben und die

Angst davor überwinden muss, dass Elche oder andere Tiere auf einmal aus dem Wald kommen. Mit den riesigen Kahlschlägen links und rechts tröste ich mich mit dem Gedanken, dass das Pflanzenreich nicht den gleichen Regeln folgt wie das Tierreich. Als vor 66 Millionen Jahren ein riesiger Meteorit mit einem Durchmesser von zehn Kilometern und einer Sprengkraft, die eine Milliarde Mal stärker war als die Hiroshima-Bombe, auf der heutigen Yucatán-Halbinsel in Mexiko einschlug, hatte das erhebliche Folgen für das Leben auf der Erde. Ein Atomwinter folgte, Staub und Asche bedeckten die Erde mehrere Jahre lang. Die Saurier, die bis dahin die Erde beherrscht hatten, verschwanden, und der größte Teil der Tiere starb aus. Aber wie sah es mit den Pflanzen aus?

Sie hielten größtenteils stand. Natürlich verschwand an vielen Stellen der Wald, und auch einige Arten starben aus, aber die meisten Pflanzenfamilien kamen verblüffend gut zurecht. Nach einer Million Jahren war alles so ziemlich wieder beim Alten. Ein bekannter Botaniker hat es so zusammengefasst: Wenn man in einen Zoo geht und sämtliche Tiere tötet, sind sie für alle Zeit verschwunden. Wenn man hingegen die Bäume dort fällt, werden sie wieder wachsen. Sie schieben neue Triebe aus den Wurzeln oder aus Samen, die gut geschützt im Boden gelegen haben. So ist das mit dem Wald. *Hibaku jumoku.*

Mit diesem Gedanken im Hinterkopf grüble ich über die Zukunft nach. Dass der Wolf unsicheren Zeiten entgegengeht, obwohl die Art wirklich robust ist, ist mir längst klar. Aber was passiert mit dem Wald? Vor etwa hundert Jahren schrieb der Schriftsteller und Journalist Christian Gierløff eine flammende Verteidigungsrede für den Wald. In seinen Augen war er »ein Geschenk des Herrgotts«, und »unter Yggdrasils Krone hat das norwegische Volk seine Eigenart herausgebildet«. Abholzung, Raubfällerei und Überweidung weckten in ihm und seinen Zeitgenossen eine dystopische

Stimmung. So malte er in seinem Buch *Skogen og folket* [Der Wald und die Menschen] eine düstere Zukunftsvision für Norwegen:[1] »Zerstören wir nicht unser Land, wenn wir die Wälder zerstören? Der Wald ist die größte Kraft und der größte Märtyrer unserer Zivilisation. Wenn er tot ist, werden wir begreifen, dass unsere Zivilisation ohne ihn nicht bestehen kann … Ohne Wald gibt es keine Hoffnung für Norwegen.«

Fünfzig Jahre später war der saure Regen der größte Feind. Eine Ikone des Nordens, der Wald, wurde von Luftschadstoffen angegriffen, die von Süden kamen, meinten viele. Ganz ernsthaft wurde über einen waldlosen, nur noch mit Gras bewachsenen Holmenkollen gesprochen. Bilder von nackten, struppigen Fichten im Schwarzwald gingen durch die Medien. Ich war damals ein junger Naturschützer, der eine Apokalypse heraufziehen sah, und wurde Mitglied bei der Umweltschutzorganisation *Framtiden i våre hender* – Die Zukunft in unseren Händen.

Einen Höhepunkt bildete Bo Landins Buch *Om trær kunne gråte* (Wenn Bäume weinen könnten) (1987). »Leidender Wald, sterbender Wald. Das rührt an unser Innerstes«, schrieb Landin. »Wenn Bäume weinen könnten, würden wir es kaum noch ertragen«, stellte die damalige Umweltministerin Sissel Rønbeck im Vorwort zu dem Buch fest. Aber der angekündigte Tod des Waldes erwies sich als Übertreibung. Der Wald kam besser zurecht als befürchtet. Die größte Herausforderung war nicht das Waldsterben, sondern die Übersäuerung der Seen und das damit verbundene Fischsterben. Trotzdem war das Schlagwort vom Waldsterben wichtig, um den Schwefelausstoß von Industrie und Kraftwerken endlich zu verringern. So gesehen war die Schreckenspropaganda eine gute Sache.

Heute wissen wir, dass es anders kam. Am Holmenkollen gibt es immer noch Wald, nicht nur Gras. Und wir haben begriffen, dass es eine schwierige Angelegenheit ist, in die Zukunft zu schauen. Denn heute ist der Wald eher auf dem Vormarsch. Seit Gierløff mit seinen apokalyptischen Vorhersagen für die nächsten hundert Jahre hervortrat, hat sich das Waldvolumen in Norwegen verdreifacht. Die Waldfläche ist zwar dieselbe geblieben, aber das stehende Volumen ist stark angewachsen. Mit anderen Worten: Die Bäume wachsen höher und stehen dichter. Der jährliche Zuwachs liegt bei etwa 25 Millionen Kubikmetern. Eine halbe Million Holztransporter könnte man damit füllen, wenn das alles Stämme wären. Das größere Waldvolumen in Norwegen ist auch in der Lage, große Mengen Kohlendioxid zu binden.[2] 2014 wurde ausgerechnet, dass der Zuwachs an Wald nicht weniger als dreißig Millionen Tonnen CO_2 bindet, drei Mal so viel wie der Ausstoß des Autoverkehrs in Norwegen.

Aber warum wird der Wald in Norwegen »mehr«?

Zum einen werden keine einzelnen Bäume mehr gefällt, sondern man betreibt sogenannte Bestandswirtschaft, was bedeutet, dass man eine Fläche komplett abholzt und dann wieder aufforstet. Zum anderen verlagert sich die Baumgrenze immer weiter nach oben, weil im Gebirge nicht mehr so viele Tiere weiden und weil das Klima wärmer wird.[3] Wenn die Klimaprognosen der Wahrheit entsprechen, wird unser Wetter verrückter: mehr Hitzewellen, mehr Trockenheit, mehr Niederschläge. Ein wärmeres Klima fördert die Entwicklung von Laubwäldern. Buche, Eiche, Linde, Esche und Ulme sind von warmen Sommern abhängig, um Samen auszubilden. Gleichzeitig führen feuchtere Böden und mehr Erosion dazu, dass Fichten eher vom Wind umgestürzt werden. Nach etwa zweitausend Jahren des Fortschritts wird die Fichte vielleicht zum Rückzug gezwungen sein, weil das Klima wärmer und unzuverlässiger wird. Gleichzeitig wird sie sich wohl weiter nach Norden und in die Berge ausbreiten.

Auch wenn der Wald gute Zuwächse verzeichnet, gibt es

harte Kämpfe um seinen Schutz. Viele sind der Ansicht, es gäbe zu wenig alten Wald; nötig wären mindestens fünf oder gar zehn Prozent. Die Fronten sind ähnlich klar gezogen wie bei der Wolfsdebatte. Unberührter Wald versus Kulturwald, Waldwirtschaft gegen Naturschutz, ökonomische Interessen versus Emotionen, Spanplatten, Papier und Biodiesel versus Riesenfichten, Bartflechte und seltene Pilze. Der Kampf um die Bewahrung der Natur und den unberührten Wald wird nicht nur zwischen Stadt und Land geführt, sondern auch zwischen Nachbarn im städtischen Bereich. Der eine will einen Baum fällen, der andere kämpft darum, dass er stehen bleiben darf. Für den einen ist der Baum ein Schattenspender und Gemütlichkeitsfaktor, dem anderen nimmt er die Aussicht, lässt zu wenig Licht ins Haus oder zu viel störendes Laub fallen. So entstehen oft Streitigkeiten wie die um den Urzeitbaum vom Kolsås oder die große Ulme an der Gyldenløves gate in Oslo, die am Ende beide gefällt wurden. Da wurde mithilfe von Anwälten und Expertengutachten ein erbitterter Nachbarschaftskrieg geführt.

Es ist nach ein Uhr nachts, als ich durch den Svarverudskogen fahre, der aussieht wie ein wogendes dunkles Feld aus lauter Bäumen. Auf dem Weg über die Brücke auf die E18, die fast über eine der Hütten auf Mats' Grund führt, erinnere ich mich an eine Wanderung hier im letzten Herbst. Auch da kam ich von einer Wolfstour aus Schweden zurück. Ich saß mit Mats und seiner Frau Hanne Margrete am Küchentisch, und wir sprachen über ihre Tochter Kaja, die im Jahr zuvor mit fünfzehn Jahren ums Leben gekommen war. Als der Pfarrer nachts um halb zwei vor der Tür stand, ahnte Mats, was passiert war. Kurz vor dem Schlafengehen hatte er von einem Verkehrsunfall bei Mysen gelesen. Der Verlust der Tochter war eine unglaublich schwere Prüfung für die ganze fest zusammengeschweißte Familie. Zur Erinnerung an Kaja haben sie einen Garten angelegt, in dem sie auch beerdigt wurde. Zwei Bäume – einen japanischen Herzbaum und eine Linde – haben sie dort gepflanzt. Zwei Symbole für etwas, was länger dauert als ein kurzes Menschenleben.

Bei unserem Gespräch am Küchentisch erzählte Mats, dass im Moment Abholzungen stattfanden, und empfahl mir eine Tour durch den Wald. Auf dem Weg in den Svarverudskogen sah ich alle möglichen Arbeitsspuren, denn selbst der Wald, den wir heute als Urwald oder alten Wald bezeichnen, ist seit Urzeiten von Menschen bewirtschaftet und genutzt worden. Zuerst kam ich an den verwitterten Resten des alten Sägewerks am Nøavann vorbei, wo man das Wasserrad und die Übersetzung noch im Wasser stehen sieht. Am Steinsvann fuhr ich an der Steinsborg-Hütte vorbei, wo früher Holzfäller, Holzfahrer und Jäger untergebracht wurden. »Lebwohl, Steinsborg, Sergei 1944« steht an einer Stelle ins Holz geritzt. Ein russischer Kriegsgefangener, der hier zur Arbeit gezwungen wurde, hat dies während des Zweiten Weltkriegs geschrieben.

Tief im Wald finde ich die aufgelassene Lundevollen am Kulevann, eine von früher mehr als fünfzig Almen in diesem Gebiet, wo Kühe und Schafe den Sommer verbrachten. Heute ist keine mehr in Betrieb. Am Kulevann gab es auch eine Köhlerei, wo Holzkohle hergestellt wurde (das »Kul« im Namen deutet auf die Kohle hin). Dreißig Männer arbeiteten hier auf Svarverud im Wald und versorgten sich im Wesentlichen selbst mit dem, was sie fanden oder schossen. Wenn wir das alles bedenken, wirkt das ganze Gerede vom reduzierten CO_2-Fußabdruck paradox, solange wir unsere Öfen mit Birkenholz aus Lettland anfeuern, Parkett aus Litauen legen, Fensterrahmen aus finnischen Kiefern in unsere Häuser einbauen und Lammfleisch aus Neuseeland oder Blaubeeren aus Polen importieren.

Ich kam an einigen großen Holzstapeln vorbei und stieß schließlich auf tiefe Reifenspuren, die sich wie Narben durch den Wald zogen. Die frisch gefällten Kiefern dufteten noch nach Terpenen. Ich verstand, was Mats gemeint hatte, als er sagte, ihm gefalle das Abholzen auch nicht immer. Motorengeräusch dröhnte zwischen den Bäumen. Axtschläge hört man im Svarverudskogen nicht mehr, nur noch das Brummen schwerer Maschinen.[4] Und diejenigen, die im Wald arbeiten, werden nicht mehr als Arbeiter, sondern als Unternehmer bezeichnet.

Als ich sah, wie die Bäume umstürzten, begriff ich, was für einen mächtigen Feind der Wald heute hat. Die Maschinen bissen sich durch den Fichtenbestand, fällten einen Baum nach dem anderen, entasteten die Stämme und hinterließen innerhalb weniger Minuten nur noch ordentliche Stapel. Hinter ein paar gefällten Fichten versteckt, beobachtete ich die Maschinen, die massenweise hundertjähriges Leben auslöschten, begleitet von Radiomusik aus den Achtzigern aus dem Fahrerhaus. »Es hatte etwas von einem Krieg. Sie griffen den Wald an, als wäre er ein Feind, der an die Küsten, ins Gebirge verdrängt, zerstückelt und ausgerottet werden müsste.« So beschreibt der Schriftsteller Murray Morgan die moderne Waldwirtschaft in seinem Buch *The Last Wilderness*.

Ich fuhr zum Hof zurück und beschrieb klagend und sentimental meine Eindrücke – über die Verheerungen durch die Maschinen und das Gefühl, einem Krieg zuzusehen. »Du siehst den Wald von deiner Wohnung in Oslo aus«, schloss Mats trocken und erklärte mir, wie viel billiger und sicherer die Holzwirtschaft durch die Maschinen geworden ist. Dann erinnerte er mich an meine peinlich kurze Karriere als Waldarbeiter in Svarverud, eine Erinnerung, mit der er mich gern und oft ärgert. Im Sommer nach dem Abitur sollten wir den Waldboden von zu viel nachwachsenden Bäumen befreien. Während Mats sich unverdrossen mit der Kettensäge an die Arbeit machte, stand ich immer wieder da, betrachtete die Bäume und protestierte: »Das ist doch ein schöner Baum!

Den musst du stehen lassen.« Mir gefiel der unbearbeitete Wald, der wild vor sich hin wachsen durfte. Abends war es still draußen – zu still für meinen Geschmack. Ich hielt es nur eine Woche lang aus.

Mats betont immer wieder die Bedeutung des Waldes für unser Land, nicht nur als Weidegebiet, zum Sammeln und Jagen, sondern auch als Holzlieferant. Schon im 16. Jahrhundert führte die Erfindung der Sägemühlen, die mit Wasserkraft betrieben wurden, dazu, dass die Produktion von Brettern einfacher wurde, und es wurde sehr viel Holz nach Europa exportiert, sodass die Wälder arg litten. Vor allem die Niederländer und Briten kauften viel Holz; es heißt, die Pfähle, auf denen Amsterdam steht, seien aus norwegischer Eiche, und London wurde nach dem großen Feuer von 1666 mit norwegischer Eiche wiederaufgebaut. Bis dahin hatte der Wald im Wesentlichen den heimischen Bedarf gedeckt: Die Leute holten sich Bauholz, Brennholz, Rinde für die Dächer, Bast für Taue und Harz für Teer. Wenn sie Planken oder Bretter benötigten, wurden diese mit der Axt zugehauen, was enorm viel Zeit in Anspruch nahm.

Die hohen Einnahmen aus dem Export von Holz bildeten die Grundlage für die Entwicklung des norwegischen Großbürgertums – des sogenannten Plankenadels –, einer politischen und wirtschaftlichen Elite. Bernt Anker baute sich mitten in Christiania ein schlossähnliches Palais, während John Collett bei seinen Gartenfesten in Ullevaal Madeirawein aus den Springbrunnen fließen ließ. Dieses Waldbesitzer-Großbürgertum war auch wichtig im Zusammenhang mit Norwegens Unabhängigkeit 1814. Carsten Anker, ein Vetter von Bernt, besaß die Eisenhütte in Eidsvoll, in deren Hauptgebäude unser Grundgesetz verabschiedet wurde. Bernts jüngerer Bruder Peder, Besitzer von Bogstad, wurde unser erster Ministerpräsident. Obwohl die Holzpreise heute sehr schwanken und die Holzimperien verschwunden sind, haben sich neue Verwendungsmöglichkeiten für Holz entwickelt, vom Papier bis zum Biokraftstoff und zu verschiedenen chemischen Verbindungen. Heute bezeichnet man den Wald auch als das »grüne Öl«.[5]

Auch wenn sich Christian Gierløffs düstere Prophezeiungen über das Schicksal des norwegischen Waldes nicht bewahrheitet haben, heißt das nicht, dass die Zukunft auf der ganzen Welt hell und ohne Probleme ist. Denn jedes Jahr verschwinden Zehntausende von Fußballfeldern an Waldfläche. Am Amazonas, im Kongobecken und in Indonesien muss der Regenwald Palmölplantagen, Sojafeldern und Weideland weichen. In der Summe verschwindet jedes Jahr eine Regenwaldfläche von der Größe Dänemarks.[6] Die Abholzung verändert das lokale Klima, führt zu Trockenheit, Überschwemmungen und Artensterben. Außerdem trägt sie mit siebzehn Prozent zum globalen jährlichen CO_2-Ausstoß bei. Denn der Wald bindet CO_2; allein in Norwegen sind etwa vierhundert Millionen Tonnen Kohlendioxid im Wald gebunden.[7]

Natürlich können wir mit dem moralischen Zeigefinger auf die Länder zeigen, in denen der Wald heute den Preis des Fortschritts bezahlt, aber sie machen nur dort weiter, wo wir aufgehört haben. Denn seit unsere Vorfahren die ersten Dörfer gründeten, den Boden bearbeiteten und Haustiere hielten, sind auf der Welt achtzehn Millionen Quadratkilometer Wald verschwunden, das entspricht der doppelten Fläche der USA. Allein in Europa ist in den letzten zweitausend Jahren die Hälfte des Waldes verschwunden. Der Wald trägt die Kosten der Zivilisation.[8]

Doch es gibt Hoffnung für die Wälder unserer Erde. Die Abholzung des tropischen Regenwaldes hat in den letzten Jahren nachgelassen; einzelne Länder haben riesige Aufforstungsprogramme gestartet, vor allem China, wo das Projekt »Große grüne Mauer« den Vormarsch der Wüste Gobi aufhalten soll. Jedes Jahr werden 30 000 Quadratkilometer Wald neu angepflanzt; das ist mehr als die Fläche, die im Amazonas-Regenwald abgeholzt wird. Bis jetzt haben die Chinesen über eine halbe Million Quadratkilometer Wald aufgeforstet, was der Fläche Spaniens entspricht. Der Anteil des Waldes an der Gesamtfläche des Landes ist von zwei auf achtzehn Prozent gestiegen. Allerdings behaupten kritische Stimmen, das ehrgeizige Programm wirke sich schädlich auf andere Länder aus: Wenn in China weniger Wald abgeholzt wird, muss anderswo mehr geschlagen werden, um die Nachfrage nach Holz zu decken.

Wie auch immer wir mit dem Wald umgehen – er wird uns überleben, denke ich, während ich mich Oslo nähere. Zwischen Wohnblocks, Einzelhäusern und Gärten sind kleine Wäldchen zu sehen, die nur darauf warten, sich das Land zurückzuerobern und in Äckern und Asphalt ihre Wurzeln zu schlagen. So wie sie es nach der großen Pestepidemie getan haben, als sehr viel Boden brachlag. So wie sie es heute tun, wenn in den Bergen die Almwirtschaft aufgegeben wird oder Höfe verlassen werden. So wie sie in verlassenen Dörfern und Siedlungen binnen kürzester Zeit aus dem Asphalt dringen.

Man muss ja nur einmal nach Pripjet schauen, der Stadt mit dem zerstörten Atomkraftwerk Tschernobyl, wo der Wald immer mehr Hinterlassenschaften der Zivilisation überwuchert. Irgendwann werden die Bäume auch aus den Gehwegen an der Karl Johan gate in Oslo sprießen und sich zwischen den Häusern an der Fifth Avenue in New York entlangschlängeln. Der Wald, dieses 385 Millionen Jahre alte Ökosystem, hat Meteoriteneinschläge, riesige Vulkanausbrüche und Atombombenversuche überlebt. Die Frage, ob am Ende wir oder der Wald übrig bleiben werden, muss man gar nicht stellen. Der Wald wird siegen. Hibaku jumoku.

Zu Hause komme ich nicht zur Ruhe, und in der Nacht träume ich von Wölfen, die mitten im Stadtzentrum von Oslo heulen. Ich erschrecke über mich selbst. Es ist ein großes Erlebnis, im Wald zu sein und mit den Wölfen zu heulen. Und ich begreife immer mehr, was es mit der »Droge Wolf« auf sich hat, von der Stefan und Claes immer wieder reden. Im Sommer hatte ich die ganze Sache fast vergessen, dachte kaum daran, Spuren zu suchen oder zu heulen, aber jetzt kann ich an kaum etwas anderes denken. Fast bin ich so weit, zumindest teilweise an das New-Age-Klischee vom Wolf zu glauben, daran, dass er eine besondere Kraft besitzt und uns ein Gefühl der Freiheit und Ruhe gibt. So wie es die bekannte französische Pianistin Hélène Grimaud beschreibt: Rastlos und suchend, wie sie war, berührte sie zum ersten Mal einen Wolf und spürte »einen prickelnden Funken, eine Entladung im ganzen Körper, einen einzigartigen Kontakt, der sich in Armen und Brustkorb ausbreitete«. Dieser Kontakt, so Grimaud, erfüllte sie mit »einem sanften Gefühl … und ließ ein geheimnisvolles Lied in mir aufsteigen, den Ruf einer unbekannten Urkraft«.[9] Später gründete sie ein Wolfszentrum und schrieb das Buch *Wild Harmonies,* in dem es um Wölfe und Musik geht.[10]

Als ich aufwache, schicke ich erst einmal eine Nachricht an Stefan: »Shit, ich weiß gar nicht, wohin mit mir. Geht ihr heute Nacht raus?« Jetzt wissen wir doch endlich, wo sie sich aufhalten. Jetzt haben wir die Chance, uns ihnen zu nähern, ohne lange durch den Wald zu fahren.

Stefan antwortet: »Haha. Donnerstag, wenn das Wetter passt.«

Wo ist der Wolf?

»Wo ist der Wolf? Du dachtest, er ist tot, aber wie eine lebendige Lawine kommt das hungrige Tier«, heißt es in einem Song der norwegischen Band Imperiet, den ich höre, als ich durch dichten Fichten- und Kiefernwald nach Glaskogen fahre, nur vier Tage nach der letzten Tour. »Das ist der Wolf, den du da hörst. Der Hunger nach der Wildnis verlässt dich nie«, singen sie weiter. Jetzt liegt offene Landschaft vor mir, rot gestrichene Häuser, kleine Wäldchen und goldgelbe Felder. Und auf den Hauswiesen der värmländischen Holzhäuser, sei es in Koppom, Hämnäs oder Nannäcka, wachsen die Hofbäume, von schweren Eichen bis hin zu hellen, leichten Birken. Diese Hofbäume gehen auf heidnische Zeit zurück, während der Song verklingt. Sie standen für Macht, Erfolg, gutes Gedeihen, Glück und Kontinuität. In ihnen lebten die Geister derer, denen der Hof früher gehört hatte. Die Hofbäume durfte man nicht fällen, nicht einmal Zweige abbrechen: Das brachte Tod und Unglück über die Familie.

Von der Bedeutung der Hofbäume können wir eine direkte Linie zur kosmologischen Bedeutung des Baumes insgesamt ziehen, wie es Hans Børli in seinem Gedicht »Der Weg zur Ewigkeit« tut: »Und auf die Rückseite der Blätter einer Hausbirke / haben die Geister eine Karte / der Milchstraße gezeichnet.« In der altnordischen Mythologie kannte man die Weltesche Yggdrasil, den heiligsten Baum des Götterreiches Asgard. Yggdrasil wächst in der Mitte der Welt und ist das wichtigste Symbol unserer alten Mythologie. Sie gilt als Weltenbaum, Lebensbaum und Schicksalsbaum. Ihr Wipfel reicht bis an den Himmel, ihre Äste breiten sich über die ganze Welt aus. Yggdrasil hat drei Wurzeln: Eine streckt sich ins Land der Götter, eine ins Totenreich und eine ins Land der Riesen. Wo der Hofbaum für die Jahreszeiten und das Schicksal der Familie auf dem jeweiligen Hof steht, markiert Yggdrasil die Linie von der Schöpfung zum Untergang. Erst dann wird der Baum altern, schwarz werden und schließlich fallen.

So wie Yggdrasil eine zentrale Bedeutung in der altnordischen Mythologie hatte, so gab es auch in anderen Kulturen die Vorstellung eines Weltenbaumes. Bei den Sumerern und Babyloniern wuchs der Baum des Lebens im Tempelgarten, die Germanen nannten ihren Weltenbaum Irminsul. Im alten Ägypten glaubte man, der Himmel sei ein riesiger Baum, der sich über die ganze Erde ausstrecke, und die Sterne seien seine Früchte, die in den Zweigen schimmern. Diese Himmelsfrüchte, so nahm man an, schenkten den Göttern und den Seelen der Toten ewige Jugend und Weisheit. Im Schöpfungsmythos des Judentums und des Christentums ist das Baumsymbol zweigeteilt: Es gibt den Baum des Lebens und den Baum der Erkenntnis von Gut und Böse. Beide stehen in einem Garten, nicht in einem Wald. Siddharta Gautama, den man den Buddha nennt, erlebte vor 2500 Jahren sein Erwachen unter einem Feigenbaum und formulierte dort auch seinen achtfachen Lebenspfad. Der majestätische Feigenbaum steht heute noch da, der sogenannte Bodhi-Baum (ein *Ficus religiosa*) ist zumindest ein direkter Nachkomme des ursprünglichen Baumes. Heute gilt sein Standort als heiligster Ort des Buddhismus und als Mittelpunkt der Welt.

Maschinen graben sich bei Tag und Nacht durch den Wald und fällen heute auch Hofbäume, damit die Hausbewohner mehr Sonnenlicht und eine schönere Aussicht bekommen. Mystik und Aberglauben in Verbindung mit Bäumen sind an vielen Stellen in Vergessenheit geraten.[1] Doch bis heute stehen Bäume für Mythen und Märchen: In dem Film *Avatar* geht es um einen Seelenbaum auf dem Mond Pandora, einen heiligen Baum, mit dem die Bewohner des Planeten kommunizieren können. In *Herr der Ringe* stürzt ein Heer aus Bäumen den bösen Saruman und bringt die Welt zurück auf den rechten Weg. Als Charles Darwin versuchte, die Entwicklung von den Einzellern bis zu uns Menschen zu beschreiben, zeichnete er einen Stammbaum. Was werden künftige Archäologen sagen, wenn sie einen Weihnachtsbaum der heutigen Zeit ausgraben, der mit Glitzerzeug und funkelnden Kugeln geschmückt ist? Werden sie denken, sie seien auf einen Fichtenkult aus dem 20. Jahrhundert gestoßen? Trotz aller Bemühungen der Kirche, die heidnische Baumverehrung auszurotten, geht es zu Weihnachten in vielen Familien doch darum, einen Baum zu kaufen, ihn zu schmücken und darum zu tanzen. Das Jesuskind steht eher im Hintergrund.

Draußen im Glaskogen, nur zwanzig Kilometer von der Grenze entfernt, halte ich an einem Rastplatz an, um auf Stefan zu warten. Wenn es so weitergeht, lande ich bestimmt bald auf irgendeiner Fahndungsliste, denn mein Benehmen ist wirklich verdächtig: Regelmäßig fahre ich über die Grenze und parke an verlassenen Waldwegen, wo ich dann von einem fremden Auto aufgenommen werde, das in den Wald fährt. Und in der Regel komme ich erst spät in der Nacht wieder zu meinem Wagen und fahre dann nach Oslo, vorzugsweise über leere Waldwege, wo es keine Grenzstation gibt.

Es dämmert. Stefan und ich scannen das Gelände mit unseren Blicken. Wir sind wieder an der Stelle, wo wir beim letzten Mal die Wölfe gehört haben. Ein Weg führt hinunter zum Moor, wo das Gras braun ist und nur ein paar kleine, struppige Kiefern sich mühsam am Leben halten. Hinter dem Moor erhebt sich ein flacher, mit Kiefern bewachsener Bergrücken. Der Schwede glaubt, dass wir die Wölfe heute finden, aber er glaubt ja immer daran. Jedenfalls hat er darauf bestanden, dass wir noch im Hellen in den Wald fahren, weil wir dann mehr sehen.

Wir machen es genauso wie beim letzten Mal: Stefan heult, und wir warten auf Antwort. Auf einmal zerreißt ein lang gezogenes Heulen die Stille seitlich von uns, dann antwortet ein ganzes Rudel, schrill und in allen möglichen Tönen, auf der anderen Seite. Ich habe die Wölfe jetzt schon mehrere Male gehört, doch dieses Heulen ist einfach immer wieder faszinierend. Und es ist immer wieder anders. Einmal klingen die Welpen heller, während die Jungwölfe vom letzten Jahr und die Erwachsenen tiefere Stimmen erklingen lassen. Doch tatsächlich heulen sie immer wieder in unterschiedlichen Höhen, um den Eindruck zu erwecken, sie wären besonders viele. Und natürlich hat jedes Rudel seinen eigenen Dialekt.

Stefans Heulen klingt diesmal wie das eines Welpen, eher verspielt und gemischt mit jämmerlichem Fiepen. Er will allein heulen, ohne mich. Wer es nicht gelernt hat, kommt schlecht mit den Tönen zurecht. Das Rudel antwortet noch einmal. Die Welpen sind wieder im Moor, flüstert Stefan mir zu, aber auf der anderen Seite des Weges, nicht weit von uns, befindet sich ein erwachsener Wolf. Im Gegensatz zum letzten Mal fühlt es sich an, als wären wir von Wölfen umringt. Wenn der Spruch vom Fleischbrocken auf zwei Beinen jemals richtig war, dann jetzt.

Auf einmal hört Stefan auf zu heulen, streckt die Arme aus und signalisiert, dass wir uns jetzt absolut still verhalten müssen. Wir stehen da und lauschen wie so viele Male zuvor. Stefan hat aus dem Gebüsch neben uns ein leises Geräusch gehört. Es ist, als würde er eins mit dem Wald und würde alles wahrnehmen, jeden Zweig, der sich im Wind bewegt, jeden Vogel und jedes andere Geschöpf, das zwischen den Bäumen herumschleicht.

»Komm mit zum Weg und ins Moor«, sagt er leise, zieht mich zum Wegrand und hinter eine kleine Fichte. Es raschelt in den Büschen und im Heidekraut, jetzt höre ich es auch. Ich stehe da und spähe mit dem lichtstarken Zeiss-Fernglas in den Wald.

»Jetzt sind sie ganz nahe«, stellt Stefan fest, aber das braune Moor und der Schotterweg vor uns sind immer noch leer und ohne ein Lebenszeichen. Da wir uns zwischen den Jungwölfen und dem Leitrüden befinden, glaubt Stefan, dass die Wölfe jeden Moment auftauchen könnten. Aber so etwas hat er schon ein paar Mal gesagt, ohne dass irgendetwas passiert ist.

Ein Vogel schreit, Birkhahn oder Auerhahn, vermutet Stefan. Er wiederholt, dass die Wölfe jetzt da sind, vielleicht nur hundert Meter von uns entfernt. Sie sind es auch, die den Vogel aufgeschreckt haben. Ich glaube ihm, schon weil ich selbst höre, wie die Wölfe in unserer Nähe durchs Unterholz rascheln. Ich lasse das Fernglas durch den Wald schweifen, sehe jedoch nach wie vor nur nackte rotbraune Kiefernstämme, die eine oder andere Fichte, Heidekraut und Blaubeersträucher. Kein Wolf in Sicht. Noch einmal heult Stefan leise und jämmerlich, während wir unbeweglich im Heidekraut hocken. Wenn er jetzt lauter heulen würde, könnte das die Wölfe verschrecken, erklärt er mir. Noch ein Mal spähe ich in den Wald, ins Moor und den Weg entlang. Sie sind schwer zu erkennen, erklärt Stefan, die Welpen haben oft ein sehr dunkles Fell und verschwimmen mit dem Wald.

Dann flüstert er auf einmal ganz aufgeregt: »Da sind die Wölfe. Da sind sie. Auf dem Weg. Sie kommen auf uns zu!«

Verwirrt richte ich das Fernglas auf den Weg, starre angestrengt, aber ich sehe sie nicht. Tatsächlich habe ich sie viel weiter weg erwartet, unten am Rand des Moores. Erst als ich das Fernglas sinken lasse, stelle ich fest, dass sie schon viel näher sind. Auf diese Entfernung ist das Fernglas nicht eingestellt. Verdammt, denke ich, jetzt sind sie da, und ich fummle hier herum. Endlich habe ich die richtige Einstellung gefunden und sehe die drei Welpen mit dem struppigen dunkelgrauen Pelz. Sie sehen aus wie junge Schäferhunde und traben direkt auf uns zu.

Vor lauter Aufregung lasse ich das Fernglas los. Ich will diesen Augenblick festhalten, auf den ich seit fast zwei Jahren warte. Da sind sie, auf dem Weg, nur noch wenige Meter von mir entfernt. Ich fummle mit der Handykamera herum, will sie fotografieren und bin enttäuscht, dass das Licht nicht reicht. Trotzdem versuche ich es.

Stefan ärgert sich. »Hör auf damit! Du musst diesen Augenblick genießen!« Jetzt sind es schon fünf Wölfe, zwei weitere sind aus dem Wald gekommen. Einer ist größer als die anderen. »Das ist der Babysitter, ein Jungwolf vom letzten Jahr«, erklärt mir Stefan, während er schnell Zeit, Anzahl der Wölfe, ihr Aussehen und Alter in sein gelbes Notizbuch schreibt. Alle seine Erlebnisse sollen schließlich für die Nachwelt aufgezeichnet werden.

Während die Wölfe auf dem Weg anfangen zu spielen, erzählt er mir etwas über ihre hoch entwickelte Körpersprache. Große Augen: Was ist hier los? Zusammengekniffene Augen: Du stehst in der Rangordnung unter mir. Ohren zurück: Ich bin hier nicht der Bestimmer. Ohren nach vorn: Ich bin angespannt und will nicht, dass jemand über mich bestimmt. Auch wenn sie die Zähne zeigen, was Wölfe und Hunde oft tun, kann es Verschiedenes bedeuten: Gefletschte Zähne und flach angelegte Ohren sind ein Zeichen für Gefahr. Leicht zurückgelegte Ohren: Ich bin noch klein und harmlos. Und die

Rute. Niedrig gehaltene Rute: Du bist der Chef. Erhobene Rute: Hier bestimme ich.

Dann drehen die Welpen um. Erst traben sie, dann erhöhen sie ihr Tempo und rennen zurück in den Wald, gefolgt von den anderen beiden Wölfen.

Ich bin total fertig, gerührt, in Siegerstimmung. Ich denke an all die Stunden, die ich geopfert habe, die Wanderungen, Telefongespräche, Nervereien, die Vernachlässigung meiner Familie, meines Jobs, meiner Freunde. Aber dafür habe ich dieses unglaubliche, seltene Erlebnis bekommen. Geradezu unwirklich ist es, dass sie leibhaftig auf uns zugelaufen kamen, nicht nur ein Wolf, sondern gleich fünf. Ich schlage Stefan auf die Schulter und danke ihm. Er hat die Wölfe angelockt und gespürt, dass sie sich nähern. Die Legenden um den Schweden sind doch zutreffend: Er ist »der Mann, der mit den Wölfen spricht«.

»Und das ist ja erst der Anfang«, sagt er und sieht mich ernst an.

»Wie meinst du das?«

»Jetzt willst du alles sehen, nicht nur Wölfe, sondern auch Luchs, Vielfraß, weiße Elche, Bären …«

»Nein, hör auf«, unterbreche ich ihn. »Das schaffe ich nicht. Es wird wohl bei den Wölfen bleiben.«

Denn was ich in den letzten zwei Jahren getrieben habe, kostet mich ohnehin schon zu viel Zeit, und ich will nicht so werden wie Stefan. Sonst werde ich noch zu einer Art Wolf-Doppler und ziehe zu Hause aus, um im Wald bei den Wölfen zu leben. Schon beim letzten Mal in der Østmarka hatte ich das Gefühl, ich sollte nicht nach Hause gehen, sondern im Wald bleiben. Ein erschreckendes Gefühl.

»Du bist infiziert«, stellt Stefan fest, aber ich habe den Eindruck, für ihn ist dies das Ende des gemeinsamen Weges. Er hat mich seine Tricks gelehrt, jetzt muss ich allein zurechtkommen.

Es wird dunkel im Wald, das Licht verlöscht. Langsam greift die Nacht nach uns. Nur die Scheinwerfer der Maschinen in der Ferne stören den sternenklaren Nachthimmel über dem Glaskogen. Die Milchstraße sieht aus wie eine unendlich große, helle, dunstige Wolke aus lauter kleinen Punkten. Nirgendwo ist es so dunkel wie nachts im Wald, und nichts kann Fantasien vom Übernatürlichen so stark hervorrufen wie ein dunkler Wald. Es gibt Sagen von Toten, die auf rot glühenden Pferden durch den Glaskogen reiten, von Feenhochzeiten und Hexen, die auf ihren Besen über den Himmel reiten. »In älteren Zivilisationen war die Nacht von Dämonen erfüllt«, erklärt der Historiker Roger Ekirch.[2]

Die christliche Darstellung Gottes als ewiges Licht war ein Gegengewicht zu Dunkelheit und Chaos. Die Angst vor der Dunkelheit hat evolutionäre Ursachen, denn draußen im Dunkeln waren wir den Angriffen von wilden Tieren und Feinden eher ausgesetzt. Oder ist es so, wie Freud behauptet, dass unsere Angst vor der Dunkelheit eigentlich eine Angst vor der Trennung ist, ein Ergebnis der Tatsache, dass unsere Eltern uns im dunklen Kinderzimmer allein ließen? Fackeln, Kerzen, Öllampen, Straßenlaternen und Glühbirnen haben die Nacht verdrängt, denn wie schon Platon sagte: Böse Geister mögen den Geruch von Lampen nicht. Je mehr Beleuchtung dazukam und je weniger die Menschen noch an böse Geister in der Dunkelheit glaubten, desto mehr hat die Nacht ihre Aura von Schrecken und Geheimnis verloren.

»Da ist noch ein Wolf! Auf dem Weg, zehn Meter vor uns«, flüstert Stefan auf einmal. Ich drehe mich um, aber das Tier ist schon wieder im Wald verschwunden wie ein Spuk. Zehn Meter vor uns, wiederholt Stefan. Jetzt stöbern also sechs oder sieben Wölfe hier in unserer Nähe durchs Unterholz. Ich habe nicht nur Wölfe gesehen, ich sitze hier mitten in einem Wolfsrudel.

Sollte ich mich jetzt fürchten?, denke ich. Sollte ich mich an

Stefan klammern und ihn anflehen, mit mir zum Auto zu rennen, den Wald schleunigst hinter uns zu lassen? Tatsächlich scheint er es jetzt ein bisschen spannend machen zu wollen.

»Sie sehen zwar aus wie kleine Welpen«, sagt er leise, »aber sie haben schon gut entwickelte Zähne. Selbst ein kleiner Wolfswelpe könnte unseren Schädel ohne Weiteres knacken.«

Einmal hat er einen vier Monate alten Welpen im Wald beobachtet, der den Oberschenkel eines Elchs hochnahm und zerbiss, um an das Knochenmark heranzukommen.

Ich könnte jetzt langsam nervös werden beim Gedanken an das kräftige Gebiss, an 42 messerscharfe Zähne, die ihre Beute in Stücke reißen und unseren Schädel knacken können. Ich könnte mein Messer bereithalten oder die Silvesterrakete, die ich heimlich im Rucksack mit mir herumtrage. Aber ich fürchte mich nicht, und auch wenn es sich nach einem Klischee anhört: Ich wünsche mir nur eines, nämlich dass dieser Augenblick niemals endet, dass er immer und immer andauert.

Stefan holt das Nachtsichtgerät heraus, es ist jetzt wirklich sehr dunkel. Die Wölfe auf der anderen Seite des Weges werden bald herüberkommen, vermutet er, und richtig: Im grünlichen Schimmer des Nachtsichtgeräts sehe ich, wie die Welpen wieder auf den Weg kommen. Jetzt sind es mehr, vielleicht vier oder fünf. Dann kommt ein großer, langbeiniger Wolf übers Moor getrabt und überquert den Weg. Er sieht fast aus wie ein Elchkalb, mit langen Schritten läuft er in den Wald, und die Welpen folgen ihm.

»Der hatte eine weiße Rute, das war der Alpha-Rüde«, flüstert Stefan.

Dann sind sie weg, und wir stehen da und spähen in den Wald. Ab und zu stößt Stefan ein Heulen aus, und die Wölfe antworten vom Moor her.

»Wahnsinn! Die Wölfe heulen in einer sternenklaren Nacht«, platzt Stefan heraus. Wir machen noch eine knappe

Stunde weiter, doch die Wölfe bleiben im Moor, und irgendwann sagt Stefan, dass es jetzt reicht. Wie beim letzten Mal. Wir sollten sie nicht länger stören, erklärt er, und so gehen wir zurück zum Auto, suchen dabei den Weg nach Kot ab, aber auch nach Spuren und kleinen Insekten. Nachdem wir ein paar Meter gegangen sind, ruft mich Stefan zu sich. »Ein Glühwürmchen«, sagt er, und tatsächlich leuchtet es intensiv gelbgrün im Gebüsch. Eine komplexe chemische Reaktion sorgt dafür, dass diese kleinen Käfer so leuchten, sowohl um Feinde abzuschrecken als auch um Partner anzulocken.[3]

»Vergiss mich nicht«, sage ich zu Stefan. »Ich will bald wieder mitgehen.« Auch wenn ich spüre, dass das Ziel erreicht ist, kann ich mir nicht vorstellen, dass dies meine letzte Tour mit dem Wolfsmann gewesen sein soll.

Es wird still.

»Was erwartest du denn noch?«, fragt er ärgerlich. »Ich habe zehn Jahre – zehn Jahre, verstehst du? – im Wald gehockt, bis ich zum ersten Mal einen Wolf gehört habe. Und du hast sie schon vier Mal gehört und heute sogar sieben Wölfe in freier Wildbahn gesehen.«

Ganz offensichtlich findet er, dass es jetzt reicht. Aber die Sache ist die, er hat mir die Droge Wolf zu schmecken gegeben, und jetzt fällt ihm das auf die Füße. Er wird mich nicht mehr los. Unsere Freundschaft, oder wie auch immer man es nennen will, wird ein Leben lang andauern.

»Das war ein toller Abend, Glückwunsch«, schreibt er mir, als ich zu Hause angekommen bin. Er hat recht, so toll es auch gewesen sein mag, man will immer wieder hinaus. Man kriegt einfach nicht genug vom Wald und von den Wölfen.

Doch in den nächsten Wochen höre ich beunruhigende Dinge von ihm. »Im Moment passiert viel Böses hier«, schreibt er. Er hat Schüsse gehört, genau da, wo wir die Wölfe gesehen haben. Ein schwerer Pick-up ist ins Wolfsrevier gefahren, aggressiv und in schnellem Tempo, und hat eine Freundin von ihm verfolgt. Besonders bedenklich stimmt es ihn aber, dass er den Kontakt mit den Wölfen verloren hat und dass zwei von ihnen verschwunden sind: ein Welpe und ein erwachsenes Tier. Das Misstrauen zwischen Wolfshassern, Jägern und »Wolfskuschlern« hängt wie ein schwerer Nebel über dem Glaskogen.

Der Schuss

Der Winter geht zu Ende, aber im Moment liegt noch viel Schnee im Svarverudskogen. Umgeknickte Bäume liegen auf den Wegen, Opfer eines langen, schneereichen Winters. In der Aprilsonne hat der Kiefernwald jedoch sein weißes Kleid verloren und steht als dunkelgrüne Kulisse südlich von uns. Dass ich nach Svarverud gefahren bin, hat einen Grund: Mats hat mir eine MMS geschickt, auf der eine Wolfsspur zu sehen ist, mit einem Skistock als Maßstab. »Steinsvann heute«, steht knapp dabei, wie ich es von Mats gewohnt bin. Dann kommt nichts mehr von ihm. Nachdem ich ihn drei Mal angerufen und vier SMS geschickt habe, ohne eine Antwort zu kriegen, habe ich mich ins Auto gesetzt und bin rausgefahren. Diese Chance kann ich mir nicht entgehen lassen. Denn nach einem Winter mit unzähligen Spurensuchertouren spüre ich den Wunsch, es endlich auch mal hier in Svarverud zu versuchen. Hier hat das Ganze ja vor zwei Jahren angefangen, mit einer Wanderung, die alles andere als ein Erfolg war.

Als ich auf den Hof fahre, kommt Mats aus dem Hühnerstall, den Arm voller Eier. Der Wolf ist direkt am Hof vorbeigekommen, unten am Nøavann, und ist dann auf den zugefrorenen Seen weiter nach Süden gelaufen. Mats verspricht, mir die Spuren zu zeigen, aber die Schafe lammen, und er muss, wie üblich, erst noch ein paar Dinge erledigen. Während ich warte, richte ich mich in der gelb gestrichenen zugigen Knechtstube ein, die als Einzelhütte einen Steinwurf vom Haupthaus entfernt steht. Ich heize den Ofen an, setze mich auf das hellgraue Sofa und ziehe ein paar Bücher aus dem Rucksack. Nach einer manischen Phase, in der ich mich nur noch mit Wölfen beschäftigt habe, vertiefe ich mich jetzt wieder mehr in den Wald und seine Geschichte. Vor allem lasse ich mich von den mächtigen Wäldern faszinieren, die vor mehr als 45 Millionen Jahren große Teile der Arktis bedeckten, in einer Epoche, die man Paläogen (das erste Erdzeitalter) nennt.

Im Studium habe ich zwei Wochen mit einem Kurs auf Spitzbergen verbracht. Wir nahmen Boote mit und wurden mit dem Hubschrauber transportiert; es muss der teuerste Kurs jener Zeit gewesen sein. Wir untersuchten dort, wie sich große Mündungsgebiete ins Meer hinaus erstreckt hatten, kartierten die Berghänge und sammelten Blattfossilien, die 55 Millionen Jahre alt waren. Die Blätter waren unseren heutigen sehr ähnlich, Buche, Hasel, Ulme und Ahorn, Blütenpflanzen, die sich im Paläogen rasant entwickelten. Außerdem wuchsen dort Mammutbäume, die es heute nur noch in Nordamerika gibt. Analysen fossiler Nadelbäume haben die jährliche Durchschnittstemperatur zur damaligen Zeit auf fünfzehn bis achtzehn Grad festgelegt, obwohl sich Spitzbergen damals nur wenig südlicher befand als heute. Das globale Klima war wärmer, nicht zuletzt, weil das CO_2-Niveau zwischen 0,08 und 0,11 Prozent lag, also mehr als doppelt so hoch war wie heute.

Die Warmzeiten des Paläogen haben auch noch einige andere eigentümliche Dinge hinterlassen. Im Norden von Kanada, auf Axel Heibergs Island, 82 Grad nördlicher Breite, stehen 45 Millionen Jahre alte fossile Baumstämme in der eiskalten Heidelandschaft, Reste von Wäldern, die sich der drei Monate andauernden Dunkelheit im Winter angepasst hatten, ebenso wie der *Glossopteris*-Wald des Permzeitalters am Südpol. Die Baumstümpfe in Kanada sind noch nicht versteinert, sie bestehen nach wie vor aus Holz. Die ersten Forscher, die sie untersuchten, heizten damit sogar ihre Öfen an. Interessanterweise findet man auch Fossilien von Schildkröten und Alligatoren aus jener Zeit auf Ellesmere Island, also ebenfalls im arktischen Teil von Kanada. In der Antarktis, die heute von Eis bedeckt und kahl ist, standen riesige Laubwälder, während die tropischen Regenwälder, die sich nun wie ein Gürtel um den Äquator ziehen, sich bis nach Südeuropa und Nordamerika zogen. Die Erde ist einmal ein Waldplanet gewesen.

Auf diesem »grünen Planeten« haben sich die Säugetiere ausgebreitet. Die Saurier hatten bei ihrem Aussterben eine Art Nische hinterlassen. Ich will hier nur einige Höhepunkte einer komplexen und verwinkelten Geschichte erwähnen: Vor 53 Millionen Jahren tauchten die ersten Primaten auf, unsere fernen Vorfahren, und bildeten die *Archicebus*-Familie. Sie waren klein und mickrig, sahen aus wie Lemuren und lebten in den Bäumen, wo sie sich von Früchten und Insekten ernährten. Dort entwickelten sie die Fähigkeit zu greifen, was zur Entstehung unserer Hände geführt hat, eine Voraussetzung dafür, dass ich diese Sätze hier schreiben und dass jemand mein Buch halten kann. Außerdem eigneten wir uns dort oben in den Baumwipfeln ein im Vergleich mit vielen anderen Tierarten ausgezeichnetes Farbsehvermögen an, sodass wir zwischen reifen und unreifen Früchten unterscheiden konnten. Mit anderen Worten: Unser heutiger Körper ist stark vom Leben unserer Vorfahren in den Bäumen geprägt.

Gleichzeitig mit unseren lemurenartigen Vorfahren entwickelten sich die ersten Vorfahren der heutigen Raubtiere einschließlich des Wolfs: die sogenannten *Miaciden.* Fossile Schädel aus dieser Zeit zeigen gut entwickelte Zähne, mit denen diese Tiere reißen und schneiden konnten, damals wie heute.

Vor 42 Millionen Jahren kühlte sich das Klima ab. Antarktis und Südamerika verlagerten sich, und ein kalter Meeresstrom umspülte den südlichsten Kontinent. Der Schnee vom Vorjahr schmolz nicht mehr ganz ab, sodass allmählich Gletscher wuchsen, die sich in Millionen Jahren zu einer großen Inlandseisfläche zusammenfügten. Gleichzeitig führte die Entstehung der Himalaja-Bergkette, so eine Theorie, zu einer verstärkten Verwitterung, sodass große Mengen CO_2 der Atmosphäre entzogen wurden.[1] Frost und Trockenheit zwangen die Wälder in der Arktis sowie der Antarktis zum Rückzug, und auch die tropischen Wälder machten allmählich riesigen Grasflächen Platz, den Prärien, Savannen und Steppen. Die Säugetiere passten sich an und wurden größer, sodass Huftiere und Schnabeltiere entstanden. Auch die Raubtiere wurden kräftiger; die Familie der Caniden (Hundeähnlichen) entwickelte sich. Sie waren die Vorläufer der heutigen Wölfe und Füchse.

Einzelne Primaten wagten sich bald auf den Waldboden und in die Savannen hinaus. Und wenn man jetzt ein paar Millionen Jahre weiterspult, sieht man, dass zwar alle unsere Vorfahren vermutlich auf zwei Beinen gehen konnten, dass sich aber eigentlich erst der Frühmensch *Ardipithecus ramidus,* kurz auch Ardi genannt, hauptsächlich aufrecht fortbewegte. Wir stehen damit im Reich der Wirbeltiere fast einzigartig da, nur ganz wenige heute existierende Arten haben etwas Ähnliches entwickelt, beispielsweise die Kängurus und die Pinguine.[2] Aber warum ließen unsere Vorfahren das Leben auf den Bäumen hinter sich? Eine Theorie lautet, dass die Konkurrenz zu groß wurde, eine andere, dass unsere Vorfahren, nachdem sie die Hände frei hatten, Werkzeuge greifen und bearbeiten konnten. Das gilt auch und vor allem für Steine, die sie als Waffen benutzten. Vielleicht hätten wir einfach auf den Bäumen bleiben sollen …

Die Wolfsspuren führen schnurgerade am Ufer des Nøavann entlang. Nur gut hundert Meter entfernt steht das weiße Wohnhaus von Svarverud. So nah war der Wolf also an den Hof herangekommen. Ich habe Mats endlich, wenn auch leicht widerstrebend, dazu gebracht, sich ein Weilchen von seinen Pflichten loszureißen. Gemeinsam folgen wir der Fährte, zuerst über den Nøavann, dann über den Steinsvann. Seit unserer ersten Tour vor zwei Jahren haben wir viel mehr Routine entwickelt. Schnell gelingt es uns, die Trittsiegel des Wolfs von Hundespuren zu unterscheiden. Wenn wir die Wolfsspur verlieren, weichen wir zur Seite aus und gehen in großen Kreisen, bis wir sie wiederfinden. Wachsam halten wir nach Fellhaaren Ausschau, aber auch nach Kot und Urin, die wir für DNA-Analysen gebrauchen können.

Als wir der Wolfsfährte über den zugefrorenen See folgen, ziehen wir eine Bilanz des letzten Herbstes und Winters. Ein paar Mal sind in der Gegend um Svarverud Wölfe gesehen worden, berichtet Mats, und die Tiere haben in seinem Wald auch einen Elch gerissen. Mats' Freund, der Elchjäger, hat sogar Wölfe heulen gehört, und selbst er hat zugeben müssen, dass es ein schönes, besonderes Erlebnis war. Ansonsten hat Mats im Boksjø-Revier bei Halden, im Rømskog und nicht zuletzt in Mangen nach Spuren gesucht. Ironischerweise, so erzählt er, hat sein Ururgroßvater Christian Haneborg, der Svarverud gekauft hat, dort die vielleicht legendärste Wolfsjagd in Norwegen angeführt. Es war fast wie ein Kriegszug: Ein Heer von fünfhundert Jägern wurde in vier Abteilungen aufgeteilt, die aus allen vier Himmelsrichtungen in den Wald von Mangen vordrangen.[3] Sie zogen mit Luren und Trommeln durch den Wald, um die Wölfe aufzuschrecken und einzukreisen. Fünf Wölfe wurden aufgespürt, zwei abgeschossen.

Mein Interesse hat nicht abgenommen, seit ich im Glaskogen sozusagen mit den Wölfen getanzt habe. Im Gegenteil, es ist eher stärker geworden. Jetzt nehme ich mir ernsthaft das Rudel in der Østmarka vor, die einfach schneller zu erreichen ist als der Glaskogen. Dabei komme ich allein ganz gut zurecht, meine Wanderungen sind nicht mehr so planlos, ich lande wesentlich mehr Treffer, auch mithilfe von Wanderern, Waldarbeitern, Langläufern und Bauern, die ich kennengelernt habe.

Schon im letzten Herbst hatte ich ein paar Durchbrüche, habe Wolfskot, ein totes Beutetier und nicht zuletzt Spuren gefunden. »Du bist wirklich auf dem richtigen Weg … cool und spannend«, hat Stefan mir aufmunternd geschrieben. An einem Tag im Frühherbst habe ich im menschenleeren Wald in der Østmarka geheult, und ich habe tatsächlich Antwort bekommen. Zuerst dachte ich, es wäre wirklich ein Wolf und ich hätte endlich den richtigen Ton getroffen. Aber so richtig echt hörte es sich nicht an, und als ich später auf dem Weg frische Fußspuren von Menschen fand, wurde mir klar, dass sich jemand einen Scherz mit mir erlaubt hatte – entweder ein Wanderer oder jemand, der aus dem gleichen Grund unterwegs war wie ich.

Ein paar Wochen später lief es besser. Da war ich mit einem Freund unterwegs, und wir heulten. Die Antwort, die wir bekamen, war ein eher hoher Schrei, direkt vor uns im Unterholz. Wir fuhren echt zusammen, weil es so durchdringend klang und laut durch den dunklen Nadelwald schallte. Was zum Teufel war das?, dachten wir. Und nach frenetischem Googeln stellten wir fest, es war ein Fuchs. Ein ziemlich frecher Fuchs, der unsere Kunst, mit den Wölfen zu heulen, nicht recht anerkennen wollte. Denn er antwortete nicht mit einem ängstlichen Bellen, sondern schickte uns ein Brunstgeheul, das nach Ansicht von Leuten, die sich auskennen, in etwa bedeutete: »Hier bin ich, und ich bin gut in Form.«

Meine Familie blieb auch nicht verschont. Statt der alljährlichen Herbsttour nach Paris fuhren wir in ein einsam gelegenes Haus im Glaskogen, das ich gemietet hatte – ein Arrangement, das zu einer kurzfristigen Eiszeit zwischen mir und meiner Teenager-Tochter führte. Wir wollten uns entspannen, wandern und das Wolfsrevier bei Tageslicht studieren. Aber als der Verwalter, ein älterer Mann, der ebenfalls Wölfe beobachtet, mir kürzlich aufgenommenes Geheul auf dem Handy vorspielte, spürte ich die Entzugserscheinungen wieder und kommandierte die ganze Familie hinaus in den Wald, dorthin, wo der Verwalter die Wölfe gehört hatte.

Wir fuhren auf Forststraßen durch die Finsternis, blieben immer wieder stehen und heulten. Zuerst ich, dann meine Frau und schließlich die drei Kinder. Eine herrliche Symphonie meines eigenen Rudels, aber wenn ich behaupten wollte, dass es sich anhörte wie Wolfsgeheul, müsste ich lügen. Schließlich stellte ich das Auto am Ende eines Weges ab, und als wir ausstiegen, klammerten sich die Kinder an ihre Mutter. Es war eine stockdunkle Nacht, der Wald stand dicht und finster um uns herum, ein ungewohntes Erlebnis für Stadtkinder, die sich schon allzu sehr an die ständige Helligkeit gewöhnt haben.

Ich bat meine Welpen, ganz still zu sein, legte die Hände an den Mund und stellte mich breitbeinig hin, so wie ich es bei Stefan gesehen hatte. Dann schickte ich mein jammerndes Geheul in die Nacht. Erst war es ganz still, dann stieg hinter einem mit Kiefern bewachsenen Bergrücken ein Schrei auf. Es war kein Wolf, sondern irgendein Vogel, wahrscheinlich ein Waldkauz, gefolgt vom Hohngelächter meiner Kinder.

Der Höhepunkt des Winters waren jedoch die Spuren von drei Wölfen in der Østmarka – ein Meilenstein. Über Felder und durch dichten Wald folgte ich den Fährten, und in einem

Fichtenwald mit nackten, kupferbraunen Stämmen fand ich ein totes Reh, noch wenig angefressen, aber ohne Kopf. Aus irgendeinem Grund hatten die Wölfe nur ein paar Bissen Fleisch herausgerissen und sich dann über den Kopf hergemacht. Danach waren sie wahrscheinlich gestört worden und mit dem Kopf in den Wald gelaufen. Allerdings waren es nur drei Spuren, eine fehlte, denn im Herbst waren hier noch vier Wölfe gesichtet worden. Ein paar Tage später bekam ich die Bestätigung: Der Alpha-Rüde, der sich ein paar Mal auf den Äckern von Kirkebygda hatte blicken lassen, war spurlos verschwunden. Es hagelte Beschuldigungen, denn die Experten hielten es für wenig wahrscheinlich, dass er eines natürlichen Todes gestorben, von einem Elch angegriffen worden oder ertrunken sein könnte. Und so blieb eigentlich nur eine Möglichkeit: Wilderei. Auf solche Beschuldigungen reagieren die Jäger in der Østmarka heftig, die meisten sicher aus gutem Grund. Aber wäre ich ein Jäger oder Wolfshasser und säße allein im Wald auf Posten, was würde ich tun, wenn der Alpha-Rüde dahergeschlendert käme?

Nicht genug damit, dass der Østmarka-Rüde verschwunden ist, auch die Hobøl-Wölfin wurde nicht mehr gesehen, die Wölfin, der ich bei meiner ersten richtigen Spurensuche gefolgt bin. Das kommt mir sehr verdächtig vor, und ich bin damit nicht allein. Denn wie ein Mitglied der Verwaltung schon sagte: Die illegale Jagd wird von professionellen Jägern ausgeübt, die die Schnauze halten und nicht damit prahlen.

Aber es verschwinden Wölfe nicht nur auf rätselhafte Weise, so wie in Glaskogen, Hobøl und der Østmarka, es wurden auch 42 legale Abschüsse freigegeben. Es gab Prozesse und Streit deswegen, selbst der amerikanische Schauspieler Leonardo DiCaprio plädierte auf Instagram dafür, die Wolfsjagd abzublasen. Während die Schweden 22 Wölfe aus einem Bestand von geschätzten 355 Tieren herausnehmen durften, hieß es hier in Norwegen, fast die Hälfte des Bestandes würde zum Abschuss freigegeben.[4] Zwei Reviere, nämlich Julussa und Osdalen, sollten komplett aufgegeben werden.

Die Jagd auf Wölfe hat eine lange Tradition. Ein amerikanischer Biologe drückte es so aus: »Sie ist die erbarmungsloseste und rücksichtsloseste Verfolgung einer Art durch eine andere, die jemals stattgefunden hat.« Seit die Menschheit vor mehr als zehntausend Jahren die ersten Haustiere domestizierte, schwelt der Konflikt, auch wenn die ersten schriftlichen Aufzeichnungen über eine Wolfsjagd erst aus dem Jahr 46 stammen, zur Zeit von Solon in Athen. Die Dämonisierung des Wolfs im christlichen Mittelalter führte dazu, dass die Jagd systematischer betrieben wurde, beispielsweise in Form der »louveterie« in Frankreich. Sogar eigene Jägercorps wurden eingerichtet. Auch in Skandinavien gab es Abschussprämien und eigene Jagdgesetze, um der Wölfe Herr zu werden.[5] Ab Mitte des 19. Jahrhunderts wurden über Jahrzehnte hinweg jedes Jahr hundertfünfzig bis dreihundert Wölfe in Norwegen erlegt.

Während der Wolf in Skandinavien Anfang des 20. Jahrhunderts praktisch ausgerottet war, setzte sich die Jagd in Nordamerika und Russland intensiv fort. In den USA wurde ein eigenes Bundesgesetz zur Bekämpfung von Raubtieren und Nagern verabschiedet; in den Zwanzigerjahren wurden pro Jahr mehr als 20 000 Wölfe abgeschossen.[6] In den meisten Bundesstaaten wurde der Wolf ausgerottet. Wo ein dreister und fähiger Wolfsjäger in Skandinavien am Ende seines Lebens vielleicht ein Dutzend Wölfe auf dem Gewissen hatte, erlegten manche amerikanischen Wolfsjäger mehrere Tausend. Auch in der Sowjetunion wurde der Wolf intensiv bejagt. Von 1917 bis 1992 wurden schätzungsweise 1,6 Millionen abgeschossen.[7]

Die Jagdmethoden waren im Laufe der Geschichte kreativ und vielfältig. Man hat Wölfe in Gruben gefangen, sie mit Ködern angelockt und auf raffinierte Weise Adler dazu angelernt, sie zu jagen (vor allem in Finnland und Kirgisistan). Wenn die Jäger Welpen fanden, töteten sie alle bis auf einen, den sie in einen Baum hängten, bis der schreiende Kleine die Mutter anlockte, sodass sie in Schussweite kam.[8] Außerdem arbeitete man mit Aasködern, die mit Gift präpariert waren, in der Regel mit Wolfsflechte, Arsen oder Strychnin. Mit Strychnin hat man beispielsweise in einer einzigen Nacht im Februar 1844 in Ullevaal bei Oslo acht Wölfen den Garaus gemacht.[9]

Als die Jagd auf das Julussa-Rudel lief, fuhr ich in die Gegend, um zu sehen, wie die Stimmung war. Nachdem ich über endlose, monotone, schneebedeckte Kiefernflächen gefahren war, kam ich nach Deset nördlich von Rena im Østerdalen. Dort traf ich auf eine ganze Kolonne Pick-ups mit Jägern, die von der Straße abbogen und in den Wald donnerten, angeführt von einem kräftigen, sehr bestimmt auftretenden Jagdleiter in orangefarbener Kleidung. Es wirkte, als wäre Krieg. Eigentlich war ein Ruhetag für die Jäger angesetzt worden, aber nachdem ein Langläufer Spuren in der Nähe der Loipe entdeckt und dies der Jagdleitung gemeldet hatte, ging es weiter. Die Forststraßen wurden für den normalen Verkehr gesperrt, damit die Geländewagen der Jäger durchfahren konnten. Ein Neunzehnjähriger stellte fest: So viel Zusammenhalt hat es hier im Dorf seit dem Zweiten Weltkrieg nicht mehr gegeben.

Tief im Wald war die Jagd in vollem Gange, und zwar heftig. Denn der Wolf mit seiner Intelligenz und den extrem empfindlichen Sinnen ist besonders schwierig zu jagen, erklärte mir der Jagdleiter. Während ich dastand, hörte ich alle möglichen Geschichten über die Schäden, die die Wölfe am Elchbestand angerichtet hätten, über Angriffe auf Hunde und dass das Leben auf dem Land einfach nicht mehr dasselbe sei, seit es hier Wölfe gäbe. Fast taten mir die Leute leid. Skilangläufer, Großmütter, Mütter, Kinder, Fernfahrer, Ex-Weltmeister im Biathlon, Waldbesitzer – alle klagten sie über den Wolf.

Und die Wölfe kämpften im Wald vor uns um ihr Leben. Denn selbst wenn sie die Jäger mehr als einmal austricksten, hatten sie ein Problem: Die Übermacht war viel zu groß. Mehr als fünfzig Jäger mit geladenen Gewehren waren hinter ihnen her. Da half es auch nichts, dass Jagdgegner an einer Stelle Lautsprecher aufgestellt hatten und dröhnende Musik spielten. Denn die Wölfe, die sich durch die Spuren im Schnee verrieten, wurden von drei erfahrenen, gut ausgebildeten Typen auf Schneemobilen verfolgt und gnadenlos in Richtung der fünfzig Schützen getrieben, die sich im Gelände postiert hatten. Und so kam es, wie es kommen musste. Um 14:54 Uhr knallte ein Schuss durch den schönen, frostkalten Kiefernwald. Der Jagdleiter stellte mit zufriedenem Blick fest, dass der Wolf tot war, der vierte in drei Tagen.

Eine Stunde später standen wir auf einem Feld und hielten im Abendrot Leichenschau. Pick-up um Pick-up kam auf den Parkplatz gefahren, fast als wäre ein Dorffest im Gange, als würde der Unabhängigkeitstag am 17. Mai gefeiert oder ein Dorfprominenter beerdigt. Schließlich hatten sich um die hundert Bewohner der Gegend sowie die tarnfarben gekleideten Jäger versammelt. Die Wolfsanhänger oder »Aktivisten«, wie der Jagdleiter sie nannte, wurden von einer Gruppe Jäger an der Kreisgrenze aufgehalten. Die Stimmung war nicht überreizt, wie ich voller Vorurteile angenommen hatte, sondern eher andächtig. Als der Wolf aus einer grünen, blutverschmierten Persenning ausgepackt wurde, erklang nicht etwa Jubel im verschneiten Wald, sondern es herrschte Stille. Es wurde ein wenig gemurmelt, und ich hörte einen Jäger hinter mir zu einem anderen sagen, es sei ein schönes Tier. TV2 filmte, der Wolf wurde gewogen und gemessen. Bevor ich nach Hause fuhr, schlich ich mich im allgemeinen Gewimmel hin und fuhr mit der Hand durch den dicken graubraunen Winterpelz mit den Blutflecken. Und ich empfand nichts.

Die Schatten der Fichten recken sich um den zugefrorenen See Steinsvann im Svarverudskogen wie Zähne in einem kräftigen Wolfskiefer. Nur unsere Schritte sind in der Stille zu hören. Es ist eine schöne Spurensuche. Die Wolfsfährte ist frisch, und man kann ihr leicht folgen, da sie nicht von Hunde- oder Menschenspuren verwischt ist. Am Südende des Sees ist der Wolf auf eine Forststraße eingebogen. Dort ist der Schnee geräumt, sodass man die Trittsiegel fast nicht sehen kann.

Während Mats und ich weitersuchen, sehe ich eine Ansammlung von kräftigen Bärlappen an einem Bach – Überlebende einer großen, in der Vorzeit weitverbreiteten Pflanzenfamilie. Ich frage Mats, ob er weiß, um welche Art es sich handelt, und er vermutet, dass es ein Dorniger Moosfarn ist. Ich weiß es besser und kann dem Herrn Biologen erklären, dass es sich um einen echten Bärlapp handelt, der allerdings in dieselbe Familie gehört wie der Dornige Moosfarn. Dann erzähle ich von den Bärlappwäldern, die einmal unseren Planeten bedeckten und als kleine, kriechende Gewächse geendet sind.

Der Wald ist ein Mosaik aus unzähligen Arten, die aus verschiedenen Perioden unserer Vorgeschichte stammen und in einem Ökosystem miteinander verbunden sind. Die nackten, frostkalten Laubbäume strecken ihre Wurzeln bis in die Kreidezeit, als die ersten Blütenpflanzen entstanden, während die primitiven, standhaften Fichten der dreihundert Millionen Jahre alten Gruppe der Nacktsamer angehören. Vom Bärlapp ausgehend, der vor etwa vierhundert Millionen Jahren entstand, dreht sich die Zeitspirale weiter bis hin zu Moosen und Flechten, zu Algen und Bakterien und schließlich zum »ersten Beweger«, einem Molekül, das aus irgendeinem Grund anfing, sich selbst zu kopieren. Alle diese Arten haben sich dem Leben im Wald angepasst, haben ihre Methode gefunden, alle Herausforderungen des Lebens zu meistern – und ihre Familie fortzupflanzen. »Es gibt etwa vier Millionen Tier- und Pflanzenarten auf der Welt. Vier Millionen unterschiedliche Lösungen für das Problem, am Leben zu bleiben«, hat der britische Naturforscher und Moderator David Attenborough einmal gesagt. Einige Pflanzen- und Tiergruppen haben ihre große Zeit hinter sich, für andere hat sie gerade erst begonnen, und genau das macht den Wald so bunt und vielfältig. Mit dem Wald vor mir und den Wölfen, die irgendwo darin herumschleichen, geht mir der Gedanke durch den Kopf, dass unsere Wurzeln irgendwo tief in der Vorzeit alle zusammenlaufen.

Es gelingt uns nicht, den Wolfsspuren auf der Forststraße noch weiter zu folgen; nach einer Weile geben wir auf. Bevor wir umkehren, schauen Mats und ich uns an, und ohne eine Miene zu verziehen, stellen wir uns auf, legen die Hände an den Mund – und heulen. Kraftvoll dröhnt es über die Berge und hallt zwischen den Kiefern, bevor es abbricht, weil wir lachen müssen. Und so stehen wir da, biegen uns vor Lachen, und der dämmrige Wald ist unser einziger Zeuge.

Dank

Ein ganz besonderer Dank geht an Vibeke (für alles), an Harald Engelstad (für wertvollen Rat im Laufe von drei Jahren), Aage Paus (oder von Stock, für inspirierende Gespräche über die Geschichte des Waldes – ich freue mich schon auf die nächsten Touren), Finn Audun Grøndahl (für Urwaldtouren, Feengeschichten und Kommentare), Kristian Angard (der das Buch durchgecheckt hat), Gard Paulsen (für Mittagessen und Mitlesen), Henrik Svensen (fürs Vermieten der Hütte und kritische Blicke), Harald Korsmo (für all sein Waldwissen), Ole Knut Steinset (für alles, was ich über die Wölfe gelernt habe), Ivar Larssen-Aas (für sein nervtötendes Suchen nach Fehlern im Manuskript) und Klaus Høiland (für guten Input als Fachberater). Und last but not least ein Riesendankeschön an Mats (und Hanne) und Stefan (und Maria), die mich für eine Weile in ihr Leben aufgenommen haben.

Und außerdem danke ich für gute Gespräche, Tipps, Kommentare zum Text, Hilfe und Informationen: Thore Lie, Jørn Hurum, Steinar Wikan, Esben Bø, Jan Huseklepp Wilberg, Claes Elven, Frøydis Eide, Anne Sverdrup-Thygeson, Kjetil Bevanger, Øystein Flagstad, Aksel Granhus, Per Harald Salvesen, Kristin Brandsegg, Christer Holte, Morten Bergan, Jan Swensson, Johan Petter Nystuen, Eva Bjelland Müller, Anine Müller, Reidas Müller senior, Arnkjell Johansen, Ken Olaf Storaunet, Øystein Brevig, Ingar Gundersen, Geir Birger Bylterud, Jan Gunnar Grøtvedt, Eike Müller und Ketil Skogen.

Und obwohl so viele daran mitgewirkt haben, die Fakten zu checken: Alle Fehler oder Mängel dieses Buches liegen ganz und gar in der Verantwortung des Autors.

Quellen und Empfehlungen zum Weiterlesen

Der Wald ist ein großes Thema, und wie ich schon anfangs geschrieben habe, kann man in einem Buch wie diesem nur an der Oberfläche kratzen. Um das ein wenig auszugleichen, habe ich einige Zusatzinformationen in die Anmerkungen gepackt. Ein großer Teil der Literatur, die in der folgenden Liste aufgeführt ist, wurde als Quellen benutzt. Außerdem habe ich Nachschlagewerke wie Wikipedia und das *Store norske leksikon* zurate gezogen. Ein Teil der Informationen stammt auch aus Diskussionen, Interviews und E-Mail-Korrespondenz mit Fachleuten. Sie sind in der Danksagung aufgeführt.

Zur Naturgeschichte des Waldes

Beerling, D., 2007: *The Emerald Planet: How Plants Changed Earth's History*. Oxford University Press

Edwards, E. u.a., 2017: »Convergence, Consilience, and the Evolution of Temperate Deciduous Forests«, *The American Naturalist*, Vol. 190, S. 87–104

Hanson, T., 2015: *The Triumph of Seeds: How Grains, Nuts, Kernels, Pulses, and Pips Conquered the Plant Kingdom and Shaped Human History*. Basic Books

Jahren, A. H., 2017: *Alt jeg vet om planter* [Alles, was ich über Pflanzen weiß]. Stenersens forlag

Kolbert, E., 2016: *Den sjette utryddelsen* [Das siebte Massensterben]. Mime forlag

Morris, J. u.a., 2018: »The Timescale of Early Land Plant Evolution«, PNAS

Müller, R., 2014: *Det som ble Norge* [Wie Norwegen entstand]. Aschehoug

Schlesinger, W. H., 1991: *Biogeochemistry: An Analysis of Global Change*. Academic Press
Thomas, P., 2014: *Trees: Their Natural History*. Cambridge University Press
Tunstad, E., 2014: *Evolusjon – Basert på en sann historie* [Evolution – eine wahre Geschichte]. Humanist forlag
Williams, M., 2003: *Deforesting the Earth: From Prehistory to Global Crisis*. University of Chicago Press
Willis, K. & McElwain, J., 2014: *The Evolution of plants*. Oxford University Press
Wilson, J. P., 2014: *Physiology of Glossopteris*. GSA Annual meeting
Auch die BBC-Sendung *How to Grow a Planet* ist empfehlenswert. Man findet sie auf YouTube.

Zur Wissenschaftsgeschichte, Philosophie und Kulturgeschichte des Waldes

Amas, K.O., 2000: *Ludwig Wittgenstein*. Gyldendal
Berg Eriksen, T., 2000: *Reisen gjennom helvete* [Die Reise durch die Hölle]. Universitetsforlaget (Über Dante – behandelt u.a. das Bild des Waldes im Mittelalter)
Bowler, P. J., 2000: *The Earth Encompassed*. W.W. Norton & Company
Brusewitz, G., 1996: »Älgens europeiska historia« [Europäische Geschichte des Elchs], Vorwort zu *Det stora djuret: En 1500-talsskrift om älgen* [Das große Tier: Eine Abhandlung über den Elch aus dem 16. Jahrhundert; 1851) von Apollonius Menabenus
Christensen, A., 2015: *Ut i det fri* [Hinaus ins Freie]. Pax forlag
Diamond, J., 2012: *Kollaps*. Spartacus
Ekman, K., 2007: *Herrarna i skogen* [Die Herren des Waldes]. Albert Bonniers Forlag
Ekirch, R., 2005: *At Day's Close: A History of Nighttime*. Norton
Englund, P., 1992: *Fortidens landskap* [Die prähistorische Landschaft]. Universitetsforlaget
Ernvik, A., 1966, 1968: *Folkeminnen från Glaskogen* [Volkskultur des Glasskogen], Bd. I & II. Lundequistska Bokhandeln

Gierløff, C., 1920: *Skogen og folket* [Der Wald und die Menschen]. Aschehoug
Harrison, R., 1992: *Forests: The Shadow of Civilization.* University of Chicago Press
Hessen, D. O. 2007: *Carl von Linné.* Gyldendal
Hessen, D. O., 2008: *Natur – hva skal vi med den?* [Natur – was sollen wir damit anfangen?] Gyldendal
Hodne, O., 1993: »Naturoppfatning i norske folkeeventyr« [Naturvorstellungen in norwegischen Volksmärchen], *Norveg – Tidsskrift for etnologi og folkloristikk*, nr. 1.
Høeg, O.A., 1976: *Planter og tradisjon* [Pflanzen und Tradition]. Universitetsforlaget
Høiland, K., 2017: »Mystisk organisme på 8 meter kan være sopp« [Rätselhafter 8 m großer Organismus könnte ein Pilz sein], Titan.uio.no.
Kaplan, R. & Kaplan, S., 1989: *The Experience of Nature.* Cambridge University Press
Kvant, C., 2017: *Trädets tid* [Die Zeit des Baumes]. Norstedts
Linné, C. von, 1889: *Carl von Linnés ungdomsskrifter* [Carl von Linnés Jugendschriften], 2. serien, samlade af Ewald Ahrling. P. A. Norstedt & Soner Forlag
Linné, C. von, 2016: *Lapplandsresan* [Die Lapplandreise]. Ny utgave, Mimer bokforlag
Magnus, Olaus, 2010: *Historia om de nordiska folken* [Geschichte der nordischen Völker]. Gidlunds forlag.
Mykland, K. (Hg.), 1992: *Norges historie* [Norwegische Geschichte]. 3. utgave. Cappelen
Perlin, J., 1989: *A Forest Journey: The Story of Wood and Civilization.* The Countryman Press
Pontoppidan, E., 1752: *Det første Forsøg paa Norges naturlige Historie.* Engl. Ausgabe: *The Natural History of Norway.* London: Printed for A. Linde, 1755
Porteous, A., 1928: *Forest Folklore, Mythology and Romance.* George Allen & Unvin. (Dieses Buch habe ich vor allem für die Kapitel 12 und 15 benutzt.)
Reichborn-Kjennerud, I., 1942: »Folkemedisin og lægevitenskap« [Volksmedizin und Heilkunde], *Norsk kulturhistorie*, Bd. 5. Cappelen

Schama, S., 1996: *Landscape and Memory*. A.A. Knopf

Selander, S., 1934: *Svensk mark* [Schwedische Erde]. Albert Bonniers Forlag

Sharr, A., 2006: *Heidegger's Hut*. MIT Press Ltd.

Skard, O., 2002: *Trær med røtter i kulturhistorien* [Bäume mit Wurzeln in der Kulturgeschichte]. Landbruksforlaget

Steinsland, G., 2013. »Tuntre og verdenstre«, Klassekampen. (Sarlig er denne artikkelen benyttet i introduksjonen til kapittel 15.)

Steinsland, G., 1992: »Vikingtidens verdensbilde« [Das Weltbild der Wikingerzeit], *Nytt Norsk Tidsskrift*

Syversen, S., 2016: *Fjella i Østfold* [Die Berge in Østfold], Bd. 1. S. Syversen

Thomas, K., 1983: *Man and the Natural World*. Allen Lane

Thoreau, H. D., 2007: *Walden. Livet i skogene*. Pax forlag *[Walden* ist auch in deutscher Sprache in mehreren Ausgaben erschienen.]

Williams, F., 2017: *The Nature Fix*. Norton

Wilson, E.O., 1984: *Biophilia*. Harvard University Press

Witoszek, N., 1998: *Norske naturmytologier* [Norwegische Naturmythologien]. Pax forlag

Wollstonecraft, M., 1995: *Min nordiske reise*. Pax forlag (englische Originalausgabe 1796: *Letters Written During a Short Residence in Sweden, Norway and Denmark)*

Wulf, A., 2015: *The Invention of Nature: Alexander von Humboldt's New World*. Knopf

Yergin, D., 2008: *The Prize: The Epic Quest for Oil, Money & Power*. Free Press

Zur jüngeren Geschichte und Gegenwart des Waldes

Andersen, G., 2014: *De siste eventyrskogene* [Die letzten Märchenwälder]. Cappelen Damm

Barth, A., 1916: »Norges skoger med stormskridt mot undergangen« [Norwegens Wälder: im Sturmschritt zum Untergang], *Tidsskrift for skogbruk*

Beech, E. m.fl., 2017: »GlobalTreeSearch: The First Complete Global Database of Tree Species and Country Distribution«, *Journal of Sustainable Forestry*

Berntsen, B. & Hagvar, S. (Hg.), 2010: *Norsk natur – farvel?* [Norwegische Natur – leb wohl?] Unipub

Berntsen, B. & Hagvar, S. (Hg.), 2011: *Norsk urskog og gammelskog* [Norwegische Ur- und Altwälder]. Unipub

Borset, 1985: *Skogskjøtsel* [Waldschutz]. Landbruksforlaget

Brathen, M., 2016: *En brannhistorisk undersøkelse på Varaldskogen* [Brandhistorische Untersuchung des Varaldskogen] Masterarbeit, NMBU

Bryn. A., 2016: »Skogen er på fjelltur« [Der Wald wandert ins Gebirge], *Aftenposten*, 13. März 2017

Granhus, A. u.a., 2012: *Skogen i Norge. Statistikk over skogforhold og skogressurser i Norge registrert i perioden 2005–2009* [Der Wald in Norwegen. Statistik zum Zustand und zu Ressourcen des Waldes in Norwegen, aufgezeichnet in den Jahren 2005–2009]. Norsk institutt for skog og landskap

Gundersen, V. Frivold, L.H., 2011: »Naturally dead and downed wood in Norwegian boreal forests: Public preferences and the effect of information«, *Scandinavian Journal of Forest Research*, Vol. 26

FAO 2011: *State of the World's Forests: Food and Agriculture Organization of the United Nations*. Rom. http://www.fao.org/3/a-i2000e.pdf

FAO 2012: *State of the World's Forests: Food and Agriculture Organization of the United Nations*. Rom. http://www.fao.org/3/a-i3010e.pdf

Haskell, D.G., 2012: *The Forest Unseen*. Penguin

Hagvar, S., Bratlie, E., Gunnarsdottir, H. (red), 2016: *En hyllest til Østmarka*. [Eine Huldigung der Østmarka]. Østmarkas venner

Hylen, G. u.a., 2017: *Arealrepresentativ overvåking av skogvernområder gjennom Landsskogtakseringen*. Rapport fra taksering utført i femårsperioden 2012–2016 [Arealrepräsentative Überwachung von Waldschutzgebieten durch Taxierung der Wälder. Bericht zur Periode 2012–2016]. NIBIO.

Lauritsen, P. R. & Ryvarden, L., 2009: *SkogNorge* [Wald-Norwegen], Bd. 1–3. Gyldendal

Mitchell, A., 1977. *Trær i skog og hage* [Bäume in Wald und Garten]. Tiden

Morgan, M., 1976: *The Last Wilderness.* Washington Papers

Olofsson, G. u.a., 2015: *Skog 22 – Nasjonal strategi for skog- og trenæringen* [Wald 22 – nationale Strategie für die Wald- und Holzwirtschaft]. Regjeringen.no

Ryvarden, L., 1987: »Ulvelav« [Wolfsflechte]. DNTs årbok om Femundsmarka

Ryvarden, L., 2011: *Norges nasjonalparker* [Die norwegischen Nationalparks]. Cappelen Damm

Ryvarden, L., 2013: *Nordmarka* [Nordmarka]. Dreyers forlag

Senje, S., 2003: *Østmarka* [Østmarka]. Topografisk forlag

Storaunet, K. O. & Rolstad, J., 2015: *Mengde og utvikling av død ved i produktiv skog i Norge* [Menge und Entwicklung von Totholz in produktiven Wäldern Norwegens]. Auf der Grundlage der Daten der Taxierungen 7 (1994–1998) und 10 (2010–2013)

Stortingsmelding 6 (2016–2017): *Verdier i vekst – Konkurransedyktig skog- og trenæring* [Wachsende Werte – konkurrenzfähige Wald- und Holzwirtschaft]. Landbruks- og matdepartementet

Wessels, T., 2010: *Forest Forensic.* W.W. Norton & Company

Williams, M., 2003: *Deforesting the Earth: From Prehistory to Global Crisis.* University of Chicago Press

Wohlleben, P., 2015: *Das geheime Leben der Bäume.* Ludwig Verlag

Über Tiere, nicht zuletzt über Wölfe

Ahne, P., 2017: *Ulven* [Der Wolf]. Press forlag

Apollonius, M., 1996: *Det stora djuret. En 1500-talsskrift om älgen* [Das große Tier. Eine Abhandlung über den Elch aus dem 16. Jahrhundert]. Fischer & Co.

Bevanger, K., 2012: *Norske rovdyr* [Norwegische Raubtiere]. Cappelen Damm

Collett, R., 1911: *Norges pattedyr* [Norwegische Säugetiere]. Aschehoug

Ferry, G. (Hg.), 1984: *The Understanding of Animals.* Oxford: Basil Blackwell & New Scientist

Furseth A., 2005: *Drept av bjørn og ulv* [Getötet von Bären und Wölfen]. Vigmostad & Bjorke
Gardiner,M. & Freud, S., 1974: *Ulvemannen* [Der Wolfsmann]. Pax forlag
Gløersen, K., 1894: *Dyreliv i Norge* [Tierleben in Norwegen]. Cappelen
Grøndahl, F. A. & Bakkelund, B., 2009: »Jakt og fangst av bjørn og ulv på Romerike i tiden 1733–1845«[Jagd und Fangen von Bären und Wölfen in Romerike 1733–1845]. Årbok XXII, *Romerike mens nasjonen våkner 1750–1850*. Romerike Historielag, Horgen, J. E. (Hg.)
Grøndahl, F. A. (in Arbeit): »Klima, vegetasjons-, og faunahistorie i Sørøst-Norge« [Klima, Vegetations- und Faunageschichte Südostnorwegens]
Grøndahl, F. A., Hufthammer, A. K., Dahl, S. O. & Rosvold, J., 2010: »A preboreal elk (Alces alces L. 1758) antler from south-eastern Norway«. *Fauna norvegica* Vol. 30: 9–12
Gunther, K. A: »Bears and Menstruating Women«. National Park Service, Yellowstone
Haagenrud, H. 1995: *Elgjakt* [Elchjagd]. Aschehoug
Ingstad, H., 1951: *Nunamiut. Blant Alaskas innlandseskimoer* [Nunamiut. Bei den Inlandseskimos in Alaska]. Gyldendal
Kvamme, T., 2015: »Mange og over alt – maur i Norge« [Viele und überall – Ameisen in Norwegen], Kvamme, K. & Wetas, A. (Hg.): *Maurens kulturhistorie*. Novus
Leopold, A., 1949: *A Sand County Almanac*. Oxford University Press
Linnell, J., 2002: *The fear of wolves: A review of wolf attacks on humans*. NINA-rapport. Trondheim
Lopez, B., 1978: *Of Wolves and Men*. Scribner
Mech, D., 1970: *The Wolf: The Ecology and Behaviour of an Endangered Species*. University of Minnesota Press
Mech, D. & Boitani, L. (Hg.), 2007: *Wolves*. University of Chicago Press. (Die überzeugendste Darstellung des Wolfs)
Miljødirektoratet, 2013: *Er bjørnen farlig?* [Ist der Bär gefährlich?]
Mortensen, A. (Hg.), 2008: *På sporet av de fire store* [Den großen vier auf der Spur]. Høyskoleforlaget
Økland, J. *Vann og vassdrag* [Seen und Wasserwege], Bd. 4 (Tiere und

Pflanzen, Artenwanderung, geografische Verteilung). Forlaget Vett & Viten
Rein Bore, R., 2005: *Ulven – den siste unionist?* [Der Wolf – der letzte Unionist?], SSB.no
Rolstad, J., Finne, M. & Wegge, P., 2017: *Hønsehauken i skog og kulturlandskap* [Habichte in Wald und Kulturlandschaft]. NIBIO.
Schröder, G., 1985: *Jakt, fiske och vildmarksliv* [Jagd, Fischen und Outdoor-Leben]. G. Asplunds Bokforlag
Skogen, K. u.a., 2013: *Ulvekonflikten. En sosiologisk studie* [Der Wolfskonflikt. Eine soziologische Studie]. Akademika forlag.
Solberg u.a., 2000: *Elgens genetiske struktur i Norge* [Genetische Struktur der Elche in Norwegen]. Nina rapport 467
Stortingsmelding 21 (2015–2016). *Ulv i norsk natur* [Wölfe in der norwegischen Natur]. Klima- og miljødepartementet
Unsgard, J. & Vigerstol, N.P., 1998: *Ulv i Norge* [Wölfe in Norwegen]. Landsbruksforlaget
Wabakken, P., 2014: »Glimt fra forskningen på store rovdyr 1972–2014« [Blicke auf die Erforschung großer Raubtiere]. I Storaas, T. & Langdal, K. (Hg.), *Ikkje berre ulv og bly – glimt frå forskinga på Evenstad* [Nicht nur Wölfe und Blei]. Oplandske bokforlag

Außerdem wurden eine Reihe von Berichten und Artikeln zum Skandulv-Projekt benutzt (siehe https://www.slu.se/institutioner/ekologi/forskning/teman1/rovdjur-och-vilt/skandulv/). Auf der Website findet sich eine reichhaltige Datenbank mit Berichten zur Erforschung und zum Zustand der Wölfe. Die Internetseiten Rovbase.no und Skandobs sind ein Muss für jeden, der mehr über den Wolfbestand in Norwegen wissen will. Nachschlagewerke wie *Norges dyr* [Tiere in Norwegen] wurden benutzt, um Informationen über weitere Arten (Luchs, Wolf, Elch und Bär, aber auch Amphibien und Fische) zu finden.

Anmerkungen

Es werde Wald

1 Zum Zusammenhang der beiden Wörter vgl. Perlin 1989.

2 Anm. d. Übs.: Harald Schönhaar (852–933) war der erste König über einen großen Teil des norwegischen Küstengebiets: Er gilt als erster norwegischer König überhaupt. Im Jahr 1814 wurde die norwegische Verfassung ausgerufen. Am 9. April 1940 wurde Norwegen von Deutschland angegriffen und binnen kurzer Zeit besetzt.

3 Anm. d. Übs.: Dem Gesetz nach fallen unter diese Kategorie in Norwegen Luchs, Vielfraß, Wolf, Braunbär und Steinadler.

4 2017 betrug der Bestand an Luchsen 330 Tiere. In den Dreißigerjahren war der Luchs fast ausgerottet, heute gilt er wie der Wolf als stark gefährdet. Trotzdem werden jedes Jahr Abschussquoten herausgegeben. 2017 durften 52 Luchse abgeschossen werden.

5 Dass sich moosähnliche Pflanzen vor 470 Millionen Jahren etablierten, lässt sich aufgrund von Sporenfunden in Argentinien nachweisen. Wahrscheinlich waren sie schon vor 500 Millionen da, also in der Mitte des Kambriums (vgl. Morris u.a., 2018). Zuerst entstanden die Lebermoose, etwas später die Blattmoose. Die Lebermoose unterscheiden sich klar von allen anderen Moosarten.

6 Auch in Norwegen gibt es Fossilien von mehr als 400 Millionen Jahre alten primitiven Landpflanzen, z. B. in der Nähe von Røros (Psilophyten), in Nordland *(Hyenia)* und auf Spitzbergen.

7 Die *Archaeopteris* brachten keine Samen hervor, sondern Sporen. Sie sind Vorläufer der heutigen Bäume. Früher hielt man diese Pflanzen für Kräuter. Sie wurden in zwei Arten unterteilt. Erst nach einem Fossilienfund in Marokko konnte gezeigt werden, dass es sich um ein und dieselbe Art handelte. Das zeigt, wie schwierig es ist, ausgestorbene Arten zu rekonstruieren.

8 Zu Beginn der Entwicklung von Gliedertieren gibt es große Lücken in der Fossilienreihe. Wie bei den Insekten nimmt man an, dass sie schon vor 470 Millionen Jahren auftauchten, aber dies beruht nur auf Molekularstudien; die ältesten Fossilien von Insekten sind nur 411 Millionen Jahre alt. Es existiert also eine Lücke von sechzig Millionen Jahren.

Der Grund ist die schwierige Bewahrung von Insekten in Fossilien. So sind wir also auf die Molekularforschung angewiesen.

9 Der Fund wurde zuerst auf ein Alter von 427 Millionen Jahren geschätzt, aber neuere Datierungen der Gesteinsschichten deuten auf ein jüngeres Alter hin.

10 Ein sehr interessanter Fund stammt aus einem Steinbruch in Polen, der vor ein paar Jahren gemacht wurde. Es handelt sich um Fußspuren von Vierfüßlern, die 397 Millionen Jahre alt sind. Das deutet darauf hin, dass die Wirbeltiere viel früher an Land kamen als bisher angenommen. Aber es gibt bisher keine Fossilien, die Übergangsformen mit einem so hohen Alter zeigen. Die Fossilienreihe verbirgt also noch einige Rätsel.

Wolfswinter

1 Die Zahl der Bäume wird im Waldregister (2012–2016) angegeben und betrifft alle Bäume mit einem Stammdurchmesser von mehr als 5 cm in Brusthöhe. Insgesamt gibt es auf der Erde schätzungsweise reitausend Milliarden Bäume.

2 Die durchschnittliche Sommertemperatur im Juni, Juli, August und September wird auch Tetratherm genannt. Sie variiert in Bezug auf verschiedene Baumarten als Mindesttemperatur für ein natürliches Wachstum. Bei Buchen und Eichen liegt sie bei 13,4 bzw. 12,6 °C, während Kiefern und Fichten nur 8,4 °C brauchen. Die Birke begnügt sich mit 7,5 °C.

3 Diese Zahlen sind sehr unsicher und ändern sich ständig, auch von Quelle zu Quelle.

4 Die Vorderpfoten eines Wolfs sind 9–11 cm breit und 9,5–12 cm lang. Sie sind ein wichtiges Kriterium zur Unterscheidung von Wolf und Hund.

5 Die meisten Unterarten finden sich in Nordamerika. Dort kann ein Rüde bis zu 80 kg schwer und bis zu 180 cm lang werden. Die skandinavischen Wölfe sind etwas kleiner, sie wiegen etwa 50 kg. Die Wölfinnen sind etwa 20 Prozent kleiner. Nach der Bergman-Regel werden die Wölfe nach Norden hin größer. Der Grund ist wohl Energieersparnis (Bevanger, 2012).

6 Als Flaschenhals bezeichnet man ein kritisches Ereignis in der Bestandsentwicklung, bei der die Anzahl der Individuen im Laufe einer kurzen Zeit stark begrenzt wird. Für den skandinavischen Biber war

die starke Bejagung durch den Menschen ein solches kritisches Ereignis. Die Überlebenden bilden die Grundlage des erhaltenen Erbmaterials, das auf diese Weise ebenfalls eingeschränkt wird. Ein Teil des ursprünglichen Erbmaterials der betroffenen Art verschwindet also, und so wird die genetische Vielfalt der Art reduziert.

7 In den skandinavischen Wäldern gibt es heute etwa 150 000 Rehe (Wikipedia).

8 Im Jahr 2016 waren für Norwegen 125 Braunbären nachgewiesen. Interessanterweise lebten Mitte des 19. Jahrhunderts noch mehr als 4700 Braunbären in Skandinavien, 3100 davon, also 65 Prozent, in Norwegen, 1650 in Schweden (Rovdata.no/Naturvärdsverket i Sverige).

9 In einem Sommer habe ich am Semsvann bei Asker Fossilien von dreihundert Millionen Jahre alten Schachtelhalmen geklopft. Dabei war auch ein Gewächs, das eher wie Stroh aussieht und nur kniehoch wird. Man verwendet es bis heute als pflanzliches Heilmittel gegen Harnwegsinfektionen, zur Stärkung von Haaren und Fingernägeln sowie bei Verletzungen im Mund. Auch die Schachtelhalmbäume sind ausgestorben. Die kleinen, primitiven Schachtelhalme, die bis heute überlebten, sind der letzte Rest einer uralten Familie im Stammbaum des Lebens. Es gibt nur noch fünfzehn Arten.

10 Kohle gibt es in allen geologischen Perioden vom Devon bis heute. Inzwischen ist allerdings umstritten, wie viel Kohle tatsächlich aus dem Karbonzeitalter stammt. Die am weitesten verbreitete Erklärung lautet, das Klima sei warm und feucht gewesen, sodass es relativ viel Wald gab. Außerdem wuchs dieser Wald in großen Flussmündungsgebieten und Sümpfen, wo die Bäume versanken und in den geologischen Schichten bewahrt wurden. Eine andere Theorie besagt, dass es zu dieser Zeit noch keine Holz zersetzenden Pilze gab, sodass die Zellulose noch nicht so effektiv verrottete wie heute.

11 Mechanische und chemische Verwitterung kommt zustande, wenn die Wurzeln CO_2 ausdünsten und organisches Material sich zersetzt. Auf diese Weise steigt der Spiegel an Karbonsäure (HCO_3) im Stein. Die Karbonsäure löst Mineralien auf, und sowohl diese Säure als auch freigesetzte Elemente wie Kalzium, Natrium, Magnesium usw. gelangten ins Meer. Dort wurden weitere Mengen Karbon entzogen, die zusammen mit Kalzium als Kalziumkarbonat ausgefällt wurden. Die Verwitterung ist also ein wichtiger, sich selbst regulierender Mechanismus zum Ausbalancieren des CO_2-Gehalts in der Atmosphäre über Zeiträume von mehreren Millionen Jahren.

1 Der Samen ist durch eine Schale vor Austrocknung geschützt, was im Zusammenhang mit der Anpassung an ein Leben an Land sehr wichtig ist. Schachtelhalm, Farn und Bärlapp waren abhängig von einem feuchten Milieu, um sich entwickeln zu können.

2 Andere Gruppen, die zu den Nacktsamern gehören, sind die heutigen Palmfarne und der Ginkgo. Die Nadelbäume sind die älteste noch existierende Gruppe mit ca. 615 Arten, die sich in sechs bis acht Familien und etwa siebzig Gattungen aufteilen. Dazu gehören unter anderem die Kiefernfamilie, zu denen auch die Lärchen und die Fichten zählen, die Zypressenfamilie mit dem Urzeitbaum und die Araukarien.

3 Die Dinosaurier waren vollständig abhängig vom Wald. Die Langhälse spezialisierten sich auf unterschiedliche Höhen und Schichten des Waldes und darauf, ihr Futter lange zu kauen. Sie besaßen Zahnreihen mit mehreren Tausend Zähnen.

4 Bei der DNA-Analyse ergab sich, dass die Probe von dem Tier mit der kryptischen Bezeichnung UI404129 G143-14 V504 stammte: der Wölfin in Hobøl, der wir gefolgt waren.

5 Die Vorstellung, dass die südskandinavischen Wölfe alle von einer kleinen Gruppe von fünf Wölfen abstammen, muss demnächst wohl revidiert werden. Es gibt mehrere neue Einwanderer aus dem russisch-finnischen Bestand, die in der letzten Saison in Norwegen Junge bekommen haben. Seit der Rückkehr 1983 wurden 24 finnisch-russische Einwandererwölfe aufgrund ihrer DNA identifiziert. Die meisten kamen nur bis in den äußersten Norden von Lappland, aber einige wenige sind in die Rentiergebiete vorgedrungen und haben dort Reviere übernommen (Gespräch mit Øystein Flagstad, NINA, 29.4. 2018).

6 Durch die Analyse von Gewebe- und Kotproben von Bären im südlichen Kerngebiet hat man herausgefunden, dass ihre mtDNA der von Bären aus den französischen und spanischen Pyrenäen ähnelt. Bären aus diesen Stämmen haben sich vermutlich nach der letzten Eiszeit bis in den Süden Skandinaviens ausgebreitet. Im nördlichen Kerngebiet ähnelt die mtDNA der Bären den Genen des finnischen und russischen Stammes. Vermutlich überlebten ihre Vorfahren die Eiszeit in den eisfreien Gebieten westlich des Urals und sind von dort aus nach Schweden gewandert. Die Grenze zwischen den beiden Stämmen in Schweden verläuft in ost-westlicher Richtung etwa auf der Höhe des Storsjöen. Die Bären südlich von Pasvik und bis nach Jämtland/Nord-Trøndelag

kommen aus dem Osten, die in Dalarna/Härjedalen/Hedmark dagegen aus dem Süden (Scandinavian Brown Bear Project).

7 Ein Wolf kann Biber, Dachse und Hasen erlegen, wenn er die Chance dazu bekommt. In Südeuropa gehören Hirsche, Mufflons und Wildschweine zu seinen Beutetieren. Erik Pontoppidan schrieb in seinem Buch *Det første Forsøg paa Norges naturlige Historie* (1725), bei einem erlegten Wolf, der dick und rund wirkte, seien im Magen Moos und Birkentriebe gefunden worden. Ob das wahr war oder auf Gerüchten beruhte, ist unsicher.

8 Ein Wolf braucht pro Jahr das Fleisch von sieben bis dreizehn Elchen, so das Forschungsprojekt Skandulv. Die Anzahl der gerissenen Elche variiert von Rudel zu Rudel. Einzelne Rudel reißen auch mehr, als sie tatsächlich verzehren.

9 Ein großer Elchbulle fürchtet sich normalerweise nicht vor Wölfen, sondern kann ihnen entkommen. Sobald er stehen bleibt, werden die Wölfe vorsichtig.

10 Das Mädchen starb im Dezember 1800. Dies ist der am besten dokumentierte und aller Wahrscheinlichkeit nach letzte norwegische Fall, bei dem ein Mensch von einem Wolf getötet wurde. Anne und ihre große Schwester, die in Sørum (Akershus) lebten, stießen auf dem Weg zu einem Weihnachtsbesuch auf ein Wolfsrudel. Sie schrien und versuchten, die Wölfe zu vertreiben, aber der größte Wolf zerrte das kleinere der beiden Mädchen mit sich. Die große Schwester lief zurück zum Hof und holte die Eltern, denen es gelang, den Wolf zum Loslassen seiner Beute zu zwingen. Doch das Mädchen war tot, ihre Leiche mit blutigem Schnee verschmiert. In den Zeitungen wurde das schreckliche Ereignis genüsslich ausgeschlachtet. Dort ist davon die Rede, dass das Gesicht des Mädchens zerfleischt war, sodass man vermutete, der Wolf habe sie am Kopf weggezerrt.

11 In der Zeitung *Moss Avis* heißt es 2002 in einem Artikel mit der Überschrift »Abschuss des Mosse-Rudels gefordert«: »Die Einwohner unseres Kreises leben hier, weil sie sich frei in der Natur von Østfold bewegen wollen. Viele von ihnen empfinden die Anwesenheit der Wölfe als große Belastung. Die Wolfsangst, sei sie nun berechtigt oder nicht, ist eine reale Angst, die nach Auskunft des Schulgesundheitsdienstes in Spydeberg sogar zur Entstehung einer neuen Patientengruppe geführt hat.«

12 Pollenanalysen legen nahe, dass die ersten Blütenpflanzen vor 140 Millionen Jahren entstanden sind. Aufgrund von Molekularuntersuchungen lässt sich das erste Auftauchen vierzig Millionen Jahre früher datie-

ren. Einzelne Forscher behaupten sogar, es gäbe bereits seit 220 Millionen Jahren erste Blütenpflanzen, aber diese Angaben sind umstritten. Wir treffen hier auf ein generelles Problem: Das erste Auftreten von Pflanzen und Tieren wird je nach Methode unterschiedlich datiert. Das älteste Fossil einer Blütenpflanze ist eine 130 Millionen Jahre alte *Montsechia vidadii*. Sie ähnelt dem heutigen Rauen Hornblatt, das man gelegentlich in nährstoffreichen Seen findet.

13 In einem Brief von 1879. Darwin verstörte die schnelle Verbreitung der Blütenpflanzen in der Kreidezeit, sodass er vermutete, sie hätten sich schon vorher auf einer untergegangenen Insel oder einem nicht mehr existierenden Kontinent entwickelt, man wisse nur nichts mehr von diesem Vorgang. Bis heute ist die schnelle Diversifikation der Blütenpflanzen ein Diskussionspunkt. Möglicherweise ist auch die fossile Schichtenreihe lückenhaft.

14 Zusätzlich zur Entstehung einer Art führen Mutationen zu einer größeren genetischen Vielfalt, sodass sich die Arten veränderten Lebensbedingungen schneller anpassen können.

15 Die Früchte von Blütenpflanzen konnten von Tieren, Wind und Wasser gut transportiert werden. Außerdem besteht das tragende Gewebe von Blütenpflanzen aus Röhren, die bei den Nacktsamern noch nicht vorkamen. Diese Röhren hatten einen größeren Durchmesser und konnten Wasser effektiver transportieren. Zu den Blütenpflanzen gehören auch windbestäubte Gräser und Bäume (Birke, Erle, Espe und Hasel). Sie haben keine großen Blüten, die Insekten anziehen würden.

16 Ein gutes Beispiel für eine Co-Evolution ist dieses: Warum ist der Gepard so schnell? Weil seine Beutetiere, die Antilopen, schnell sind. Und warum sind die so schnell? Weil der Gepard, der sie jagt, so schnell ist (Tunstad, 2014).

17 Das bisher älteste Bienenfossil wurde in Burma gefunden (Live Science).

Der Klang des Waldes

1 Ohne fossilen Brennstoff konnten die Japaner ihre große Flotte einschließlich des zu jener Zeit weltgrößten Schlachtschiffes *Yamato* nicht in Betrieb halten. Es gab sogar Pläne, das Schiff in einer Art Kamikaze-Auftrag vor Okinawa auf Grund zu setzen. Letztlich wurde die *Yamato* dann aber von amerikanischen Flugzeugen versenkt, bevor es dazu kam.

2 Der Habicht hält sich meistens in älteren Kultur- oder astreichen Naturwäldern auf. In jungen Kulturwäldern findet man ihn nur selten.

3 Die Langzeitstudien über Waldvögel und Kleinwild im Varaldskogen wurden von Per Wegge, NMBU, durchgeführt.

4 Die Kiefer keimte um 980 und starb um 1840. Sie gilt als die älteste Kiefer Norwegens (Gespräch mit Ken Olaf SToraunet, NIBIO).

5 Ein Faktor, der das Ganze noch komplizierter macht, ist die Landhebung. Norwegen steigt nach wie vor; einige Stellen sind in den letzten 11 500 Jahren um mehr als zweihundert Meter höher geworden. Die Berechnung der Baumgrenze basierend auf Funden von Kiefern muss also die Landhebung mit berücksichtigen. Die Bewegung war unmittelbar nach dem Ende der Eiszeit am stärksten und hat deshalb vor allem Bedeutung für die ältesten Funde.

6 Das Erdklima wird, abgesehen von der Zusammensetzung der Atmosphäre, auch von astronomischen Schwankungen wie der Sonneneinstrahlung beeinflusst. Der Serbe Milutin Milanković hat drei Hauptfaktoren hervorgehoben: die Form der Umlaufbahn der Erde um die Sonne, den Winkel der Erdachse und die leicht taumelnde Bewegung der Erde auf ihrer Umlaufbahn. Die nördliche Halbkugel war unmittelbar nach der letzten Eiszeit der Sonne im Sommer näher, im Winter ferner als heute. Das führte zu wärmeren Sommern, aber auch zu kälteren Wintern.

7 Die Geschichte der Brände im Varaldskogen ist in Martin Bråthens Masterarbeit wiedergegeben. Sie wurde von Jørund Rolstad (NIBIO) angeleitet. Rolstad hat auch die Waldbrände in Rollag-Trillemarka erforscht, die im Internet unter Forskning.no mit dem Titel »Skogbranner forteller en 700 år lang historie« zu finden sind. Zu den Arten auf Brandflächen vgl. Gro Hylens (NIBIO) Artikel »Skogbrann« von 2014.

8 Die Republik Finnskogen wird jeden Sommer während der Finnskog-Tage gefeiert, die in Svullrya in Grue begangen werden. Die Schriftstellerin Åsta Holth war einige Jahre Präsidentin der Republik (vgl. http://finnskogdagene.no/joomla34/index.php/fakta).

9 Zitate aus Eilert Sundt: *Beretning om Fante- og Landstrygerfolket i Norge.* Christiania 1850 und aus »Relation om Norges Riges Tilstand i Aaret 1699« in: *Budstikken* 4, 1823.

10 Rovbase ist ein nationales System zur Überwachung und Dokumentation von Raubwild und durch Raubwild verursachten Schäden. Es ist der Allgemeinheit zugänglich.

11 Olaus Magnus schreibt von Füchsen, die Fische mit ihren Schwänzen

fischen, und davon, dass sie ein Stück Moos ins Maul nahmen und sich rücklings ins Wasser legen, damit die Läuse aus ihrem Fell ins Moos kriechen.

Der Wolfsmann

1 In der Regel bringen Wölfinnen vier bis sechs Welpen zur Welt. Der Rekord liegt bei siebzehn. Die Jungen werden den ganzen Sommer gesäugt und halten sich an verschiedenen Stellen im Revier auf (Bevanger, 2012). Wölfe werden mit zwei Jahren geschlechtsreif und bleiben mindestens elf Jahre fruchtbar. Allerdings werden sie in freier Wildbahn im Durchschnitt nur sechs bis acht Jahre alt. In Gefangenschaft können sie bis zu zwanzig Jahre alt werden.

2 Im 17. Jahrhundert dauerte die Wanderung von Oslo nach Bergen neun Tage. Neun Tage durch endlose Wälder, über kahle Heideflächen und Gebirge. Heute braucht man mit dem Auto kaum sieben Stunden.

3 Olaus Magnus' Werk hat einen endlos langen Untertitel: »Die verschiedenen Verhältnisse, Sitten und Gebräuche religiöser und wissenschaftlicher Art, Fertigkeiten und Beschäftigungen, gesellschaftliche Sitten und Lebensweisen, Kriege, Gebäude und Werkzeuge, Bergwerke und Gruben und wunderbare Dinge samt fast allen Tieren, die im Norden leben, und ihrer Natur.« Damit ist die große thematische Breite des Werks angerissen. Olaus Magnus lebte von 1490 bis 1557.

4 Über Linné ließe sich viel erzählen. Sein Leben ist »bis zum letzten Knopf an seinen Unterhosen« (so ein schwedischer Biograf) dokumentiert. Linné schrieb eine vierbändige Autobiografie mit dem Titel *Vita,* in der er von sich in der dritten Person berichtet. Er war kein besonders guter Schüler, das Lehrerkollegium empfahl ihm einen handwerklichen Beruf.

5 Von Aristoteles' *Historia animalium* (um 350 v. Chr.) bis zur Mitte des 19. Jahrhunderts herrschte eine im Wesentlichen statische Naturauffassung: Die Arten, darunter auch der Mensch, waren fertig und unveränderlich erschaffen. So sah es letztlich auch noch Carl von Linné. Er nahm an, er habe mit seiner *Systema naturae* ein System für die Ewigkeit entwickelt. Das statische Bild wurde unter anderem von Charles Darwin infrage gestellt. Für ihn waren die Arten nicht unveränderlich, sondern hatten sich über lange Zeiträume von einfachen zu immer komplizierteren Organismen entwickelt.

6 Der letzte Wolf im Glaskogen wurde 1861 abgeschossen.

7 Diese Zahlen ändern sich ständig. Aktuelle Zahlen finden sich unter www.naturvardsverket.se/Sa-mar-miljon/Vaxter-och-djur/Rovdjur/Fakta-om-varg/.

8 Dieser Aberglaube führte dazu, dass man Bärentatzen als Mittel nutzte, um den Wehenschmerz zu lindern, indem man mit ihnen über den Bauch der Gebärenden strich. Deshalb finden sich Bärentatzen in Kirchen und alten Hospitälern. Der Mythos, schwangere Frauen seien eine besonders beliebte Beute, wurde auch den Wölfen angehängt. Olaus Magnus schrieb: »Reisende müssen sich gut bewaffnen, um sich selbst und ihre Begleitung zu schützen, vor allem hochschwangere Frauen. Denn die Wölfe wittern ihre Anwesenheit und legen es eifrig darauf an, sie zu überfallen. Deshalb sollten Frauen auch nie allein reisen, sondern immer einen bewaffneten Wächter bei sich haben.«

9 Nachdem zwei Frauen am selben Tag (13. August 1967) von einem Grizzly angegriffen worden waren, gab es Spekulationen darüber, ob ihr Geruch zu dem Angriff geführt hatte. Danach hat man länger darüber diskutiert, wie man auf der Website des Yellowstone-Nationalparks und vor allem in dem Artikel »Bears and Menstruating Women« von Kerry A. Gunther lesen kann. Die Forscher verwendeten Tampons statt Binden für ihre Studien, weil gebrauchte Binden stärker riechen (www.nps.gov/yell/learn/nature/grizzlybear-mentrual-odor.htm).

Ein Wolf namens Fenris

1 Es gibt schätzungsweise 60 065 Baumarten weltweit. Die größte Artenvielfalt findet sich in Brasilien mit 8715 Arten (Beech u.a. 2017).

2 Elizabeth Kolbert (2015) vergleicht die Artenvielfalt des gesamten nördlichen Nadelwaldgürtels in Nordamerika mit einem kleinen Stück tropischem Regenwald und schreibt, die Artenvielfalt sei in den Tropen fünfzig Mal größer.

3 Man spricht in diesem Zusammenhang vom »latitudinal diversity gradient« (LDG). Abgesehen von den bereits erwähnten Theorien, kann man auch noch anführen, dass der Regenwald ein großes Biom ist, und je größer das Biom, desto größer die Artenvielfalt. Die kleinere Vielfalt außerhalb der Tropen liegt möglicherweise auch daran, dass es mehr Bäume gibt, die vom Wind bestäubt werden, sodass weniger genetische Isolation und damit weniger neue Arten entstehen (Gespräch mit Aage Paus; Wikipedia).

4 Zur Erwähnung der Birken bei Hans Børli siehe www.borli.org.

5 Moore und Teiche sind ein großartiges Archiv der Natur. Jahr für Jahr werden Pollen in den Torfschichten abgelegt, und bei der Analyse dieser Schichten können die Forscher mithilfe von Pollendiagrammen sagen, welche Bäume und andere Pflanzen in der Nähe wuchsen und welche Verhältnisse sie vorfanden. War das Klima feucht oder trocken? Kühl oder warm? Dank solcher Pollendiagramme lässt sich die Geschichte des Waldes rekonstruieren.

6 Auch die Lärchenwälder kamen früh nach Russland. Vor allem zwei Arten von Fichten etablierten sich früh in Nordamerika: *Picea mariana* und *Picea glauca*.

7 An einigen Orten in Sogn ist das heute noch so. Ulmen wurden sogar von den Menschen verzehrt. Man verwendete ihre Rinde, ebenso wie die der Kiefern, in schlechten Zeiten, um daraus Brot zu backen. Dazu wurde die Rinde zerstoßen und mit Mehl gemischt.

8 Noch etwas mehr über die Fauna der Warmzeit in unserem Land: In dem Küstenort Saugbrugs in der Nähe von Halden in Østfold entdeckten Archäologen in den Achtzigerjahren vier Steinzeitsiedlungen, die zwischen 7600 und 5550 Jahre alt waren. Dort fand man zahlreiche Knochen von Wildschweinen, Ottern und Hirschen. In der Jungsteinzeit gab es also Wildschweine in Norwegen, erst 5000 Jahre später verschwanden sie. Was man aber erstaunlicherweise nicht fand, waren Elchknochen. In den Steinzeitsiedlungen an der Küste von Vestfold, z.B. Auve am Sandefjord, stieß man auf große Mengen an Knochen von Meeressäugern, darunter Schweinswal und Seehund. Sie fehlen in Østfold fast vollständig. In steinzeitlichen Siedlungen im Landesinneren, beispielsweise Rødsmoen im Kreis Åmot (Hedmark), dominieren Elch und Biber, aber man findet keine Fischgräten. Offenbar mieden die Elche damals wie heute die Küste, und die Steinzeitmenschen hatten je nach Region eine ganz unterschiedliche Nahrungsgrundlage. Wolfsknochen findet man kaum, denn Wölfe wurden nicht gegessen.

9 Der Rückzug des Laubwaldes setzte sich auch während der Wikingerzeit fort, als Eichen ein begehrtes Material für den Schiffbau waren. Die Abholzungen gingen bis ins 16. und 17. Jahrhundert weiter, da der Hunger nach norwegischem Eichenholz in Europa (wo es fast keine Eichen mehr gab) kaum zu stillen war. So wurden auch die Küstenwälder allmählich abgeholzt.

10 Kurz zur Geschichte der Wölfe in der Østmarka: Im Frühjahr 2013 bekamen Fenris und Frøya drei Welpen. Nachdem Frøya verschwunden war und Fenris sich mit einer seiner Töchter gepaart hatte, brachte diese im Frühjahr 2015 drei gesunde Welpen zur Welt. Fenris wurde getö-

tet, weil er die Räude hatte, die Wölfin wurde in Notwehr abgeschossen, weil sie den Hund eines Elchjägers gerissen hatte. Die Welpen waren also sich selbst überlassen. Einer wanderte ab, die anderen beiden blieben. Sie wanderten lange durch die Østmarka, bis mehrere Wölfe dazukamen, zuletzt einer aus dem Slettås-Revier, der Vater eines weiteren Wurfs wurde. Nachdem der Rüde aus dem Slettås-Revier im Herbst 2017 verschwand, paarte sich die Wölfin mit einem seiner Söhne und brachte im Juni 2018 fünf Welpen zur Welt.

Wolfsmenschen

1 Gruselfilme, in denen der Wald eine Rolle spielt, gibt es viele. Ein paar Beispiele sind *Chainsaw Massacre, The Ritual* und *Villmark.*

2 Der sogenannte schreckliche Wolf *Canis dirus* ist eine Canidenart, die in Nordamerika lebte, aber unmittelbar nach der letzten Eiszeit ausstarb. Dieser prähistorische »Wolf« konnte bis zu 100 kg wiegen.

3 Wo das Eis am dicksten war, hat sich nach dem Abschmelzen auch das Land am stärksten gehoben. Im Inneren des Bottnischen Meerbusens steigt das Land heute noch um 9 mm pro Jahr, fast doppelt so viel wie in Østland. In der Gegend um Oslo war der Meeresspiegel 221 m höher als heute. An der Küste war die Landhebung wesentlich geringer.

4 Hier konnten sich bemerkenswerte Arten entwickeln. Die sogenannten Mjøsa-Storsjöen-Fische (Rotauge, Stint und Ukelei) sind schon früh eingewandert, später kamen die Øyeren-Fische (Güster, Döbel, Zander, Rapfen und Rotfeder) dazu. Durch die Landhebung konnten einige nicht mehr weiter nach Westen vordringen. Der Vierhörnige Seeskorpion findet sich an zwei Stellen in Norwegen (Store Le und Mjøsa), aber auch in mehreren Seen um Arvika. Er wurde in den Seen am Eisrand gefangen und passte sich dem Leben im Süßwasser an. Lange waren diese Arten den Forschern unbekannt, der Seeskorpion wurde im Mjøsa erst 1978 entdeckt. Das natürliche Vorkommen dieses Fischs in Norwegen und Schweden ist auf Gegenden begrenzt, wo der Wasserstand kurz nach der Eiszeit am höchsten war. Als sich das Land hob, wurden auch einige Lachsstämme vom Meer getrennt. Zwei solche Stämme finden sich in Norwegen, einer im Byglandsfjord in Aust-Agder, einer im Namsen in Trøndelag. Als der Meeresspiegel noch höher war, konnten sie den Vigelandsfossen überspringen, heute ist hier Schluss für die Lachse. Dasselbe gilt für die oberen Teile des Namsen, wo der Lachsstamm vor mehr als achttausend Jahren durch den Fis-

kemfossen abgetrennt wurde. Die beiden Lachsarten sind kleiner als andere Lachse, eine Folge der Anpassung an das Leben im Süßwasser.

5 Zehn Menschen wurden beispielsweise im französischen Jura-Gebirge in den Jahren 1597/98 hingerichtet, in Süddeutschland wurden fünfzehn Personen in den Jahren 1629/30 verurteilt und verbrannt (Varulven hjemsøkte Europa, Zeitschrift *Historie*, 2010).

6 Die Quelle für diese Geschichte sind Ovids *Metamorphosen*.

7 Vgl. Lars Saabye Christensens Gedicht »Jonatans Blues«.

8 Tatsächlich wiegen die Elche im Norden mehr als die im Süden. Interessante Quellen zum Thema Elche sind die Artikel Solberg u.a. (2000) und Grøndahl u.a. (2010).

9 Ein Teil dieser Geschichten und Zitate über den Elch stammen von Kerstin Ekman: *Herrarna i skogen*.

10 Erik Pontoppidan berichtet in seinem Werk von 1752 über die heilenden Eigenschaften des Elchs.

11 Die Zahlen stammen aus den Jahren 2015 und 2016.

12 Drei weitere Fossilien und ihre Verteilung wurden von Wegener benutzt, um seine Theorie von der Kontinentalverschiebung zu untermauern: die Reptilien *Cynoognathus*, *Mesosaurus* und *Lystrosaurus*.

13 Dass die Naturwissenschaft durchaus geachtet wurde, zeigen Tagebücher und Briefe der Expeditionsteilnehmer. In einem Brief an seine Frau Kathleen schreibt Robert Scott: »Interessiere die Jungen für Naturgeschichte, wenn du kannst, das ist besser als alle Spiele.«

14 Früher hatte man angenommen, die Kontinente und Meere seien während der gesamten Erdgeschichte immer am selben Ort gewesen. Wegener stellte 1915 die These auf, dass sich die Kontinente bewegten. Seine Theorie war der Vorläufer der heute herrschenden Theorie zur Plattentektonik. Was die *Glossopteris*-Fossilien angeht, so wies der österreichische Geologe Eduard Suess schon Ende des 19. Jahrhunderts darauf hin, dass die Kontinente der südlichen Halbkugel einmal zusammengehangen haben könnten. Er nannte den Urkontinent Gondwanaland. Einige kreative Vorschläge wurden unterbreitet, um zu erklären, warum einzelne fossile Pflanzen sowohl in Europa als auch in den USA auftauchten. Der Paläobotaniker Franz Unger lancierte 1861 die Theorie, zwischen Europa und den USA habe noch ein weiterer Kontinent gelegen, nämlich Atlantis.

15 96 Prozent aller Lebewesen im Meer und siebzig Prozent aller Landlebewesen sind während des Massensterbens im Perm/Trias ausgestorben. Es wird aber diskutiert, ob nicht vereinzelte *Glossopteris*-Arten bis in die Trias überlebt haben.

Droge Wald

1 Der evolutionäre Hintergrund des Laubabwurfs ist immer noch umstritten. Man nimmt an, dass einzelne Gruppen von Bäumen bereits dafür angelegt waren, weil sie in trockenem Klima wuchsen (das gilt möglicherweise auch für die *Glossopteris*-Arten). Eine Untersuchung von Edwards u.a. (2017) zeigt allerdings, dass der Laubabwurf das Ergebnis einer allmählichen Anpassung an das weltweit kältere Klima war und im Miozän stattfand (vor 23–5,3 Millionen Jahren).

2 Besonders kritisch wird es, wenn das Wasser in den Nadeln verdunstet. Da die Wurzeln keine Möglichkeit haben, Wasser aus dem gefrorenen Boden zu ziehen, trocknet der Baum dann aus.

3 Das Verbreitungsgebiet des Wolfs umschließt Teile von Hedmark, Østfold, Akershus und Oslo. Die Grenzen wurden aber 1997 durch das Parlament geändert, als man beschloss, die Fortpflanzung von Wölfen in Norwegen zu fördern (vgl. St.meld. nr. 35, Om rovviltforvaltning, Innst. S. Nr. 301, 1996/97).

4 Nina Witoszek hat in ihrem Buch *Norske naturmytologier* auf Hamsuns Romanfiguren hingewiesen und schreibt, auf einer »tieferen Bedeutungsebene« sei für die Norweger die Natur ein Zuhause.

5 Die Beruhigungsmittel, die man den Wölfen gab, wirken nur kurzfristig und haben nicht denselben Effekt wie ein längeres Training, mit dem Wölfe an Menschen gewöhnt werden. Zu dieser Geschichte vgl. Mech 1970.

Unberührt

1 Heute ist ein Drittel Europas von Wald bedeckt, Russland nicht eingeschlossen (FAO, 2012: *Forests and the Evolution of the Modern World).* Die Römer ließen davon ab, die Germanen durch die Wälder zu verfolgen, und holzten diese stattdessen ab. Für sie war eine Kulturlandschaft mit offenen Wiesen und Äckern sicherer und schöner. Der Wald war gleichbedeutend mit Wildnis, Furcht und Gefahr.

2 Im Naturschutzgebiet Østmarka sind 18 km² Wald vor Abholzung geschützt.

3 Es handelt sich eigentlich nicht um einen Urwald, obwohl er daran erinnert, sondern eher einen Naturwald. Urwald ist dadurch definiert, dass er vom Menschen unberührt ist, Kulturwald ist in hohem Maße vom Menschen beeinflusst. Der Naturwald wird nicht systematisch bewirtschaftet, gepflegt oder gedüngt (Miljødirektoratet).

4 Für diesen Abschnitt habe ich mehrere Quellen herangezogen. Nach Storaunet und Rolstad (2015) sind 75 Prozent des Naturwaldes abgeholzt und durch Kulturwald ersetzt worden. Nach Skogmeldingen (2016) sind seit 1996 dreißig Prozent des Naturwaldes abgeholzt worden. Einige Statistiken stammen auch aus Granhus u.a. (2012) und Hågvar und Berntsen (Hg.) (2010).

5 Insgesamt sind 4891 qkm geschützt, was vier Prozent der gesamten Waldfläche in Norwegen entspricht. Neben etwa drei Prozent des Nutzwaldes sind ca. sieben Prozent des sogenannten unproduktiven Waldes in Norwegen geschützt (Hylen u.a. 2017).

6 Die Informationen über gefährdete Arten stammen von den Websites von Artsdatabanken: www.artsdatabanken.no/rodliste/StatusSkog.

7 Die weltweite Biodiversität in Verbindung mit dem Wald variiert je nach Quelle, die Zahlen hier stammen von www.worldwildlife.org/habitats/forest-habitat.

8 Die Zahlen stammen von der Roten Liste 2015 und umfassen die Bewertung von 21 402 Arten einschließlich 278 Unterarten und Varietäten von Gefäßpflanzen. Auf der Roten Liste Norwegens stehen insgesamt 4438 Arten, 2355 gelten als vom Aussterben bedroht. Man nimmt aber an, dass es noch weitere Arten in Norwegen gibt, die nicht registriert wurden (http://data.artsdatabanken.no/Rodliste/StatusSkog).

9 Die Zahl der Kleintiere im Wald variiert je nach Waldtyp. Diese Zahl stammt von Ryvarden 2013.

10 Was die Zahl der Käferarten angeht, herrscht große Unsicherheit (Biological Resources: Numbers of Living Species in Australia and the World).

11 Bei der Zahl der Insektenarten in Norwegen variieren die Angaben von 17 000 bis 21 000, je nach Quelle (Artsdatabanken).

12 In Norwegen gibt es an die 500 Arten Pilzmücken, weltweit etwa 2000.

13 Eine Ameisenkolonie kann mehrere Königinnen haben. Sie werden unter Umständen sehr alt; in einem Labor in England lebte eine Ameisenkönigin 29 Jahre. In der Natur werden sie nicht ganz so alt. Die meisten Arten leben im warmen Süden. Ein Teil der Daten stammt von Kvamme 2015 und von Artsdatabanken.

14 Ein Versuch des Biologen Edward O. Wilson, der den Ameisen sehr viel Zeit gewidmet hat, zeigt genau dies: Er legte ein Stück Brot auf einen Bogen weißes Papier in der Nähe eines Ameisenhaufens. Nach kurzer Zeit versammelten sich die Ameisen darum. Er legte noch ein Stück ans andere Ende des Papiers, ohne dass die Ameisen es bemerkten. Dann träufelte er einen Duftstoff auf eine der Arbeiterinnen und

schob sie zu den anderen Ameisen. Erst da bemerkten sie, dass auch am anderen Ende des Bogens Futter lag.

15 In Norwegen gibt es keine vergleichbaren Probleme, da der Hirschbestand ohnehin durch die Jagd reguliert wird. Aber natürlich hat sich das Verhalten und Aussehen von Rentieren, Bisons, Moschusochsen, Elchen und einigen anderen Tieren im Laufe der Evolution an den Wolf angepasst.

16 Mary Wollstonecraft unternahm diese Reise, um ein Schiff zurückzubekommen, das ihrem Geliebten, Gilbert Imlay, gestohlen worden war. In der Hoffnung, dass die Reise dazu beitragen könnte, die eingeschlafene Beziehung wiederzubeleben, fuhr sie begeistert los. Ihr Buch über diese Reise beruht auf den Briefen, die sie an Imlay schrieb.

17 Zitiert nach der Beschreibung seiner Lapplandreise 1732.

18 Buffon lebte von 1707 bis 1788.

19 Vgl. Witoszek, 1998.

20 Pan war ein geachteter Gott, aber er weckte auch Furcht und Schrecken durch seine hohen, grellen Schreie, die durch den Wald gellten. Das Wort »Panik« hat hier seinen Ursprung.

21 Die Kommission stellte fest, dass der Wald in ein paar Jahren vollständig abgeholzt sein würde. Um die Abholzung stärker zu kontrollieren, wurde die Zahl der Sägen drastisch reduziert. Diese Maßnahme hatte auch politische Gründe, denn auf diese Weise bekamen die Bürger mehr Zugriff auf die Sägewerke.

22 Der Übergang zu Schiffen aus Metall im 19. Jahrhundert veränderte die Verhältnisse in einer Weise, die Colbert nicht hatte voraussehen können.

23 Der Zofin-Wald in Tschechien wurde als erster unter Schutz gestellt (1838). Auch Epping Forest und der New Forest in England wurden früh geschützt, aus ästhetischen Gründen.

24 Die Yosemite Bill wurde 1864 unterzeichnet. Seitdem steht das Gebiet unter Schutz. In der Folge wurde im Jahr 1872 Yellowstone zum ersten Nationalpark.

25 Die Familie der Magnolien besteht aus 210 Arten und gehört zu den ersten Familien der Blütenpflanzen überhaupt. Da sie entstand, bevor die großen Gruppen bestäubender Insekten – Bienen und Schmetterlinge – sich entwickelten, sind die Bäume kurioserweise von der Bestäubung durch Käfer abhängig.

Shinrin-yoku

1 Das skurrile Video findet man unter www.expressen.se/noje/mathias-26-hat-sex-med-skogen-i-kanal-5/. Der gesundheitliche Nutzen von Aufenthalten in der Natur wird bei Williams 2017 ausgeführt.
2 Wohllebens Angaben ähneln denen von Peter Tompkins und Christopher Bird in ihrem Buch *Das geheime Leben der Pflanzen.* Auch dort wird den Pflanzen ein Seelenleben zugeschrieben. Der Untertitel der englischen Originalausgabe (1989) lautet übersetzt: »Ein faszinierender Bericht über das physische, emotionale und seelische Verhältnis zwischen Pflanzen und Menschen«.
3 Diamond führt die höhere Bevölkerungsdichte, geringere Niederschläge und schlechtere Bodenverhältnisse in Haiti als weitere Ursachen für die schnellere Verarmung des Waldes an.
4 Die Nazis waren auch in Sachen Tierschutz führend. Schon 1933 wurde das erste Tierschutzgesetz verabschiedet. Tierquälerei solle in Deutschland nicht mehr erlaubt sein, erklärte Adolf Hitler, der sich zumindest in den letzten Jahren seines Lebens vegetarisch ernährte, ähnlich wie (zeitweise) Rudolf Heß, Joseph Goebbels und Heinrich Himmler. Das »grüne Profil« der Nazis, wie es von Schama dargestellt wird, ist aber durchaus umstritten.
5 Deutsch 1992 unter dem Titel *Am Anfang war die Erde.*
6 Der Grauwal *(Eschrichtius robustus)* und der Weißkopfseeadler *(Haliaeetus leucocephalus)* wurden schon früher unter Schutz gestellt.
7 Vgl. Schröders Buch *Jakt, fiske och vildmarksliv.*

Entzugserscheinungen

1 Eine andere Erklärung bezieht sich auf das Mineral Wolfram, das den Zinnabbau erschwerte. Die sächsischen Bergleute sagten, Wolfram würde den Zinn auffressen wie der Wolf das Lamm.
2 In Schweden gibt es dreizehn Amphibienarten, in Norwegen nur sechs, den von Menschen eingeführten Hybridfrosch nicht mitgerechnet.
3 Die Anzahl der Wespenarten wird sicher noch steigen, weil ständig neue Arten entdeckt werden. *Artsdatabanken* schätzt, dass es bis zu achttausend Wespenarten in Norwegen geben könnte. Diese Zahlen stammen vom Mai 2018 und beruhen auf den Angaben von *Store norske leksikon* und *Artsdatabanken.*
4 Meist wird als Titel schlicht die Kurzform *Worms* (Würmer) gebraucht

statt des langen Originaltitels *The formation of vegetable mould, through the action of worms, with observations on their habits* (Deutsch erschienen unter dem Titel *Die Bildung der Ackererde durch die Tätigkeit der Würmer).*

5 Der Wolfshass der Sami hatte seine Gründe. Die Rudel, die aus den Bergen kamen, waren so groß, dass man sie als »Erdrutsch« bezeichnete, und sie setzten den Rentierherden schwer zu. Ein Angriff der Wölfe konnte für die Sami den Verlust ihrer gesamten Lebensgrundlage bedeuten. Ein reicher Bergsami mit vielen Rentieren konnte so über Nacht bettelarm werden. Deshalb wurden die Wölfe in der Finnmark intensiv gejagt. Von 1881 bis 1904 wurden in dieser Region 844 Wölfe erlegt, in ganz Norwegen waren es 1164 (Collett, 1911).

6 Die Shogune regierten von 710 bis 1867. Nachdem sie ihre Macht verloren hatten, kamen westliche Berater ins Land, um die Landwirtschaft zu modernisieren. Daraufhin wurde die Jagd auf die Wölfe verstärkt, sodass zwei Unterarten, der Hokkaidowolf und der Japanische Wolf, ausgerottet wurden (Mech und Boitani, 2007).

7 Es wird von dem Philosophen Thomas Hobbes verwendet, um die Tendenz zu beschreiben, dass Gesellschaften sich gewalttätig gegenüberstehen.

Nur nicht aufgeben

1 Der Vorgang wird von dem äußerst wichtigen Enzym Rubisco gesteuert. Dieses Enzym entstand vor etwa 2700 Millionen Jahren und wurde in die Pflanzen eingebaut.

2 Ulmenbast wurde früher in Hardanger für Zäune benutzt. »Bast ums Bein schickt alle Trolle heim«, lautet ein Sprichwort.

Das Fest

1 Wie viel Wasser ein Baum ausschwitzt, variiert von Baum zu Baum. Ein kleiner, junger Apfelbaum kann im Laufe eines Sommers siebentausend Liter Wasser verarbeiten, eine normal große Birke 17 000 Liter, ein großer Laubbaum bis zu 40 000 Liter (Thomas, 2014).

2 Dieser schöne Vergleich stammt aus A.H. Jahren, 2017.

3 *Sopp* ist die norwegische Bezeichnung für Pilze. Tatsächlich ließ er sich am liebsten Dr. Sopp nennen. In einem Artikel in der *Nyt Tidsskrift* von 1897 erklärte er, Pilze seien weder Pflanze noch Tier, sondern eine ei-

gene Artengruppe. Da er bei seinen Untersuchungen nicht wissenschaftlich korrekt vorging, ist er in der naturwissenschaftlichen Welt nur wenig bekannt.

4 Protisten sind einzellige eukaryote Organismen (Algen, Protozoen und einige Pilze).

5 Vgl. den BBC-Artikel »The biggest organism in the world«, www.bbc.com/earth/story/29141114-the-biggest-organism-in-the-world.

6 Fossilien von 440 Millionen Jahre alten Fäden des Pilzes *Tortotubus* wurden in Schweden und Schottland gefunden. Aufgrund von Sporenfunden nimmt man an, dass die Pilze schon im Kambrium entstanden, also vor den anderen Landpflanzen. Ansonsten finden sich nur wenige Pilze in den Fossilienschichten.

7 Die Einordnung der *Prototaxites* als Pilze war durchaus umstritten, aber die fadendünnen, hohlen und zusammengewebten Zellen erinnern eher an heutige Pilze als an Pflanzen. Deshalb geht man davon aus, dass es sich um Riesenpilze handelt (vgl. »Mystisk organisme på 8 meter kan være sopp«, Høiland, 2017).

8 Besonders schlimm war es im Umkreis des Loire-Tals. Diese Angriffe von Wölfen ließen den Mythos vom »Ungeheuer von Gévaudan« entstehen. Dieser Wolf – oder wahrscheinlich war es ein Wolfshund, eine Kreuzung zwischen Wolf und Hund – soll allein 113 Menschen getötet haben. Nach intensiver Jagd wurde er 1767 von dem Jäger Jean Castel abgeschossen – mit einer Silberkugel ...

9 Die Behörden setzten schließlich Soldaten ein, um die Wölfe zu finden. Im Januar 1882 wurden ein Rüde und eine Wölfin getötet. Danach hörten die Angriffe auf.

10 Dabei behaupten einige Forscher, seit der indische Staat Ausgleichszahlungen für Kinder gewährt, die von Wölfen getötet wurden, passen einige Leute nicht mehr besonders gut auf ihre Kinder auf.

11 Die Tollwut ist in Norwegen ausgerottet. Die Krankheit zerstört das Urteilsvermögen des Wolfs und kann dazu führen, dass er Menschen angreift.

12 Interview mit der Zeitschrift *Kunst* über die Ausstellung *Mot skogen* im Munch-Museum.

13 Die Zahlen ändern sich ständig, aber von Juli 2015 bis Februar 2017 zeigte das DNA-Material bei fünfzehn von achtzehn Wölfen, die außerhalb der norwegischen Wolfszone abgeschossen wurden, dass sie aus dem Grenzgebiet oder aus schwedischen Revieren eingewandert waren. Zwei kamen aus norwegischen Revieren, einer aus einem finnisch-russischen Revier (Rovdata.no., 1.2.2017). Ein illegal abgeschos-

sener Wolf in Trysil war ebenfalls aus einem finnisch-russischen Revier eingewandert. Frühere Daten zeigen, dass nur einer von 36 getöteten Wölfen nachweislich in Norwegen geboren war. Die Studie mit den markierten Jungwölfen bezog sich auf vierzehn Tiere (Skandulv-Projekt).

14 Die Angriffe auf Schafe haben den Wolfshass in den ländlichen Gebieten Norwegens angefacht. Stadtleute wie ich werden als »dumm und naiv« bezeichnet. Natürlich kann man sich leicht vorstellen, dass mehr als zwei Millionen hilflose Schafe, die im Sommer in der norwegischen Natur grasen, für hungrige Wölfe und andere Raubtiere eine große Versuchung darstellen. Trotzdem stellt sich die Frage nach den Zahlen. In Oppland wurden von der SNO im Jahr 2016 223 von 593 gemeldeten toten Schafen als von Raubtieren getötet anerkannt. Die wenigsten, nämlich 36, waren von Wölfen gerissen worden, alle übrigen von Vielfraß, Bär und Luchs. Bei den nicht anerkannten Fällen waren die Schafe durch Unfälle oder durch Angriffe von nicht geschützten Raubtieren wie dem Fuchs zu Tode gekommen. Am Ende des Jahres waren in Oppland 5400 Schafe verschwunden. Selbst wenn die Dunkelziffer hoch sein mag, haben die Bauern dort offenbar für alle verschwundenen Schafe Erstattung wegen Riss durch Raubtiere beantragt. Selbstverständlich schwanken die Zahlen von Jahr zu Jahr. 2017 waren sie höher, nicht zuletzt wegen des Vorfalls in Hadeland. In jenem Jahr wurden an die dreihundert Schafe von Wölfen getötet, sodass die Wölfe im Vergleich zu anderen Raubtieren an der Spitze standen. Insgesamt sind seit der Jahrtausendwende in Oppland die meisten Schafe von Vielfraßen getötet worden (Fylkesmannen i Oppland).

15 Weitere Unterarten sind der bei uns ansässige gewöhnliche Wolf *Canis lupus lupus*, der Weißwolf, der Asiatische Wolf, der Iberische Wolf usw. In Nordamerika gibt es den Mackenzie-Valley-Wolf, den Steppenwolf (Kojote), den Polarwolf etc.

16 Die Sache mit Hund und Wolf ist komplizierter, als man annehmen sollte. Eine Studie, die 2016 in der Zeitschrift *Science* veröffentlicht wurde, weist nach, dass der Wolf zwei Mal domestiziert wurde, einmal in Asien und einmal in Europa bzw. im Mittleren Osten. Der europäische Zweig ist heute weitgehend verschwunden (Sciencemag.org: »Dogs may have been domesticated more than once«). Vor Kurzem wurde die 35 000 Jahre alte Rippe eines Wolfs in Sibirien gefunden. Aufgrund der DNA dieses Knochens nimmt man an, dass die heutigen Wölfe und Hunde gemeinsame Vorfahren haben und nicht in direkter Linie voneinander abstammen. Das kann man auf zweierlei Weise er-

klären: Entweder wurde der Hund domestiziert, bevor sich die heutigen Unterarten des Wolfs entwickelten. Oder die Vorfahren sind ausgestorben. Besonders interessant an diesem Fund ist die Feststellung, dass die Vorfahren des Hundes vor 27 000 bis 40 000 Jahren domestiziert wurden, also weit früher als bisher angenommen (Nature.com, 2015: »Ancient wolf genome pushes back dawn of the dog«).

17 In Deutschland wurde von Archäologen vor Kurzem ein Grab gefunden, in dem ein Hund gemeinsam mit einem Mann und einer Frau bestattet worden war, und zwar vor 14 200 Jahren. In einem Artikel heißt es dazu: »Oldest dog burial suggest that prehistoric human loved dogs as pets.« (*New Scientist,* 2018).

18 Vermutlich überraschte er sie beim Fressen. Die Bärin verletzte ihn so schwer, dass er einen Monat später starb (»Er bjørnen farlig?«, miljodirektoratet.no).

19 Bristlecone-Kiefern werden, wie gesagt, bis zu fünftausend Jahre alt.

Hibaku jumoku

1 Eine zentrale Schrift war auch Agnar Barths *Norges Skoger med stormskridt mot undergangen* [Norwegens Wälder – im Sturmschritt zum Untergang] aus dem Jahr 1916.

2 Auch wenn die meisten das wohl wissen: Durch die Fotosynthese wird Kohlendioxid in Form von Holz (Zellulose) und Zucker (Glukose) gebunden. Es wird also der Atmosphäre entzogen, ein Molekül nach dem anderen. Stirbt der Baum, wird das Holz abgebaut, und das Kohlendioxid gerät wieder in die Atmosphäre. Noch einfacher gesagt: Ein Wald, der nicht mehr wächst, kann in begrenztem Maße noch CO_2 binden. Wird der Wald aber für immer abgeholzt, trägt dies zu einer Erhöhung des CO_2-Niveaus in der Atmosphäre bei. Einer der Vorteile an den borealen Wäldern in Skandinavien, Nordamerika und Russland liegt darin, dass sie immer wieder nachwachsen, wenn sie abgeholzt werden. Bei den Abholzungen des tropischen Regenwaldes verarmt der Boden sehr schnell, sodass nichts mehr nachwächst.

3 Die höchste registrierte Baumgrenze in Norwegen liegt 1382 Meter über dem Meeresspiegel, also 186 Meter höher als die höchste Messung im Jahr 1918 (in Jotunheimen). Die Gründe sind gemischt, aber dass die Bergbirke im steilen Gelände und in abgelegenen Gegenden immer höher wächst, liegt an den steigenden Temperaturen, vor allem im Sommer. Die Veränderungen sind allerdings nicht eindeutig. An eini-

gen Stellen liegt sowohl die Baum- als auch die Waldgrenze niedriger als vor hundert Jahren. In diesen Gebieten haben trockene Sommer, Insektenschäden, vermehrte Almwirtschaft, stürmische Winter, Lawinen und andere Störungen die Grenzen nach unten verschoben (vgl. u.a. Bryn, 2016). Wir befinden uns immer noch in der Borealzeit, also der Phase unmittelbar nach der letzten Eiszeit. Damals waren die Sommer zwei Grad wämer als heute, die Gletscher zogen sich ins Hochgebirge zurück, und die Wälder verdrängten die Heideflächen. Die Baumgrenze wird weiter steigen, Norwegen wird grüner.

4 1947 gab es in Norwegen noch 36 000 Waldarbeiter; heute sind es nur noch ein paar Hundert sogenannte Waldunternehmer.

5 Derzeit landen jährlich etwa zehn Millionen Kubikmeter Holz in den Klauen der Maschinen (Zahl von 2017, SSB). Das ist deutlich weniger als der Zuwachs. Wenn der Markt es hergäbe, könnte auch noch mehr Wald abgeholzt werden, meint die Holzwirtschaft. Wie viele Kubikmeter abgeholzt werden, schwankt von Jahr zu Jahr. Aus Holz, genauer gesagt aus dem Stoff Lignin, wird beispielsweise Vanillin hergestellt, ein Aromastoff, der Vanille ersetzen soll.

6 Die Abholzung schwankt seit den Neunzigerjahren von 0,08 bis zu 0,18 Prozent der Gesamtfläche.

7 Wie groß der Anteil global ist, darüber gibt es je nach Studie unterschiedliche Zahlen. Man muss sich im Übrigen klarmachen, dass nicht nur die Bäume Klimagase binden, sondern auch der Erdboden, der große Mengen organisches Material enthält (FAO, 2011).

8 Zu Beginn unserer Zeitrechnung war Europa zur Hälfte von Wald bedeckt, heute ist nur noch ein Drittel der Fläche bewaldet (FAO-Bericht *State of the World's Forests*, 2011).

9 Zitiert nach Ahne, 2017.

10 Deutsche Ausgabe unter dem Titel *Wolfssonate* (2005).

Wo ist der Wolf?

1 Wenn Bäume heute stehen bleiben dürfen, dann eher aus ästhetischen Gründen, so wie die majestätische Eiche »Den gamle mester« [der alte Meister] in Krøderen, die 1914 unter Schutz gestellt wurde.

2 Ekirch (2005) schreibt meisterhaft über das Bild der Nacht im Laufe der Geschichte. Der britische Philosoph Edmund Burke hat geschrieben: »Die Dunkelheit ist von sich aus schrecklich.«

3 Der wichtigste Stoff dabei ist das sogenannte Luciferin, das in Verbin-

dung mit einem Enzym namens Luciferase oxidiert. Um die Reaktion in Gang zu setzen, werden außerdem Magnesium-Ionen gebraucht, dazu Sauerstoff und Energie. Die Stoffe werden vom Körper des Tieres in speziellen Drüsen gebildet. Die amerikanischen Ureinwohner sollen diese Käfer gesammelt und als Lichtquelle benutzt haben.

Der Schuss

1 Ich habe schon darauf hingewiesen: Eine verstärkte Verwitterung bindet CO_2 und setzt mehr Kalzium frei, das zusammen mit HCO_3 ausfällt und die Karbonate in den Weltmeeren bildet. Auf diese Weise wird CO_2 aus der Atmosphäre entfernt.

2 Unter den prähistorischen Tieren darf man freilich die Saurier nicht vergessen, der *Tyrannosaurus Rex* ist da ein leuchtendes Beispiel.

3 Christian Haneborg selbst hat geschrieben: »1854 war ein besonders schlimmes Wolfsjahr. Die Untiere richteten großen Schaden an großem und kleinem Vieh im Mangenskogen an, sodass ich ein formelles Aufgebot zu einer großen Jagd zustande brachte.«

4 Die Jagd fand sowohl innerhalb als auch außerhalb der Wolfszone statt. Nachdem das Ziel von vier bis sechs Würfen erreicht war, beschlossen die Naturschutzbehörden, 42 Wölfe könnten abgeschossen werden. Als die Zahl veröffentlicht wurde, ging ein Aufschrei durchs Land, denn das wäre tatsächlich die Hälfte des Gesamtbestandes gewesen. DiCaprio sprach sogar von neunzig Prozent. Wie auch immer, so einfach ist es nicht. Ein Teil dieser Quote galt nämlich nur außerhalb der Wolfszone, wo sich gar nicht die entsprechende Zahl von Wölfen aufhielt. Und so endete es damit, dass »nur« 28 Wölfe abgeschossen wurden.

5 Die Schweden führten die Abschussprämie 1647 ein, in Norwegen trat eine entsprechende Regelung erst etwa neunzig Jahre später in Kraft, nämlich mit der Jagdverordnung vom 8. Mai 1733. Raubtiere und Raubvögel sollten bekämpft werden, während essbares Wild wie der Elch für drei Jahre unter Schutz gestellt wurde. Im Jahr 1845 wurde dann in Norwegen ein eigenes Jagdgesetz eingeführt (Ragnhild Bore: »Ulven – den siste unionist?«, SSB.no). Heute regelt die Berner Artenschutzkonvention aus dem Jahr 1979 den Schutz der europäischen Arten, darunter auch den des Wolfs. Die Konvention lässt keine reguläre Jagd auf Wölfe, Vielfraße und Bären zu.

6 Das Gesetz mit der Abkürzung PARC wurde 1915 in Kraft gesetzt.

Schon 1630 wurde in der Plymouth-Kolonie Massachusetts eine Abschussprämie ausgelobt. Nach Einfuhr der ersten Haustiere 1609 in Jamestown, Virginia, leiteten die europäischen Kolonisten eine gnadenlose Verfolgung des Wolfs ein.

7 Trotz dieser großen Zahl von Abschüssen gab es genug Wildnis im Norden des Landes, dass der Bestand ungestört bleiben und sich erholen konnte. Letztlich hat das dazu beigetragen, dass Isegrim wieder in die europäischen Wälder einwandern konnte.

8 Eine verbreitete Methode war das Ausgraben von Gruben, die mit Ästen und Fichtengrün bedeckt wurden. In der Grube wurde ein Locktier angebunden, entweder ein Schwein oder ein Hund. Bei der Köderjagd wurde Aas ausgelegt, und dann wartete man einfach ab. Die Wolfsjagd mit Adlern ist unter anderem bei dem erfahrenen Jäger und Schriftsteller Friedrich Remmlers dokumentiert. Trainiert wurden die Adler, indem man Kindern ein Wolfsfell auf den Rücken schnallte, das mit Fleisch präpariert war.

9 Wolfsflechte *(Letharia vulpina)* wurde schon früh eingesetzt, eine Flechtenart, die oft mit Urwäldern oder alten Wäldern in Verbindung gebracht wird. Sie enthält die giftige Vulpinsäure, die man verwendete, um Fuchsköder zu präparieren. Eigentlich müsste diese Flechte also Fuchsflechte heißen. Sie wurde zerstoßen und mit Fleisch vermischt, zusammen mit Wacholderzweigen und gemahlenem Glas. Wenn der Wolf (oder Fuchs) das Fleisch fraß, zerstörten Wacholderzweige und Glas die Magenwände, sodass das Gift eindringen konnte, das eine Atemlähmung verursacht. Wenn ein Bekannter von mir in seinen Vorträgen davon erzählt, schütteln immer einige Zuhörer den Kopf: Wie können Menschen nur so bösartig sein (Ryvarden 1987; Gespräch mit Finn Audun Grøndahl).

Bildnachweis

Alle Fotos im Innenteil von Shutterstock.com:

Seite 7	Artic_photo
Seite 27	RussieseO
Seite 41	Wolfgang Simlinger
Seite 60	PhotoVisions
Seite 82	Thomas_HB
Seite 99	Art Babych
Seite 114	ArCaLu
Seite 139	Milan Rybar
Seite 158	PhotoVisions
Seite 176	Tatyana Mi
Seite 197	Gisele Carvallo
Seite 212	Boyz Of Art
Seite 223	Kjetil Kolbjornsrud
Seite 245	juliasv
Seite 256	Holly Kuchera
Seite 267	Agnieszka Bacal

Kirk Wallace Johnson

Der Federndieb

Ein passionierter Fliegenfischer kommt dem größten Museumsraub der Naturgeschichte auf die Spur

Warum stiehlt ein Dieb aus der ornithologischen Abteilung des Britischen Naturkundemuseums unzählige Vogelbälge, darunter unschätzbar wertvolle Federkleider von Paradiesvögeln, einst gesammelt von Darwins Konkurrenten Alfred Russel Wallace?
Der Autor, ein passionierter Fliegenfischer, nimmt die Spur der Federn auf. Seine detektivische Suche führt hinein ins Herz der Naturgeschichte. Er folgt den Fußstapfen von Entdeckern ins Viktorianische Zeitalter. Und er trifft Hobbykünstler, die auch heute Fliegen zum Forellenfischen nach den historischen Vorlagen binden – aus den kostbarsten Federn der Welt.
Doch wird es ihm gelingen, den Federndieb zu finden und zur Rückgabe des Diebesguts zu bewegen?

»Ein aufwühlender Bericht über die katastrophalen Folgen menschlicher Gier für bedrohte Vogelarten, ein starkes Argument für den Umweltschutz – und vor allem: ein fesselnder Kriminalfall.«
Peter Wohlleben

DROEMER

Albert Kitzler

Vom Glück des Wanderns

Eine philosophische Wegbegleitung

Wandern heißt aus dem Alltag heraustreten, Natur erleben, Seele und Körper stärken und damit die Gesundheit fördern. Doch das ist nicht alles, sagt der Philosophie-Coach Albert Kitzler: Wandern ist ein Spiegelbild des Lebens – es geht ums Aufbrechen und Loslassen, um Anstiege und Abstiege, um Durststrecken und das erhebende Gefühl, ein Ziel zu erreichen. *Vom Glück des Wanderns* lädt ein zum Nachdenken über das Wandern und das Leben und erschließt dabei die stille und wohltuende Kraft, die beidem innewohnt.

»Albert Kitzler trifft die Essenz
des menschlichen Daseins.«
WDR 5

DROEMER